彩图 2-6　甜宝软籽结果状

彩图 2-7　墨玉软籽

彩图 2-8　墨玉软籽籽粒

彩图 2- 9　突尼斯软籽果实

彩图 2-10　突尼斯软籽籽粒

彩图 2-11　中农红软籽果实

彩图 2-12　中农红软籽籽粒

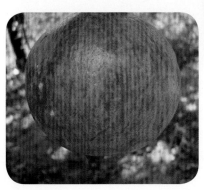

彩图 2-13　枣辐软籽 9 号

彩图 2-14　白玉石籽

彩图 2-15　淮北软籽 1 号

彩图 2-16　青皮软籽

彩图 2-17　火　炮

图 2-18　糯石榴

彩图 2-19　临选 1 号

彩图 2-20　江石榴

彩图 2-21 叶城大籽

彩图 5-1 小径劈接

彩图 8-1 单干自然圆头树形

彩图 8-2 单干分层树形

彩图 8-3 双干自然圆头树形

彩图 8-4　双干分层树形

彩图 8-5　三干自然圆头树形

彩图 8-6　三干分层树形

彩图 8-7　多干树形

彩图 11-1　日灼果

5

彩图 12-1　干腐病果

彩图 12-2　褐斑病果

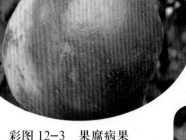

彩图 12-3　果腐病果

彩图 12-4　蒂腐病果

彩图 12-5　焦腐病果

彩图 12-6　疮痂病果

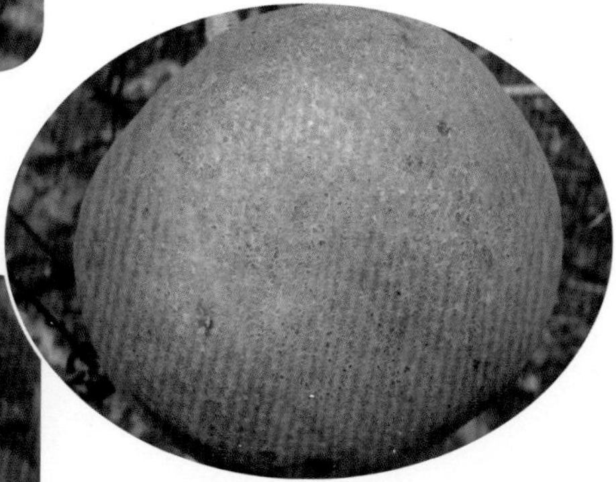

彩图 12-7　麻皮病果

彩图 12-8　煤污病果

彩图 12-9　黑霉病果

彩图 12-10　茎基枯病干

7

彩图 12-11　枝枯病枝

彩图 12-12　桃蛀螟幼虫

彩图 12-13　桃蛀螟幼虫危害状

彩图 12-14　金毛虫幼虫
啃食石榴果皮

彩图 12-15　棉蚜危害石榴花蕾

彩图 12-16 绿盲蝽成虫
危害石榴花药

彩图 12-17 麻皮蝽成虫

彩图 12-18 蓟马为害石榴枝嫩芽

彩图 12-19 石榴巾夜蛾幼虫

彩图 12-20 榴绒粉蚧及危害状

彩图 12-21 黄刺蛾幼虫

9

彩图 12-22　扁刺蛾幼虫

彩图 12-23　大袋蛾囊

彩图 12-24　茶蓑蛾囊

彩图 12-25　白囊蓑蛾囊

彩图 12-26　核桃瘤蛾幼虫

彩图 12-27　樗蚕蛾幼虫

彩图 12-28　蚕蛾幼虫

彩图 12-29　石榴小爪螨及危害状

彩图 12-30　枣龟蜡蚧雄虫（左）
和雌虫（右）介壳

彩图 12-31　石榴茎窗蛾幼虫

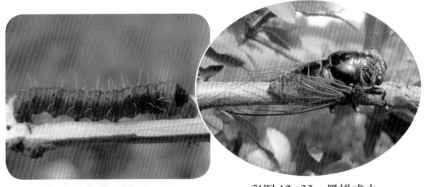

彩图 12-32　豹纹木蠹蛾幼虫

彩图 12-33　黑蝉成虫

彩图 15-1　直干式

彩图 15-2　过桥式

彩图 15-4　悬崖式

彩图 15-3　曲干式

彩图 15-6　枯干式

彩图 15-5　卧干式

软籽石榴智慧栽培

主　编

冯玉增　胡清坡

副主编

（按姓氏笔划排序）

王高峰　牛忠魁　田留东

任卫华　刘小平　刘艳婷

李　芳　李　艳　李政力

肖升光　吴瑞娟　张　颖

张胜伟　张爱玲　张跃丽

苗永红　夏小娜　崔勇超

梁彩霞　雷超群　魏亚利

金盾出版社

内 容 提 要

　　内容包括：我国栽培软籽石榴的经济、生态意义，软籽（核）优良石榴品种介绍，石榴的生长结果特性，软籽石榴优质丰产的环境条件与果园建设，苗木繁殖，土壤肥料水分及保花保果管理，整形修剪，保护地栽培，生草栽培，抗灾栽培，盆景制作与盆栽，庭院阳台栽培，病虫害防治，贮藏保鲜与果品加工等全面系统的软籽石榴栽培技术和石榴文化与欣赏，大型生态果园规划建设等共19章。

　　本书作者是我国长期从事石榴研究的知名专家，理论与实践经验丰富。该书内容全面实用，技术先进科学，图文并茂，通俗易懂，适合从事石榴种植的广大果农及农技推广工作者阅读，亦可供农林院校相关专业师生阅读参考。

图书在版编目(CIP)数据

　　软籽石榴智慧栽培/冯玉增，胡清坡主编 . — 北京 ：金盾出版社，2017. 10 (2019. 3重印)
　　ISBN 978-7-5186-1287-1

　　Ⅰ.①软…　　Ⅱ.①冯…②胡…　　Ⅲ.①石榴—果树园艺
Ⅳ.①S665.4

　　中国版本图书馆 CIP 数据核字(2017)第 114708 号

金盾出版社出版、总发行

北京太平路 5 号(地铁万寿路站往南)
邮政编码：100036　　电话：68214039　　83219215
传真：68276683　　网址：www.jdcbs.cn
北京军迪印刷有限责任公司印刷、装订
各地新华书店经销

开本：850×1168 1/32　　印张：10.375　　彩页：12　　字数：200 千字
2019 年 3 月第 1 版第 3 次印刷
印数：7 001～11 000册　　定价：29.00 元

目　录

一、栽培软籽石榴的经济、生态、发展意义

石榴为亚洲中部国家古老果树之一,于西汉时期,沿丝绸之路传入我国,距今已有 2 000 多年的栽培历史,石榴色雅、果丽、韵胜、格高。世界上有 70 多个国家生产石榴,目前在全国 20 余个省、市有栽培。石榴枝繁叶茂,花艳果美,其花有红、黄、白各色,自南至北旬平均气温高于 14℃ 时开始现蕾开花,花期长达 2 个月,沿黄地区盛开于 5 月份。古诗曰"五月榴花红似火,滚滚醉人波"。石榴果实皮色有红、黄、白、青、紫等,果实"千膜同房,千子如一",形似灯笼,缀满枝头,直至 9 月底 10 月初成熟,花果双姝,神、态、色、香俱为上乘,历来被我国人民视为馈赠亲友的喜庆、吉祥之物,象征繁荣昌盛、和睦团结,寓意子孙满堂、后继有人,民间称石榴为"吉祥树"。它是典型的果树和观赏植物。

石榴发展空间大。既可在适生地区栽植不同规模的专业果园、石榴林、石榴岭。又适合在宅院、"四旁"丛植、列植、孤植;也可作道路、工矿厂区、公园绿化树种。它树姿古雅,冠美枝柔,疏影横斜,千姿百态,自然成景;花繁久长艳丽,花形文雅雍容,花香隽永,异彩纷呈;果实丰润。冠大者,姿可赏、果可食,冠小者,玲珑可爱,特别适合制作果树盆景。近年城市效区发展休闲农业、观光果园,石榴都是优选树种。国内许多地区予以大力发展,山东省枣庄市,河南省新乡市、驻马店市,陕西省西安市,湖北省黄石市、荆门市,广东省南澳县等城市均把石榴定为"市花(树)",亦作为市区重点绿化观赏树种。

石榴树生长健壮,耐干旱、耐瘠薄,好栽培,易管理,对土壤、气候适应性强,无论丘陵平原、滩涂、沙土、壤土、黏土等,均可选择适宜品种进行栽培。由于其始果早、产量高、经济效益显著,近

年来发展迅速,但市场仍供不应求。

目前我国石榴品种约有 320 多个,其中软籽(核)类品种 20 余个,除具备普通石榴的优良特性外,由于其核软可咀嚼吞咽,更是果品中的极品。

(一)经济及生态意义

石榴是我国人民十分喜爱的果树之一。

石榴果实营养丰富。其籽粒含碳水化合物 17％以上,维生素 C 含量超过苹果、梨 1～2 倍,粗纤维 2.5％,无机元素钙、磷、钾等含量 0.8％左右。风味甜酸爽口,果实除鲜食外,还可加工成果汁、果酒、果露,是一种高级保健饮品。因石榴果品及饮品市场供应稀少,其价格是橘子、香蕉、苹果的几倍,畅销国内外市场。

石榴树全身是宝。其果实性味甘酸、涩温无毒,具有杀虫收敛、涩肠止痢等功效,可治久泻、便血、脱肛、带下、虫积腹痛等症;果皮也为强力治痢良药;根皮中含有石榴皮碱,具有驱蛔作用;石榴的果皮、根皮等对痢疾杆菌、绿脓杆菌和伤寒杆菌等,均有一定抑制作用。石榴汁和石榴种子油中,含有丰富的维生素 B_1、维生素 B_2 和维生素 C,以及烟酸、植物雌激素与抗氧化物质鞣化酸等,对防治癌症和心血管病、防衰老和更年期综合症等,有多种医疗作用。三白石榴根浸泡饮用,可治疗高血压病。叶片经炮制,是上等茶叶,长期饮用具有降压、降血脂功效。用叶片浸水洗眼,还可明目,消除眼疾。石榴根皮、果皮及隔膜富含鞣质,是印染、制革工业的重要原料。

石榴树好栽培分布范围广。石榴树具有早结果、早丰产、早收益,结果年限长、收益率高等优点,且具有耐干旱、耐瘠薄、对环境条件适应性强的特点,容易管理、易获高产,因此在我国栽培分布较广。北至河北省的迁安、顺平、元氏,山西省的临汾、临猗,西至甘肃省临洮,东至台湾,南至南海边均有栽培,而以河南、山东、陕西、安徽、四川、云南、江苏、新疆等省、自治区栽培较多。其中河南省开封、荥阳,山东省枣庄,安徽省怀远、淮北,四川省会理、攀枝花市,陕西省临潼、乾县,云南省蒙自、建水、开远,山西省临猗,新疆维吾尔自治区叶城等都是石榴的著名产地。

石榴供应期长。南方的云南、四川等地8月份即可上市,北方黄河流域早熟品种8月下旬,晚熟品种9月份、10月份上市,由于其耐贮藏,供应期可延长至翌年5月份,在水果周年供应上占有重要地位。

石榴是经济价值很高的生态树种。石榴树耐干旱、耐盐碱、根系发达、枝繁叶茂,是山区丘陵水土保持、平原沙区防风固沙、盐碱滩涂地区发展果树的优选树种。石榴树对二氧化硫、氯气、硫化氢、二氧化碳等有害气体均有较强的吸抗作用,因而可以净化空气,是工厂矿区、城市道路、城市居民生活区的良好绿化树种。家中放置一盆石榴盆景,能净化室内空气,绿的叶、红的花、艳丽的果,为居家住室平添了几分高雅和生机。因此,发展软籽石榴,既具有较高的经济价值,又具有较高的生态意义。

(二)发展意义

石榴生产自20世纪70年代以来越来越受到重视,已成为我国果树生产的重要组成部分,对调整农业种植结构、增加农业产值,为农业发展积累资金、改善果品消费结构、丰富人民生活、繁荣市场均起着愈来愈重要的作用。

1. 生产现状

(1)面积、产量迅速增长 在20世纪70年代以前我国各地石榴生产基本呈零星分布,主要栽植在庭院,规模种植较少,直至80年代中期,全国石榴栽培总面积约5 000公顷,总产量约6 000吨,基本不构成商品产量,而到2015年,全国石榴面积约12万公顷,年产量超过120万吨。石榴生产已从"四旁"、庭院,走向田间,走向规模化、集约化栽培。石榴生产虽然发展很快,但较其他果树发展仍较慢,目前全国石榴总产量不足水果总产量的 0.1％,市场供应量极其有限。

(2)花色品种增多　品种是优质高产的基础,有了优良品种,生产才能大面积发展。据调查,全国约有石榴品种 320 多个,近年来,各地在利用优良种质资源的同时,新培育出一批优良软籽类品种,推广应用于生产,如河南省开封市农林科学研究院选育出的蜜宝软籽、蜜露软籽、甜宝软籽、墨玉软籽,中国农科院郑州果树研究所选育的中农红软籽,山东省的枣辐软籽 9 号,安徽省的淮北软籽 1 号等。近年还从国外引进推广了一批优良品种,如突尼斯软籽等。就目前生产目的分:①鲜食石榴占主导地位,约占石榴总面积的 80％以上,各地都有自己的主栽品种,这些品种的特点是果实大,果色艳,风味甜或酸甜,产量高,经济价值高。软籽类品种栽植量较少,其商品价值尚未充分展现。②食赏兼用品种占 15％以上,主要在城市郊区作为生态观光园及工厂、矿区、街道绿化,此类品种多为重瓣花,既可观花、观果,果实也可鲜食,但此类品种坐果率相对较低,果实较小。普通优良鲜食品种集观赏、鲜食于一体,在观光果园,以赏食兼用为目的发展中更受青睐。③酸石榴品种有少量规模种植,由于其风味酸或涩酸不能直接食用,多作为加工品种发展,主要为石榴加工企业的原料基地,面积很小。④观赏类品种株型小,花期长,有些花果同树,有些有花无果,纯以观赏为目的,适于盆景栽培,栽培数量较少。

(3)已成为区域经济的主导产业　国内石榴主产区如河南省荥阳、巩义,陕西省西安市临潼区,山东省枣庄峄城区,四川省攀西地区,云南省巧家和蒙自等地,均已建成数千公顷集中连片的石榴商品基地。主产区的陕西省临潼、山东省峄城、安徽省怀远、四川省会理和仁和、云南省蒙自和会泽,以及河南省荥阳等市县区,石榴已成为当地农村的一项骨干产业,"一亩园十亩田,二亩石榴数万元",依靠石榴收入年超过数十万元的农户并不鲜见。

各主产区通过举办"石榴节"、"石榴博览会"等节、会招商引资。各产区都注册了自己的商标,推出品牌效应,扩大影响。有些产区搞石榴综合开发,成立了多种形式石榴生产组织,研究开发了石榴酒、石榴饮料、石榴叶茶、石榴果脯等,基本形成了生产、销售、贮藏、加工一体化,林、工、商协调发展的格局,对促进石榴生产、科研和市场开发起到了巨大的推动作用。

2. 存在问题　目前石榴生产存在的主要问题。

(1)良种普及率低,管理粗放　据调查,不少产区,特别是新产区石榴产量偏低,其中有新栽幼树,但主要是管理不善,品种落后。一是果农或大的公司在发展石榴时对优良品种不认识,购苗时图便宜,受骗上当种上了劣质苗,或是盲目引种品种选择不适合;二是重栽轻管,投入少技术落后,造成适龄树结果少,产量低,病虫危害重;三是果园立地条件不适合,年年栽树年年死等原因形成了不同程度的低产劣质园。

(2)良种繁育体系不健全,苗木市场混乱　国家林业局早在2010年就发布实施了《石榴苗木培育技术规程》国家林业技术标准,但在石榴苗木实际生产和销售过程中并没有按国家林业标准去执行,石榴良种苗木繁育体系也很不健全,造成苗木品种良莠不齐,大量劣质品种和苗木投向市场,给生产带来巨大损失。

(3)贮藏、加工等发展滞后　采收后贮藏、加工措施不配套,在很多产区还没有相应的加工企业,或企业规模小,造成资源潜力在深度和广度上挖掘的不够,导致附加值低。

(4)研究不够,科技投入差　对石榴的研究尚未引起足够的重视,从事石榴研究的单位少、经费困难、科研人员缺乏,科研条件差。应及时改变这种现状,尽快赶上其他果树树种的研究水平。

3. 软籽石榴发展前景　石榴历来为我国人民所喜爱,国庆节、中秋节正是石榴成熟的上市季节,软籽石榴更是礼品中的极品。发展石榴前景广阔,俗话说"要想富,栽果树,脱贫致富首选石榴树"。

(1)产量高、好管理 优良品种1年生苗定植当年见花、2年见果,3年单株产量可达5千克以上,5年进入丰产期,单株产量超过25千克,每667米²密度一般在80～110株,667米²产量达2 000～3 000千克。石榴树不但结果早,产量高,见效快,且管理技术相对简单,管得好,多结果,管得差结果少些,不管也可以结果,可以称得上是"懒汉树"。

(2)易贮藏好运输 石榴属于耐藏果品,科学贮藏可以存放到翌年5月,错开季节上市,价格成倍增加。既适合城市郊区集约栽培,即时上市;更适合老、少、边、穷、交通不便地区发展种植,且运输方便,可以长途运输,为"长腿果品"。

(3)市场紧缺价格高 全国只有河南、山东、陕西、安徽、四川、云南等省的部分地区规模种植,形成商品产量。南方很多地方不适宜种植,而北方由于冬季寒冷石榴树易遭受冻害也不种植,全国能种石榴的地方不多,需要石榴的市场很大。目前,全国石榴总产量不足水果总产量的0.1%,为市场紧缺的珍稀果品。市场上啥样的水果都有,就是没有软籽石榴,因此软籽石榴价格是苹果、柑橘的几倍。

(4)石榴能走出国门,出口创汇 目前世界市场上的石榴主要来自伊朗、以色列等中东国家,伊朗年产石榴60万吨,是该国主要水果和出口创汇产品。日本人认为石榴是健康果品而大量消费。我国主产区的河南省开封、云南省会泽等地20世纪70年代石榴也曾出口日本,远销港、澳。目前,我国已融入开放的世界市场,农产品国际贸易活跃,可以大力发展具有区位优势的石榴生产,将国内优质高档石榴销往国外。

(5)发展石榴加工,增值增效 石榴籽粒出汁率一般为87%～91%,含糖量10.11%～12.49%,含酸量一般品种为0.16%～0.40%,而酸石榴品种为2.14%～5.30%,每100克鲜汁含维生素 C 11 毫克以上,蛋白质 1.5 毫克,磷 105 毫克,钙 11～13 毫克,铁 0.4～1.6 毫克。石榴除鲜食外,也可制成罐头及果酒、果汁等高级清凉饮料。石榴果皮、隔膜及根皮树皮中含鞣质 22％以上,可提取栲胶。石榴叶可制作成保健茶,具有降脂、降血压作用。常饮石榴酒、石榴汁可以预防动脉粥样硬化和心脏病及减缓癌变进程。石榴全身都是宝,鲜食、加工、外销、内销,市场非常广阔。

4. 发展建议

(1)石榴适生范围广,可发展区域大,要明确发展方向 冬季正常降温年份,多数石榴品种能耐受的极限低温为－13℃,当温度降至－15℃以下时,地上部分出现严重冻害甚则整株死亡。因此,我国石榴生产应在现有分布区域内适度发展,在适宜发展地区,历史上出现－15℃以下低温的地区要注意冬季防寒。在适宜栽植以外地区以及耐寒性差的品种发展要慎重,主要考虑冬季低温影响,不要盲目引种。

石榴生产发展方向:一是选择在向阳的山坡梯地,西北面有山林阻挡寒流,利用山麓的逆温层带种植石榴,防止冻害发生。二是利用浅山、丘陵、平原荒地、滩地发展石榴生产增加收益,既为老、少、边穷地区开辟一条致富之路,又可提高土地利用率、保持水土维持生态平衡,达到土地永续利用、实现农业可持续发展的目的。三是发展集约型高效果园、观光园、生态旅游果园等,在交通便利、土质肥沃的平原农区及城市郊区发展石榴生产,采用先进的集约栽培技术,定植 3 年结果,5 年进入丰产期。

(2)尽快实现石榴生产良种化,提高市场竞争力 新发展石榴园及大型商品基地,必须保证良种建园。对现有石榴生产中的劣种树,通过高接换种、行间定植良种幼树、衰老树一次性淘汰等方法尽快实现更新。本书推介的软籽类品种各地可选择利用。引种时同纬度、同生态区、北树南引易成功,引种的北限为北纬

$37°40'$,盆栽和保护地栽培另当别论。果园建设特别是大型果园要注意品种搭配,主栽品种1个,搭配品种1~2个。一般品种不用配置授粉树,个别品种要考虑授粉树的配置。

(3)强化管理,推进产业化进程 目前我国一些石榴产区产量较低,其中有新栽幼树和部分因管理不善结果不良的,因此要大力普及推广石榴丰产栽培技术,提高石榴产量和质量。石榴是商品性极高的果品,又可以搞深加工,石榴的发展也必须走产业化的道路,以市场为导向,以企业为龙头,走"公司+基地+农户+市场"、"公司+合作社+市场"、"互联网+"等多种途径,大力发展农工贸、产供销一体化的经营服务体系,推进石榴生产产业化进程。

(4)创品牌,提高商品价值 国内许多产区的石榴历史上即为名产:陕西省乾县的"御石榴"因唐太宗和长孙皇后喜食而得名;山东省枣庄的软籽石榴和冰糖籽石榴及河南省荥阳的河阴石榴,曾被选作晋京贡品。近年我国石榴生产发展迅速,各产区要注意创立自己的精品品牌,改进包装、贮运技术,提高商品质量,以优质品牌石榴开拓国际国内市场。

(5)加强科学研究和技术推广,不断为石榴生产注入活力 投入足量资金,加强与石榴生产紧密相关的育种、良种繁育、病虫害防治、智慧栽培新技术、贮藏加工等全面系统研究和技术储备,合理、高效利用我国丰富的气候、土壤资源,尤其是光、热资源,最大限度地挖掘石榴生产潜力。同时,充分发挥农业技术推广系统功能,保证先进的技术成果快速在石榴生产实践中应用。

(6)发展"智能果园",实行智慧栽培 选择软籽石榴最佳优生区发展软籽石榴生产,实现智能高效水肥一体化灌溉、病虫草害生物控制,实时气象和土壤信息记录及影像利用"云技术"储存等功能,规范生产。有条件的,每个石榴可以设定一个二维码,进入流通渠道后,消费者只需扫一下码,该果实所生长的石榴树的施肥、浇水、开花、结果及是否打农药等信息，均可在手机 APP 上呈现，为消费者提供放心满意的产品，也提高生产者的收益。

二、新优软籽石榴品种

　　丰富的石榴资源和悠久的栽培历史,使我国石榴的种类和品种非常丰富,目前全国有石榴品种 320 多个,各地还有不少传统的优良品种,仍是当地的主栽品种。而软籽(核)类品种只有 20余个,除具备普通优良品种的特性外,因其核软可食、商品价值高,极具推广价值。

　　品种选择是栽培成败、收益高低的关键,应根据各地生态条件和果实用途,选择适地适栽的优良品种。

　　优良的软籽品种除必须具有生长健壮,抗病虫能力强,丰产优质等优点外,干旱寒冷的北部、西部产区,须具有耐旱耐寒的优点,而多阴雨高温的南方地区须具有耐高温多湿易坐果的优点。各地还应根据市场销售情况有计划地发展,城市、厂矿等消费人群密集地区多发展鲜食品种,有加工能力的地区可以加工、鲜食品种兼顾。同时,注意早、中、晚熟不同成熟期品种的合理搭配,以便提早和延长鲜销和加工时期,拉长供应链条。

　　现将新优软籽品种介绍如下。

(一)蜜宝软籽

　　1. 品种来源　从突尼斯软籽品种芽变中选育而来(彩图 2-1,彩图 2-2)。

　　2. 品种特征特性

　　(1)植物学特征及果实经济性状　树冠自然圆头形,树形紧凑,枝条密集,树势中庸;成枝力中等,5 年生树冠幅/冠高＝3.5米/4.0 米。树干表皮纹路清晰,纵向排列,有瘤状突起并有块状翘皮脱落;幼枝浅红色,老枝灰褐色,枝条绵软,刺枝少、绵韧;幼苗直立性较强,幼叶浅红色,成叶深绿,长椭圆形,长 7.5～8.5 厘米,宽 4.0～4.5 厘米。花瓣红色 5～6 片,雄蕊一般有花药 230～260 枚/朵。

果皮浓红色,果面光洁;果实圆形,果形指数 0.92～0.95,果底圆形,萼筒圆柱形,高 0.5～1.0 厘米,直径 1.5～1.8 厘米,萼片开张或闭合 5～6 片;平均单果重 450 克,最大果重 1 100 克;籽粒浓红色,籽核特软,成熟时有放射状针芒,百粒重 55～65 克。单果子房数 7～8 个,皮厚 4～6 毫米,可食率 51.5%,果皮质地较疏松,成熟后期果肩部易出现细小裂纹,遇雨失去鲜红光泽,为避免此种现象发生,可采用白色木浆纸袋套袋,成熟采收前 10～15 天去袋,效果很好;风味甜适口,可溶性固形物含量 18.5%左右,含糖量 13.68%,含酸量 0.20%,维生素 C 含量 7.84 毫克/100 克,每千克含铁 3.18 毫克、钙 54.3 毫克、磷 416 毫克。

(2)结果习性 该品种雌雄同花,总花量较大,直至 9 月上旬仍有开花现象。完全花率 49.6%,坐果率 62.5%。花前期坐果率高,易形成早熟大果。

(3)物候期 河南省中部萌芽期在 3 月底至 4 月初;落叶期 11 月 10 日前后,初花期在 5 月上旬,盛花期在 5 月中旬至 6 月 20 日前后,果实成熟期为 9 月中旬前后。

(4)丰产性 扦插苗栽后 2 年见花,3 年结果,单株产量 4 千克以上,第五年单株产量达 15 千克以上,逐渐进入盛果期。10 年生大树单株年产量超过 30 千克。

3. 品种适应性与适栽地区 该品种适生范围广,抗病,抗旱,耐瘠,对土壤要求不严,在平原沙地、黄土丘陵、浅山坡地,均可生长良好,适宜的土壤 pH 值为 5.5～8.5。在土肥水较差条件下,植株长势中等,丰产性和果实优良品质可以表现出来,在高肥力地区,丰产效果更为突出。≥10℃年有效积温超过 3 000℃,年日照时数超过 2 400 小时,无霜期 200 天以上的地区,均可种植。缺点是抗寒性稍差,在冬季温度较低地区发展,注意防冻。

4.栽培技术要点

(1)适宜栽植时期 在秋季落叶后和春季(3月上中旬),选择健壮无病虫平茬苗定植,行株距可采取3米×2米、3米×3米和4米×3米等多种形式。

(2)树形为多干自然半圆形或单干疏散分层开心形 对于幼树各级骨干枝、延长枝和分枝处的单条枝,应适当短截,对于过密的枝和旺长枝,应适当重截。注意疏去冠内下垂枝、病虫枝、枯死枝和横生枝,基部萌条要及时剪除。

(3)基肥以农家肥为主 以农家肥为主要基肥,配合施用饼肥和速效氮、磷肥。采用环状或辐射状沟施。在果实膨大期的6月中旬追肥和叶面喷施微肥。幼龄树株施农家肥8~10千克,结果树每生产1000千克果实,一次性秋施基肥2000千克,追肥200~400千克。要适时浇水,采收前10天一般不要浇水,防止裂果。

(4)病虫害防治 虫害主要是桃蛀螟、茎窗蛾和石榴巾夜蛾。叶面喷药防治重点在5月30日到7月30日进行,每10天一次,兼治多种虫害。防治桃蛀螟,可用90%晶体敌百虫或25%磷菊酯乳油500~1000倍液,以萼筒塞药棉、抹药泥方式实施。防治石榴干腐病,在休眠期喷洒3~5波美度石硫合剂,在生长季节喷40%多菌灵可湿性粉剂或50%甲基硫菌灵可湿性粉剂600~800倍液等。

(二)蜜露软籽

1.品种来源 由冯玉增等人通过实生选种选育而成(彩图2-3,彩图2-4)。

2.品种特征特性

(1)植物学特征及果实经济性状 该品种树冠圆形,树形紧凑,枝条密集,树势中等;成枝力一般,5 年生树冠幅/冠高＝3.5 米/3.6 米。树干表皮纹路清晰,纵向排列,有瘤状突起并有块状翘皮脱落;幼枝浅红色,老枝灰褐色,枝条绵软,针刺少、绵韧;幼叶浅红色,成叶浓绿,长椭圆形,长 7～8.0 厘米,宽 1.7～2.0 厘米。花瓣红色 5～6 片,雄蕊平均有花药 230 枚/朵。

果皮红色,果面光洁;果实圆形稍扁,果形指数 0.94,果底平圆,萼筒圆柱形,高 0.5～0.7 厘米,径 0.6～1.2 厘米,萼片开张 5～6 片;平均单果重 310 克,最大果重 850 克;籽粒浓红色,核软,成熟时有放射状针芒,百粒重平均 50.1 克,最大 62 克。单果子房数 4～12 个,皮厚 1.5～3 毫米,可食率 64.5％,果皮韧性较好,一般不裂果;风味酸甜适口,可溶性固形物含量 17％左右,含糖量 13.58％,含酸量 0.22％,维生素 C 含量 7.44 毫克/100 克,每千克含铁 3.08 毫克、钙 53.3 毫克、磷 410 毫克。该品种主要优点之一就是后期坐的果,果实小而籽粒相应减少,但籽重仍较高,保持了大粒特性,可食率仍较高。

（2）结果习性　该品种雌雄同花,总花量较小,完全花率 48.6％,坐果率 62％。开花规律的两大优点:一是花前期（6 月 10 日前）完全花率高,相应的前期坐果率高,果大且品质好,果品的商品价值也高;二是虽然总花量小,但完全花率高,有利于提高坐果率和减少无谓营养消耗。

（3）物候期　河南省中部地区该品种萌芽期在 3 月底至 4 月初;落叶期 11 月 10 日前后,初花期在 5 月上旬,盛花期在 5 月中旬至 6 月 20 日前后,果实成熟期为 9 月下旬至 10 月上旬。

（4）丰产性　扦插苗栽后 2 年见花,3 年结果,单株产量 5 千克以上,第五年单株产量达 25 千克以上,逐渐进入盛果期。10 年生大树单株年产量超过 100 千克。

3. 适栽地区　该品种抗寒性较强,适合国内各石榴产区栽植,在四川攀枝花、会理产区表现突出,产量高、果重大、品质优。

4. 栽培技术要点　同蜜宝软籽。

（三）甜宝软籽

1. 品种来源　该品种由冯玉增等人从大红甜品种芽变中选育而来（彩图 2-5，彩图 2-6）。

2. 品种特征特性　该品种树势健壮，成枝力强，树形开张，枝条柔韧密集，5 年生冠幅/冠高＝4.2 米/3.8 米。幼叶浓红色，成叶窄长，深绿。幼枝褐红色，老枝浅褐色，刺枝绵韧，未形成刺枝的枝梢冬季抗寒性稍差。主干及大枝扭曲生长，有瘤状突起，老皮易翘裂。花红色，花瓣 5～7 片，总花量大，完全花率 42％左右，自然坐果率 60％左右。果皮艳红色，果实近球形，果形指数 0.95；萼筒圆柱形萼片 5～7 裂，多翻卷。平均单果重 320 克，最大果重 1 100 克；子房 8～13 室，籽粒艳红，核软，出籽率 61％，百粒重 43 克，出汁率 88.3％，可溶性固形物含量 16.5％左右，风味酸甜爽口，成熟期 9 月下旬，5 年生树平均株产 28.6 千克。

该品种抗寒、抗旱、抗病、耐贮藏、抗虫能力中等。不择土壤，在平原农区、黄土丘陵、浅山坡地，肥地、薄地均可正常生长，适生范围广，丰产潜力大。

3. 适栽地区及栽培技术要点　同蜜宝软籽。

（四）墨玉软籽

1. 品种来源　该品种由冯玉增从当地大红酸品种芽变中选育而来（彩图 2-7，彩图 2-8）。

2. 品种特征特性　该品种为稀有品种。树势中等，自然圆头形；刺和萌蘖较多；嫩梢红色，幼枝淡红色，幼树、枝皮黄褐色。花瓣鲜红色，5～6 瓣，萼筒紫红色，萼片 5～6 片；叶长 6～7 厘米，宽 2～2.5 厘米。

果实圆球形，果形指数 1.0；果皮浓红色，果面光滑，有光泽，艳丽美观;平均单果重 363 克,最大果重 850 克左右;子房数上 4 个下 2 个;皮厚 5～6 毫米。可食率 51％左右;籽粒马齿形、黑紫红色;单果籽粒数 630～800 粒,百粒重 25～35 克;种子小,籽核特软可食,汁极多,可溶性固形物含量 18.5％～19％;口感偏酸但回味微甜,别有风味;成熟期较晚,采果期长,不易裂果,较耐贮运。

丰产性好。扦插苗栽后 2 年见花,3 年结果,单株产量 4.5 千克以上;5 年生树高 3.5 米左右,冠径 2.5 米×3.0 米,较丰产,单株产量 15～20 千克,逐渐进入盛果期。10 年生大树单株年产量超过 30 千克。

3. 适栽地区及栽培技术要点　同蜜宝软籽。

(五)突尼斯软籽

1. 品种来源　由原国家林业部于 1986 年从突尼斯引进(彩图 2-9,彩图 2-10)。

2. 果实特征特性　果实圆形,微显棱肋,平均单果重 406.7 克,最大果重 650 克;萼筒圆柱形,萼片 5～7 枚,闭合或开张;近成熟时果皮由黄变红。成熟后外围向阳处果面全红,间有浓红断条纹,背阴处果面红色占 2/3。果皮洁净光亮,个别果有少量果锈,果皮薄,平均厚 3 毫米,可食率 61.8％,籽粒红色,核特软,百粒重 56.2 克,出汁率 91.4％,含糖量为 15.5％,含酸量为 0.29％,维生素 C 含量为 1.97 毫克/100 克,风味甘甜,品质优。成熟早。

树势中等,枝较密,成枝力较强,4 年生树冠幅/冠高＝2 米/2.5 米。幼嫩枝红色,有四棱,老枝褐色,侧枝多数卷曲。刺枝少。幼叶紫红色,叶狭长,椭圆形,浓绿。花红色,花瓣 5～7 片,总花量较大,完全花率 34％左右,坐果率占 70％以上。9 月中下旬果实成熟。

该品种抗旱,抗病,择土不严,无论平原、丘陵或浅山坡地,只要土层深厚,均可生长良好。

该品种综合性状优良,是近年国内软籽石榴发展较快、且发展面积较大的品种。

该品种抗寒性较差,冬季易受冻害。据笔者 2015 年冬和 2016 年冬对河南省该品种种植产区调查,当地县级气象资料记录,11 月 22 日前后有中等强度的降雪,连续 3 日最低气温为 −0℃、−3℃、−1℃时,出现轻微冻害;连续 3 日最低气温为 −4℃、−6℃、−3℃时,局地小环境出现较为严重冻害。发生冻害的部位一般在 1.1 米以下。因此,发展该品种一定要选择适宜的生长环境,不要盲目引种。

3. 适栽地区及栽培技术要点 栽培技术要点同蜜露软籽,因抗寒性较差,发展区域受限制。

(六)中农红软籽

1. 品种来源 由中国农业科学院郑州果树研究所从"突尼斯软籽"品种芽变中选育而成(彩图 2-11,彩图 2-12)。

2. 品种特征特性 树势中等,幼树干性弱,萌芽力强;幼树以中、长果枝结果为主,成年树长、中、短果枝均可结果。多年生枝青灰色,1 年生枝条绿色,上有红色细纵条纹,平均长度 10.33 厘米、粗 0.20 厘米,节间长度 1.8 厘米。幼树刺枝稍多,成年树刺枝不发达。叶片深绿色,大而肥厚,平均叶长 5.3 厘米,宽 2.7 厘米,4 年生树平均树高 2.5 米,平均冠幅 2.0 米,成枝力较强。以中、长果枝结果为主。花红色,花量大,单花花瓣 6～7 片。完全花率约 35%,自然坐果率 70% 以上。果面光洁亮丽,果皮浓红色,平均单果重 475 克,最大果重 714 克。果实近圆球形,果底圆形,萼筒圆柱形,高 0.8～1.2 厘米,直径 1.6～2 厘米,萼片开张或闭合 5～6 片;果皮光洁明亮,阳面浓红色,裂果不明显。籽粒紫红色,百粒重 40 克左右;籽粒汁多味甘甜,出汁率 87.8%,可溶性固形物含量 15.0%以上,种核特软(硬度 2.9 千克/厘米^2)可直接食用,无垫牙感。

在河南省中部地区 3 月下旬、4 月初萌芽,5 月上中旬初花,5 月下旬进入盛花期,盛花期持续 30～40 天。9 月上中旬果实成熟,11 月中旬前后落叶。

该品种大小年结果现象不明显,丰产稳产。一般 1 年生扦插苗定植后翌年即可见果,第三年平均株产 5.5 千克,4 年生树平均株产 10 千克。5 年生树平均株产 20.2 千克。

该品种抗逆性强,适应性较广,抗旱,耐瘠薄,抗裂果。对土壤要求不严,在黏壤土、壤土、沙壤土,丘陵、山地、河滩、平原,均表现出良好的生长结果习性。在土壤肥沃、水分充足的条件下栽植,产量和品质更为优良。缺点是抗寒性较差,与当前生产上栽植较广泛的突尼斯软籽石榴品种相近,多雨年份或地区易感染果腐病。

栽植时间根据各地气候特点及栽培方式,可落叶后秋栽或春季发芽前栽植。栽植密度以株行距 2 米×3 米较适宜。

该品种自花即可结果,异花授粉坐果率更高,因此配置一定的授粉树为宜。中农红软籽石榴的适宜授粉树以突尼斯软籽石榴和中农红黑籽甜石榴最好,一般配置比例为 4～8：1 为宜。

(七)枣辐软籽 9 号

1. 品种来源 该品种系由山东省峄县软籽石榴经连续 3 次辐射育成的新品种(彩图 2-13)。

2. 品种特征特性 树势中强,叶片较大。单果重 260 克左右,果皮黄绿色,阳面带红晕,籽粒白色透明,籽粒较大,味甜美而核软可食,含糖量为 16%,品质极上等。耐贮运,丰产性好。栽植中可合理密植,采用 2 米×3 米和 3 米×4 米两种株行距栽植。

第五年时,2米×3米株行距者,两株间有部分长枝开始交接,但行间无交接现象。实行密植栽培,是获得早果丰产的前提。

3. 品种适应性及适宜地区　主要在山东省枣庄市境内有分布种植。

(八)白玉石籽

1. 品种来源　该品种来源于安徽省怀远县农家品种三白石榴营养系变异,由安徽农业大学选育,2003 年通过安徽省林木品种审定委员会审定并命名(彩图 2-14)。

2. 品种特征特性　果实近圆形,平均单果重 469 克,最大果重可达 1 000 克以上;果皮黄白色,果面光洁,有果棱,萼片直立;果形指数 0.85,可食率 58.3%,平均百粒重 84.4 克,最大 102 克,籽粒呈马齿状或长马齿形、白色,成熟时内有少量针芒状放射线;籽粒出汁率 81.4%,籽核硬度为 3.29 千克/厘米^2,口感半软;可溶性固形物含量 16.4%,含糖量 12.6%,含酸量 0.315%,维生素 C 含量 149.7 毫克/千克;当地 9 月中下旬成熟,耐贮性一般。

树势强健,枝条较软,开张,枝条灰白色,茎刺较少;叶片较大,长椭圆形,叶色深绿,叶尖微尖,幼叶、叶柄及幼茎黄绿色;两性花,1～4 朵着生于当年新梢顶端或叶腋间;花瓣白色,花瓣、花萼 4～6 片;在皖中地区 3 月中下旬开始萌芽,4 月初发枝,4 月下旬现蕾,5 月上旬初花,5 月中旬至 6 月中旬盛花,11 月上中旬开始落叶,盛果期株产可达 60 千克,丰产稳产性好。

该品种适应性较强,株行距以 3～4 米×4 米为宜;树形宜选用自然圆头形,修剪注意疏枝及短截结合;自花结实率较高,注意疏花疏果;果实成熟期要及时采收,推迟采收易裂果;降雨量较大地区注意及时排涝,加强对早期落叶病、干腐病防治。

在四川省攀西地区 2 月中旬萌芽,3 月下旬至 5 月上旬开花,8 月上中旬成熟,在当地表现丰产性好。

（九）淮北软籽 1 号

1. 品种来源　由安徽省淮北市林业局选育，主要分布在淮北市等皖北产区（彩图 2-15）。

2. 品种特征特性　果实近圆形，果形指数 0.89，略显有棱，果个均匀，平均单果重 325 克，最大果重 650 克；果皮光洁，较薄，皮青黄色、向阳面古铜色；籽粒白色有红色针状晶体，品质上等，百粒重 71～76 克，出籽率 70.7%，出汁率 81.4%，可溶性固形物含量 16.8%，总糖 15.5%，总酸 0.82%；籽核口感半软，10 月上旬成熟，耐贮运。

树形开张，半圆形；生长中等，老干左旋扭曲，嫩枝有棱明显，当年生枝木质化红褐色，棱、新梢、嫩枝呈淡紫红色，节间平均长 2.4 厘米；2 年生枝灰褐色，平均长度为 18 厘米，节间平均长度 2.8 厘米，茎刺较少；叶较大，长披针形，长 3.5～7.9 厘米，宽 0.9～2.3 厘米，平均长 5.1 厘米，平均宽 1.2 厘米，成叶绿色，新叶淡红色；基部楔形，叶尖钝圆。整株开花量大，花大多着生在枝条顶端，当地 3 月下旬萌芽，花期在 5 月上旬至 6 月下旬，花梗直立，长 2～5 毫米，红色；花萼筒状，5～7 裂，较短，深红色，果实发育后期反卷；花单瓣，5～7 枚，稍皱缩，椭圆形，红色，长 2.1 厘米，宽 1.4 厘米，花冠外展，花径 3.5 厘米，雄蕊多数，单花 155 枚左右，3 种类型花都有。

该品种抗性较强，耐旱耐瘠薄，在石灰岩岗地上生长良好，经济寿命长。采用 1 年生壮苗定植，在集约经营条件下，2 年开花结实，3 年生株产 4～5 千克，6～7 年生株产 8 千克，50 年生以上大树株产 35 千克以上，丰产稳产性好。

(十)青皮软籽

1. 品种来源 该品种原产于四川省会理县(彩图 2-16)。

2. 品种特征特性 树冠半开张,树势强健,刺和萌蘖少。嫩梢叶面红色,幼枝青色。叶片大,浓绿色,叶阔披针形,长 5.7～6.8 厘米,宽 2.3～3.2 厘米。花大,朱红色,花瓣多为 6 片,萼筒闭合。果实大,近圆球形,单果重 610～750 克,最大果重达 1 050 克,皮厚约 5 毫米,青黄色,阳面红色,或具淡红色晕带。心室 7～9 个,单果籽粒 300～600 粒,百籽重 52～55 克,籽粒马齿状,水红色,核小而软,可食率 55.2%。风味甜香,可溶性固形物含量 15%～16%,含糖量为 11.7%,含酸量为 0.98%,维生素 C 含量 24.7 毫克/100 克,品质优。当地 2 月中旬萌芽,3 月上旬至 5 月上旬开花,7 月末至 8 月上旬成熟,裂果少,耐贮藏。单株产量为 50～150 千克,最高达 250 千克。

会理青皮软籽,以果大、色鲜、皮薄、粒大、汁多、核软、香甜(带有蜂蜜味)、味浓而闻名,素有"籽粒透明晶亮若珍珠,果味浓甜似蜂蜜"的美誉。

3. 品种适应性及适栽地区 该品种适应性强,对气候和土壤要求不严。根据会理县各种植点的情况进行综合分析,在海拔 650～1 800 米,年平均气温 12℃以上的热带、亚热带地区,均可广泛引种种植。

青皮软籽主产地的四川省会理县,地处四川省西南部,凉山州的最南端,东连会东,西邻攀枝花,北接德昌,南傍金沙江,与云南的禄边、武定和元谋等县隔江相望。地理坐标为北纬 26°5′～27°12′,东径 101°52′～102°38′,全县地势呈南北走向,境内山峦起伏,山高坡陡,地形复杂,气候多样,有"山下收庄稼、山上才开花"的立体农业气候特点,属南亚热带季风性气候向温带气候过渡的气候带。青皮软籽石榴分布于海拔 839～1 800 米的范围。该区年平均气温为 15.3℃～23.0℃,最热的 7 月份,平均温度 23℃～27℃,最冷的 1 月份,平均温度为 7℃～15℃,≥10℃年有效积温为 5 000℃～8 000℃。年日照时数为 2 696～3 000 小时,无霜期为 300～365 天,年降水量为 600～1 160 毫米。土壤类型有燥红壤、褐红壤、水稻土、紫色土、沙壤土、冲积土和山地黄壤等。土壤 pH 值为 4.5～8。

4. 栽培技术要点

(1)温度及土壤要求 建园地的年平均气温应在 12℃以上,海拔在 650～1 800 米地区,土壤以沙壤土和壤土最为适宜,pH 值为 4.5～8。山地建园应选在背风向阳的山坡地或不易积聚冷空气的山坳处为最好。平原地区建园应避开黏重土壤。

(2)定植 平原地区栽培,株行距宜 3 米×4 米;山地栽培,株行距宜 2 米×4 米。栽植时,应适当配置授粉树。适宜的授粉品种为白皮甜和大绿籽。

(3)加强土肥水管理 基肥于 12 月上中旬或 2 月中下旬施入,施肥量为:2～3 年生树株施 15 千克,4 年生以上树株施 50 千克。每年要进行 2 次追肥。第一次在萌芽前,2～3 年生幼树株施尿素 0.3 千克,4 年生以上的结果树株施尿素 0.5 千克,目的是促进石榴树开花和提高坐果率。第二次追肥在果实膨大期前,株施石榴专用复合肥 4 千克,以促进果实生长,提高产量。施肥时结合浇水。另外,还要在封冻前浇封冻水,开春发芽前浇发芽水。

(4)合理整形修剪 树形采用多主干自然半圆形。定植当年开张角度,选择 4～5 个生长健壮、方向适宜的枝为主。用撑拉等方法开张角度,以后使每个主干配 3～4 个主枝向四周扩展。冬剪以疏和缩为主,去除基部的萌蘖枝,疏除过密的下垂、重叠、病虫和枯死枝。对衰老枝、徒长枝和细弱枝,要及时回缩更新。夏季要及时抹芽摘心,疏除竞争枝、徒长枝和过密枝。

(5)重视花果管理 在现蕾后到初花期,应尽早疏除所有的钟状花。短结果母枝,只留 1 朵筒状花。长结果母枝,每 15 厘米左右留 1 朵筒状花。6 月下旬以后开放的花应全部疏除。在盛花期,喷 0.3‰～0.5‰硼砂液。坐果后,每隔 20 天喷 1 次 0.4%磷酸二氢钾溶液,连续喷施 3～4 次,以加速果实生长,增进果实品质。

(十一)火　炮

1. 品种来源　又名红袍,原产于云南省会泽县盐水河流域,优良中熟品种(彩图 2-17)。

2. 品种特征特性　树势较强,树姿抱合,结果后开张。叶大浓绿,果实近球形,萼筒粗短闭合,果面光滑,底色黄白阳面全红。果皮较厚,果实较大,平均单果重 356 克,最大果重 1 000 克。籽粒肥大,平均百粒重 67 克。粒色深红,核软可食,近核处"针芒"多。可溶性固形物含量为 15%～16.5%,果汁多,味纯甜。在当地,于 2 月上旬萌芽,3 月上旬至 4 月下旬开花,8 月下旬果实成熟。

3. 品种适应性及适栽地区　该品种对土壤要求不严,适生范围广,抗病,抗旱,耐瘠薄。在海拔 1 200～2 000 米,极端最低气温高于－16℃,≥10℃年有效积温超过 4 000℃的地区均可种植。

4. 栽培技术要点及注意事项

(1)土壤要求　该品种对土壤要求不十分严格,在 pH 值 6.5～8.3 的沙土、冲积土上均能正常生长,但在透水性差的黏土中生长时,会产生裂果现象。主产区海拔高度为 1 400～1 600 米。

(2)定植　该品种长势中等,适宜密植,株行距一般为 2 米×4 米。定植时间可在春、秋两季,尤其是在春天石榴树芽冒红点时栽植成活率可达 100%。选取 1 年生壮苗,苗高 70～80 厘米,茎粗 1 厘米以上,侧根 4 条以上的无病虫苗。该品种自花结实性较强,一般不需要配置授粉树。

(3)肥水管理　一般每年施肥 3 次:第一次于采果后深翻地

时作为基肥施入,以优质有机肥为主。施肥量根据石榴树大小和长势情况而定,一般每株施厩肥 25～60 千克和磷酸二氢钾 2 千克。第二次是在枝条萌发期施追肥,每株施速效过磷酸钙或磷酸二铵 0.3 千克。第三次是在幼果膨大期喷 0.5% 尿素和 0.3% 硼砂溶液,可单独施,可混施。1 年浇好 3 次关键水,即萌芽水、催果水和封冻水。

(4)整形修剪 该品种易发生根蘖,需及时除掉。整形修剪所采用的树形为单主干的自然开心形,由 3～4 个主枝形成树冠。在修剪手法上,1～3 年生幼树的对生枝一般不轻易疏除。4 年生以上的树,一般不宜轻短截。这是由于石榴花形成多在小枝顶部及中上部腋芽,轻短截会造成花芽损失及枝条丛生。此外,随着树龄的增大,石榴树枯枝逐渐增多,要注意更新修剪。

(5)病虫害防治 云南石榴的主要病害为早期落叶病,虫害为桃蛀螟。在 2～3 月份喷 5 波美度石硫合剂 3 次,5～6 月份喷 40% 多菌灵可湿性粉剂 500 倍液 1 次防治早期落叶病。石榴始花后 20 天左右,喷 50% 杀螟硫磷乳油 1 000 倍液 1 次,7 月下旬喷洒 90% 晶体敌百虫 800～1 000 倍液 3 次,每隔 7 天 1 次,可有效地防治石榴桃蛀螟的危害。

(十二)糯石榴

1. 品种来源 原产云南省巧家(彩图 2-18)。

2. 品种特征特性 树势中等,树姿开张,叶片大。果实圆球形,中等大小,平均单果重 360 克,最大果重 900 克。果面光亮,底色黄绿,略带锈斑,阳面鲜红。花与萼为红色,萼片闭合,外形美观。果皮中厚,籽粒肥大,百粒重平均为 77 克,粉红色。因核软而得名,近核处"针芒"多,汁多味浓,有甜香。可溶性固形物含量为 13%～15%,品质优。该品种在当地,每年于 2 月初萌芽,3～4 月份开花。8 月上旬果实成熟。

3. 适栽地区及栽培技术要点　同火炮石榴。

(十三)临选1号

1. 品种来源　原产于陕西省临潼县,属净皮甜品种的优良变种(彩图2-19)。

2. 品种特征特性　树姿开张,树势中庸略强。枝条粗大,叶披针形或长椭圆形。退化花少,结实率高,丰产稳产。

该品种果实大,圆球形,平均单果重334克,最大果重625克。果皮较薄,果面光滑,锈斑少,底色黄白,果面粉红或鲜红。萼筒直立稍开张。籽粒大,水红色。百粒重47克,最大的达51克。汁液多,味清甜。核软可食,近核处"针芒"多,可溶性固形物含量14%～16%,品质优。采收期遇雨易裂果。该品种在临潼地区4月1日萌芽,5月上旬至6月中旬开花,9月中下旬成熟,10月下旬落叶。

3. 适栽地区及栽培技术要点

(1)果园建立　定植时间以秋季(10～11月份)或春季(2～3月份)最为适宜。配置2个授粉品种以提高产量和增进品质。栽植密度以2米×3米较为适宜。

(2)整形修剪　树形以自然开心形为佳。定植当年春季,留50～60厘米定干,当年夏季选择3～4个方位、角度适当的壮枝作主枝,留2～3个枝作辅养枝,于7月份对辅养枝摘心扭梢,促其分化花芽。其余在6月初全部抹除。第三年,对主枝短截,促发侧枝,并选留延长枝扩大树冠。

(3)土肥水管理　施肥以基肥为主,于落叶后结合园地耕作、有机肥和磷肥配合施入,追肥掌握花前、果实膨大期和果实采收前3个关键期,根据树体营养情况叶面喷施或土壤施,一般以速效肥为主。遇旱浇水,涝则排水,采果前15天前后停止浇水。

(4)病虫害防治　陕西石榴病害主要有干腐病和褐斑病。对石榴干腐病,采用果实套袋,防病效果可达 88.7%,并兼防果腐病和桃蛀螟,且果实外观较好。还可在 5～8 月份喷洒 1：1：160 波尔多液或 40%多菌灵可湿性粉剂 800 倍液,进行防治。对石榴褐斑病,可于发病初期,用 1：1：140 波尔多液或 50%多菌灵可湿性粉剂 600 倍液连续喷洒 2～3 次,每 10 天 1 次。虫害主要有桃柱螟、茎窗蛾,要注意及时防治。

(十四)江 石 榴

1. 品种来源 又名水晶石榴,原产山西省临猗县临晋乡(彩图 2-20)。

2. 品种特征特性 树体高大,树形自然圆头形,树势强健,枝条直立,易生徒长枝。叶片大,倒卵形,色浓绿。果实扁圆形,平均单果重 250 克,最大果重 500～750 克。果皮鲜红艳丽,果面净洁光亮,果皮厚 5～6 毫米,可食率 60%。籽粒大,软核。籽粒深红色,水晶透亮,内有放射状"针芒"。味甜微酸,汁液多,可溶性固形物含量约 17%。果实 9 月下旬成熟,极耐贮运,可贮至翌年 2～3 月份。早果性能较好。其缺点是果熟期遇雨易裂果。

3. 品种适应性及适栽地区 冬季极端最低气温低于-15℃地上部分出现冻害,极端最低气温低于-17℃、持续时间超过 10 天,地上出现毁灭性冻害,年生长期内需要有效积温超过 3 000℃。该品种抗旱、抗寒、抗风,适宜在晋、陕、豫沿黄地区发展种植。

4. 栽培技术要点

(1)适宜栽植时间与合理密度 适宜栽植时间为春季土壤解冻后的 2 月下旬至 3 月中旬,栽后浇水,树盘覆膜,提高成活率。该品种枝条直立,适宜密植,为提高早期产量,密度设定为 2 米×3 米较为适宜。

(2)整形修剪 树形以单干自然圆头形为主,鉴于其枝条直立的特性,修剪时注意采用撑、拉、坠等方式,使内膛枝条角度开张,保证膛内通风透光良好。该品种树势强健,分枝力强,易生徒长枝,修剪时多采用重剪手法,以避免发生徒长。重视冬季修剪,培养树形,夏季修剪作为辅助手段,控制旺长,促进花芽分化。

(3)重施基肥,合理追肥　以农家肥为主要基肥,配合施用饼肥和速效氮、磷肥,采用环状或辐射状沟施,施肥时期一般在11月下旬至12月中旬或翌年2月上旬。追肥掌握3个关键时期,即花前肥,在4月底至5月初开花前追施;幼果膨大肥,在6月下旬至7月上旬施入;果实膨大和着色肥,时间在采果前15～30天进行。

追肥可以土壤施或叶面喷施,依据树体营养情况,均以使用速效氮、磷肥或微肥为主,是树体养分供应的补充。

(4)病虫害防治　主要病害有干腐病及后期遇雨裂果引发的果腐病,虫害主要有桃蛀螟、桃小食心虫等,采用综合防治措施予以防治。采用果实套袋可有效防治石榴干腐病,套袋前果面喷洒甲基硫菌灵等杀菌剂效果更好。还可在5～8月份喷1∶1∶160波尔多液或40%多菌灵可湿性粉剂800倍液进行防治。对果腐病重点是合理灌水防裂果,并于生长后期喷洒多菌灵等杀菌剂预防。对桃蛀螟和桃小食心虫于果实坐稳后采用药泥、药棉塞萼筒,以及5月中旬、6月上旬、6月下旬连续叶面喷洒敌百虫或醚菊酯乳油800～1000倍液防治。冬季摘拾树上、树下僵果深埋烧毁,降低越冬基数,减轻翌年危害。

(十五)叶城大籽

1. 品种来源　原产于新疆喀什、叶城、疏附一带(彩图2-21)。

2. 品种特征特性　树势强健,抗寒性强,丰产,枝条直立;花鲜红色。果实较大,平均单果重450克,最大果重1000克,果皮薄,果面黄绿色;籽粒大,汁多渣少,味甘甜爽口,可溶性固形物含量15%以上,品质上等。当地9月中下旬成熟。

三、软籽石榴的生长结果特性

（一）生长发育的年龄时期

石榴在其整个生命过程中,存在着生长与结果、衰老与更新、地上部与地下部、整体与局部等矛盾。起初是树体(地上部与地下部)旺盛的离心生长,随着树龄的增长,部分枝条的一些生长点开始转化为生殖器官而开花结果。随着结果数量的不断增加,大量营养物质转向果实和种子,营养生长趋于缓慢,生殖生长占据优势,衰老成分也随之增加。随着部分枝条和根系的死亡引起局部更新,逐渐进入整体的衰老更新过程。在生产中,根据石榴树一生中生长发育的规律性变化,将其一生划分为 5 个年龄时期,即幼树期、结果初期、结果盛期、结果后期和衰老期(图 3-1)。

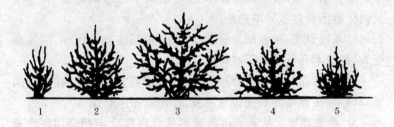

图 3-1　石榴树的年龄时期

1. 幼树期　2. 结果初期　3. 结果盛期　4. 结果后期　5. 衰老期

1. 幼树期　幼树期是指从苗木定植到开始开花结果,或者从种子萌发到开始开花结果。此期一般无性繁殖苗(扦插、分蘖苗等)2 年开花结果,有性繁殖苗 3 年开花结果。

这一时期的特点是:以营养生长为主,树冠和根系的离心生长旺盛,开始形成一定的树形;根系和地上部生长量较大,光合和吸收面积扩大,同化物质积累增多,为首次开花结果创造条件;年生长期长,具有 3 次(春、夏、秋)生长。但往往组织不充实,而影响抵御灾害(特别是北方地区的冬季冻害)的能力。

管理上,要从整体上加强树体生长,扩穴深翻,充分供应肥、水,轻修剪多留枝,促根深叶茂,使之尽快形成树冠和牢固的骨架,为早结果、早丰产打下基础。

石榴生产中多采用营养繁殖的苗木,阶段性已成熟,亦即已具备了开花结果的能力,所以定植后的石榴树能否早结果,主要在于形成生殖器官的物质基础是否具备,如果幼树条件适宜,栽培技术得当,则生长健壮、迅速,有一定树形的石榴树开花早且多。

2. 结果初期 从开始结果到有一定经济产量为止,一般树龄 5～7 年。实质上是树体结构基本形成,前期营养生长继续占优势,树体生长仍较旺盛,树冠和根系加速发展,是离心生长的最快时期。随产量的不断增加,树冠与根系生长逐渐减缓,营养生长向生殖生长过渡并渐趋平衡。

结果特点是:单株结果量逐渐增多,而果实初结的小,后逐渐变大,趋于本品种果实固有特性。

管理上,在运用综合管理的基础上,培养好骨干枝,控制利用辅养枝,并注意培养和安排结果枝,使树冠加速形成。

3. 结果盛期 从有经济产量起经过高额稳定产量期到产量开始连续下降的初期为止,一般可达 60～80 年。

其特点是:骨干枝离心生长停止,结果枝大量增加,果实产量达到高峰,由于消耗大量营养物质,枝条和根系生长都受到抑制,地上(树冠)地下(根系)亦扩大到最大限度。同时,骨干枝上光照不良部位的结果枝,出现干枯死亡现象,结果部位外移;树冠末端小枝出现死亡,根系中的末端须根也有大量死亡现象。树冠内部开始发生少量生长旺盛的更新枝条,开始向心更新。

管理上,运用好综合管理措施,抓好 3 个关键:一是充分供应肥水;二是合理地更新修剪,均衡配备营养枝、结果枝和结果预备枝,使生长、结果和花芽形成达到稳定平衡状态;三是坚持疏蕾花、疏果,达到均衡结果目的。

4. 结果后期 从稳产高产状态被破坏,到产量明显下降,直至降到几乎无经济效益为止,一般有 10～20 年的结果龄。

其特点是:新生枝数量减少,开花结果耗费多,而末端枝条和根系大量衰亡,导致同化作用减弱;向心更新增强,病虫害多,树势衰弱。

管理上,疏蕾花、疏果保持树体均衡结果;果园深翻改土增施肥水促进根系更新,适当重剪回缩利用更新枝条延缓衰老。由于石榴蘖生能力很强,可采取基部高培土的办法,促进蘖生苗的形成生长,以备老树更新。

5. 衰老期 从产量降低到几乎无经济效益时开始,到大部分枝干不能正常结果以至死亡时为止。

其特点是:骨干枝、骨干根大量衰亡。结果枝越来越少,老树不易复壮,利用价值已不太大。

管理上,将老树树干伐掉,加强肥水,培养蘖生苗,自然更新。如果提前做好更新准备,在老树未伐掉前,更新的蘖生苗即可挂果。

石榴树各个年龄时期的划分,反映着树体的生长与结果、衰老与更新等矛盾互相转化的过程和阶段,各个时期虽有其明显的形态特征,但又往往是逐步过渡和交错进行的,并无截然的界限,而且各个时期的长短也因品种、苗木(实生苗、营养繁殖苗)、立地条件、气候因子及栽培管理条件而不同。

6. 石榴树的寿命 正常情况下在 100 年左右,甚至更长,在河南省开封县范村有 260 年生的大树(经 2～3 次换头更新)。据国内学者调查,在西藏三江流域海拔 1 700～3 000 米的察隅河两岸的干热河谷的荒坡上分布有古老的野生石榴群落和面积不等的野生石榴林,有 800 年以上的大石榴树。有性(种子)繁殖后代易发生遗传变异,不易保持母体性状,但寿命较长;无性繁殖后代能够保持母体的优良特性,但寿命比有性繁殖后代要短些。

石榴树"大小年"现象,没有明显的周期性,但树体当年的载果量、修剪水平、病虫危害及树体营养状况等都可影响第二年的坐果。

(二)生长习性

1. 根

(1)根系特征及分布 石榴根系发达,扭曲不展,上有瘤状突起,根皮黄褐色。

石榴根系分为骨干根、须根和吸收根三部分。骨干根是指寿命长的较粗大的根,粗度在铅笔粗细以上,相当于地上部的骨干枝。须根是指粗度在铅笔粗细以下的多分枝的细根,相当于地上部 1～2 年生的小枝和新梢。第三类根就是长在须根(小根)上的白色吸收根,大小长短形如豆芽的叫永久性吸收根,它可以继续生长成为骨干根,还有形如白色棉线的细小吸收根,称为暂时性吸收根。它数量非常大,相当于地上部的叶片,寿命不超过 1 年,是暂时性存在的根。但它是数量大、吸收面积广的主要吸收器官。它除了吸收营养、水分之外,还大量合成氨基酸和多种激素,其中主要是细胞分裂素。这种激素输送到地上部,促进细胞分裂和分化,如花芽、叶芽、嫩枝、叶片以及树皮部形成层的分裂分化,幼果细胞的分裂分化等。总之,吸收根的吸收合成功能,与地上部叶片的光合功能,两者都是石榴树赖以生长发育的最主要的两种器官功能。须根上生出的白色吸收根,无论是豆芽状的,还是细小白线状的,其上具有大量的根毛(单细胞),是吸收水分和养分的主要器官。因其数量巨大,吸收面积也巨大(图 3-2)。

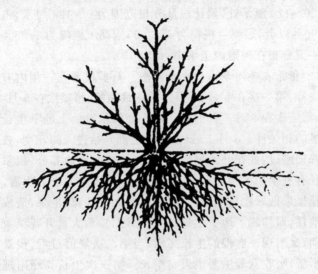

图 3-2　石榴树根系分布

石榴根系中的骨干根和须根,将吸收根伸展到土层中的空间,大量吸收水分和养分,并与来自叶片(通过枝干)运来的碳水化合物共同合成氨基酸和激素。根系中的吸收根,不但是吸收器官,也是合成器官。在果园土壤管理上采用深耕、改土、施肥和根系修剪等措施,为吸收根创造好的生长和发展环境,就是依据上述科学规律进行的。

根系的垂直分布:石榴根系分布较浅,其分布与土层厚度有关,土层深厚的地方,其垂直根系地下较深,而在土层薄多砾石地方垂直根系地下较浅。一般情况下 8 年生树骨干根和须根主要分布在 0～80 厘米深的土层中。累计根量以 0～60 厘米深的土层中分布最集中,占总根量的 80% 以上。垂直根深度达 180 厘米,树冠高:根深为 3:2,冠幅:根深亦为 3:2。

根系的水平分布:石榴根系在土壤中的水平分布范围较小,

其骨干根主要分布在冠径 0～100 厘米范围内,而须根的分布范围在 20～120 厘米处,累计根量分布范围为 0～120 厘米,占总根量的 90% 以上,冠幅:根幅为 1.3:1,冠高:根幅为 1.25:1,即根系主要分布在树冠内土壤中。

(2)根系在年周期内的生长动态 石榴根系在一年内有 3 次生长高峰:第一次在 5 月 15 日前后达最高峰,第二次在 6 月 25 日前后,第三次在 9 月 5 日前后。从 3 个峰值看地上地下生长存在着明显的相关性。5 月 15 日前后地上部开始进入初花期,枝条生长高峰期刚过,处在叶片增大期,需要消耗大量的养分,根系的高峰生长有利于扩大吸收营养面,吸收更多营养供地上所需,为大量开花坐果做好物质准备,以后地上部大量开花、坐果,造成养分大量消耗,而抑制了地下生长。6 月 25 日前后大量开花结束进入幼果期,又出现一次根的生长高峰,当第二次峰值过后,根系生长趋于平缓,吸收营养主要供果实生长。第三次生长高峰出现正值果实成熟前期,此时与保证完成果实成熟及果实采收后树体积累更多养分、安全越冬有关。随落叶和地温下降,根系生长越来越慢,至 12 月上旬,当 30 厘米地温降到 8℃ 左右便停止生长,被迫进入休眠。而在翌年春季的 3 月上中旬,当 30 厘米地温稳定通过 8℃ 以上时,又重新开始第二个生长季活动。在年周期生长中根系活动明显早于地上部活动,即先发根后萌芽。

(3)根蘖 石榴根基部不定芽易发生而形成根蘖。根蘖主要发生在石榴树基部距地表 5～20 厘米处的入土树干和靠近树干的大根基部。单株多者可达 50 个以上甚至上百个,并可在一次根蘖上发生多个二次、三次及四次根蘖,一次根蘖旺盛、粗壮,根系较多,1 年生长度可达 2.5 米以上,径粗 1 厘米以上,二、三次根蘖生长依次减弱,根系较少。石榴枝条生根能力较强,将树干基部裸露的新生枝条培土后,基部即可生出新根。根蘖苗即可作为繁殖材料直接定植到果园中。生产中大量根蘖苗丛生在树基周围,不但通风不良,还耗损较多树体营养,对石榴树生长结果不利。

2.干 与 枝

(1)干与枝的特征 石榴为落叶灌木或小乔木,主干不明显。树干及大的干枝多向一侧扭曲,有散生瘤状突起,夏、秋季节老皮呈斑块状纵向翘裂并剥落。

(2)干的生长 石榴树干径粗生长从4月下旬开始,直至9月15日前后一直为增长状态,大致有3个生长高峰期,即5月5日前后、6月5日前后和7月5日前后,进入9月份后生长明显减缓,直至9月底,径粗生长基本停止。

(3)枝条的生长 石榴是多枝树种,冠内枝条繁多,交错互生,没有明显的主、侧枝之分。枝条多为一强一弱对生,少部分为一强两弱或两强一弱轮生。嫩枝柔韧有棱,多呈四棱形或六棱形,先端浅红色或黄绿色,随着枝条的生长发育,老熟后棱角消失近似圆形,逐渐变成灰褐色。自然生长的树形有近圆形、椭圆形、纺锤形等,枝条抱头生长,扩冠速度慢,内膛枝衰老快,易枯死,坐果性差。

石榴枝的年长度生长高峰值出现在5月5日前后,4月25日至5月5日生长最快,5月15日后生长明显减缓,至6月5日后春梢基本停止生长,石榴也进入盛花期。石榴枝条只有一小部分徒长枝夏秋继续生长,而不同品种、同品种载果量的多少,其夏、秋梢生长的比例不同,载果量小、树体生长健壮者夏、秋梢生长的多且生长量大;树体生长不良及载果量大者夏、秋梢生长量小或整株树没有夏、秋梢生长。夏梢生长始于7月上旬,秋梢生长始于8月中下旬。

春梢停止生长后,少部分顶端形成花蕾,而在基部多形成刺枝。秋梢停止生长后,顶部多形成针刺,刺枝或针刺枝端两侧各有1个侧芽,条件适合时发育生长以扩大树冠和树高。刺枝和针刺的形成有利于枝条的安全越冬。

3.叶 叶是行使光合作用制造有机营养物质的器官。石榴叶片呈倒卵圆形或长披针形,全缘,先端圆钝或微尖,其叶形的变化随着品种、树龄及枝条的类型、年龄、着生部位等而不同。叶片质厚,叶脉网状。

幼嫩叶片的颜色因品种不同而分为浅紫红、浅红、黄绿 3 色,其幼叶颜色与生长季节也有关系,春季气温低幼叶颜色一般较重,而夏、秋季幼叶相对较浅,成龄叶深绿色,叶面光滑,叶背面颜色较浅也不及正面光滑。

(1)叶片着生方式 1 年生枝条叶片多对生;强的徒长枝上 3 片叶多轮生,3 片叶大小基本相同,有 9 片叶轮生现象,每 3 片叶一组包围 1 个芽,其中,中间位叶较大,两侧叶较小;2 年生及多年生枝条上的叶片生长不规则,多 3～4 片叶包围一芽轮生,芽较饱满。

(2)叶片的大小和重量 因品种、树龄、枝龄、栽培条件的不同而有差别。在同一枝条上,一般基部的叶片较小呈倒卵形;中上部叶片大,呈披针形或长椭圆形。枝条中部的叶片最大、最厚,光合效能最强。叶片的颜色因季节和生长条件而变化。春天的嫩叶为铜绿色,成熟的叶片为绿色,衰老的叶片为黄色。肥水充足、长势旺盛的石榴树,叶片大而深绿;反之,土壤瘠薄、肥料不足、树势衰弱的树,则叶片小而薄,叶色发黄。在不同类型枝条上,叶片也有差异,中长枝叶片的面积比短枝上叶片的要大。幼树、1 年生枝叶片较大;老龄树和多年生枝上叶片较小。

叶片的重量:树冠外围的叶较重,树冠内部的叶较轻;1 年生枝条的叶较重,2 年生枝条的叶较轻;坐果大的叶较重,坐果小的叶片轻;坐果枝叶重,坐果枝对生的未坐果枝叶轻。石榴树主要是外围坐果,外围叶重,光合能力自然强,有利于果实增重;坐果大的叶片重及坐果枝叶片重与植物营养就近向生长库供应的生物特性有关,即保证生殖生长。所以,在栽培技术上采取措施,用来提高叶片质量,以期达到树体健壮、结果良好有重要意义。

(3)叶片的功能 春季石榴叶片从萌芽到展叶需 10 天左右,展叶后叶片逐渐生长、定型,大约 30 天时间,生长旺盛期,这个时间大为缩短。叶片的生长速度受树体营养状况、肥水条件、叶片着生部位及生长季节影响很大。正常情况下,一般一片叶的功能期(春梢叶片)可达180天左右;夏、秋梢叶片的功能期相对缩短。

(三)开花结果习性

1. 开花习性

(1)花器构造及其开花动态 石榴花为子房下位的两性花(图3-3)。花器的最外一轮为花萼,花萼内壁上方着生花瓣,中下部排列着雄蕊,中间是雌蕊。

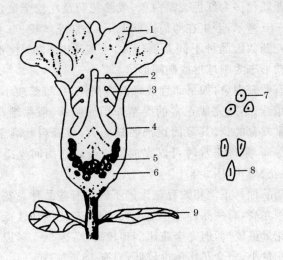

图3-3 石榴完全花的构造

1. 花瓣 2. 雌蕊 3. 雄蕊 4. 萼筒 5. 心皮
6. 花托 7. 花粉粒 8. 胚珠 9. 托叶

萼片5~8裂,多5~6裂,联生于子房,肥厚宿存。石榴成熟时萼片有圆筒状、闭合状、喇叭状或萼片反卷紧贴果顶等几种方式,其色与果色近似,一般较淡。萼片形状是石榴品种分类的重要依据,同一品种萼片形状基本是固定的,但也有例外,即同一品种、同株树由于坐果期早晚萼片形状有多种,因坐果早、中、晚,分为闭合、圆桶状和喇叭状 3 种。

花瓣有鲜红、乳白、浅紫红等三基色;瓣质薄而有皱褶;一般品种花瓣与萼片数相同,一般 5～8 枚,多数 5～6 枚,在萼筒内壁呈覆瓦状着生;一些重瓣花品种花瓣数多达 23～84 枚,花药变花冠形的多达 92～102 枚。

花冠内有雌蕊 1 个,居于花冠正中,花柱长 10～12 毫米,略高、同高或低于雄蕊;雌蕊初为红色或淡青色,成熟的柱头圆形具乳状突起,上有茸毛。

雄蕊花丝多为红色或黄白色,成熟花药及花粉金黄色。花丝长为 5～10 毫米,着生在萼筒内壁上下,下部花丝较长,上部花丝较短。花药数因品种不同差别较大,一般 130～390 枚不等。石榴的花粉形态为圆球形或椭圆形。

花有败育现象,如果雌性败育其萼筒尾尖,雌蕊瘦小或无,明显低于雄蕊,不能完成正常的受精作用而凋落,俗称雄花、狂花。两性正常发育的花,其萼筒尾部明显膨大,雌蕊粗壮高于雄蕊或与雄蕊等高,条件正常时可以完成授粉受精作用而坐果,俗称完全花、雌花、果花(图 3-4)。

不同品种其正常和败育花比例不同。有些品种总花量大,完全花比例亦高,有些品种总花量虽大,完全花比例却较低;而有些品种总花量虽较少,但完全花比例却较高,高达 50.0%以上;有些品种总花量小,完全花比例也较低,只有 15%左右。

同一品种花期前后其完全花和败育花比例不同,一般前期完全花比例高于后期,而盛花期(6 月 6～10 日)完全花的比例又占花量的 75%～85%。

石榴开花动态较复杂,一些特殊年份由于气候的影响并不完全遵循以上规律,有与之相反的现象,即前期败育花量大,中后期完全花量大,也有前期完全花量大,中期败育花量大,而到后期又

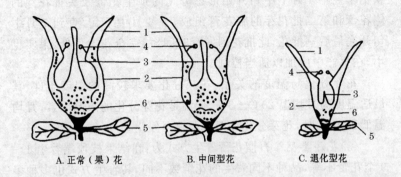

A. 正常（果）花   B. 中间型花   C. 退化型花

图 3-4　石榴不同类型花的纵剖面
A. 正常（果）花　B. 中间型花　C. 退化型花
1. 萼片　2. 萼筒　3. 雌蕊　4. 雄蕊　5. 托叶　6. 心皮

出现完全花量大的现象。

影响开花动态的因素很多，除地理位置、地势、土壤状况、温度、雨水等自然因素外，就同一品种的内因而言，与树势强弱、树龄、着生部位、营养状况等有关。树势及母枝强壮的完全花率高；同一品种随着树龄的增大，其雌蕊退化现象愈加严重；生长在土质肥沃条件下的石榴树比生长在立地条件差处的完全花率高；树冠上部比下部、外围比内膛完全花率高。

（2）花芽分化　花芽主要由上年生短枝的顶芽发育而成，多年生短枝的顶芽，甚至老茎上的隐芽也能发育成花芽。黄淮地区石榴花芽的形态分化从 6 月上旬开始，一直到翌年末花开放结束，历时 2～10 个月不等，既连续，又表现出 3 个高峰期，即当年的 7 月上旬、9 月下旬和翌年的 4 月上中旬。与之对应的花期也存在 3 个高峰期。头批花蕾由较早停止生长的春梢顶芽的中心花蕾组成，翌年 5 月上中旬开花；第二批花蕾由夏梢顶芽的中心花蕾和头批花芽的腋花蕾组成，翌年 5 月下旬至 6 月上旬开花；此两批花结实较可靠，决定石榴的产量和质量。第三批花主要由秋梢于翌年 4 月上中旬开始形态分化的顶生花蕾及头批花芽的侧花蕾和第二批花芽的腋花蕾组成,于 6 月中下旬,直到 7 月中旬开完最后一批花,此批花因发育时间短,完全花比例低,果实也小,在生产中应加以适当控制。

花芽分化与温度的关系:花芽分化要求较高的温度条件,其最适温度为月均温 20℃±5℃,低温是花芽分化的限制因素,月均温低于 10℃时,花芽分化逐渐减弱直至停止。

(3)花序类型 石榴花蕾着生方式为:在结果枝顶端着生 1～9 个花蕾不等,品种不同着生的花蕾数不同,其着生方式也多种多样(图 3-5)。

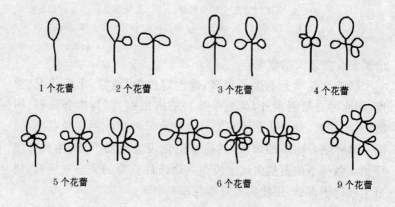

图 3-5 花蕾在果枝顶端着生方式示意图

7～9 个蕾的着生方式较多,但有一个共同点:即中间位蕾一般是两性完全花,发育的早且大多数成果,侧位蕾较小而凋萎,也有 2～3 个发育成果的,但果实较小。

(4)蕾期与花的开放时间 以单蕾绿豆粒大小可辨定为现蕾,现蕾至开花 5～12 天,春季蕾期由于温度低,经历时间要长,可达 20～30 天;簇生蕾主位蕾比侧位蕾开花早,现蕾后随着花蕾增大,萼片开始分离,分离后 3～5 天花冠开放。花的开放一般在上午 8 时前后,从花瓣展开到完全凋萎不同品种经历时间有差别,一般品种需经 2～4 天,而重瓣花品种需经 3～5 天。石榴花的散粉时间一般在花瓣展开的第二天,当天并不散粉。

(5)授粉规律 石榴自花、异花都可授粉结果,以异花授粉结果为主。

①自花授粉 自交结实率平均 33.3%。品种不同,自交结实率不同,重瓣花品种结实率高达 50%,一般花瓣数品种结实率只有 23.5%左右。

②异花授粉 结实率平均 83.9%,其中授以败育花花粉的结实率为 81.0%;授以完全花花粉的结实率为 85.4%。在异花授粉中,白花品种授以红花品种花粉的结实率为 83.3%。完全花、败育花其花粉都具有受精能力,花粉发育都是正常的,不同品种间花粉具有受精能力。

2. 结果习性

(1)结果母枝与结果枝 结果枝条多一强一弱对生,结果母枝一般为上年形成的营养枝,也有 3～5 年生的营养枝,营养枝向结果枝转化的过程,实质上也就是芽的转化,即由叶芽状态向花芽方面转化。营养枝向结果枝转化的时间因营养枝的状态而有不同,需 1～2 年或当年即可完成,因在当年抽生新枝的二次枝上有开花坐果现象。徒长枝生长旺盛,分生数个营养枝,通过整形修剪等管理措施,使光照和营养发生变化,部分营养枝的叶芽分化为混合芽,抽生结果枝而开花结果。

石榴在结果枝的顶端结果,结果枝在结果母枝上抽生,结果枝长 1～30 厘米,叶片 2～20 个,顶端形成花蕾 1～9 个。结果枝坐果后,果实高居枝顶,但开花后坐果与否,均不再延长。结果枝上的腋芽,顶端若坐果,当年一般不再萌发抽枝。结果枝叶片由于养分消耗多,衰老快,落叶较早(图 3-6)。

果枝芽在冬、春季比较饱满,春季抽生顶端开花坐果后,由于养分向花果集中,使得结果枝比对位营养枝粗壮。其在强(长)结

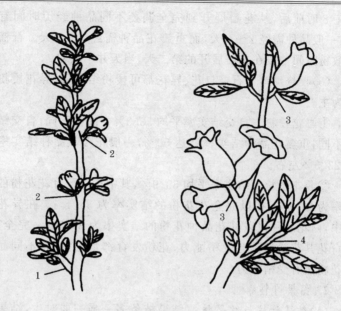

图 3-6　石榴的开花与结果状态
1. 短营养枝抽生新梢　2. 短结果母枝抽生结果枝　3. 结果枝　4. 新梢

果母枝和弱（短）结果母枝上抽生的结果枝数量比例不同。强（长）结果母枝上的结果枝比率平均为 83.7%，明显高于弱（短）结果母枝上的结果枝比率的 16.3%，品种不同二者比例有所变化，但总的趋势相同。

（2）坐果率　石榴花期较长，花量大，花又分两性完全花和雌性败育花两种。败育花因不能完成正常受精作用而落花，两性完全花坐果率盛花前期（6月7日）和盛花后期（6月16日）不同，前期完全花比例高坐果率亦高，为 92.2%。随着花期推迟，完全花比例下降，坐果率也随着降低，为 83.3%，趋势是先高后低。就石榴全部花计算，坐果率则较低，不同品种完全花比例不同，坐果率不同，在 7%～45%。同一品种树龄不同坐果率不同，成年树后，随着树龄的增大，正常花比例减少，退化花比例增大，其坐果率降低。

（3）果实的生长发育

①果实的生长 石榴果实由下位子房发育而成，成熟果实球形或扁圆形；皮为青、黄、红、黄白色等，有些品种果面有点状或块状果锈，而有些品种果面光洁；果底平坦或尖尾状或有环状突起，萼片肥厚宿存；果皮厚 1～3 毫米，富含单宁，不具食用价值，果皮内包裹着由众多籽粒分别聚居于多心室子房的胎座上，室与室之间以竖膜相隔；每果内有种子 100～900 粒，同一品种同株树上的不同果实，其子房室数不因坐果早晚、果实大小而有大的变化。

石榴从受精坐果到果实成熟采收的生长发育需要 110～120天，果实发育大致可以分为幼果速生期（前期）、果实缓长期（中期）和采前稳长期（后期）3 个阶段。幼果期出现在坐果后的 5～6周时间内，此期果实膨大最快，体积增长迅速。果实缓长期出现在坐果后的 6～9 周时间，历时 20 天左右，此期果实膨大较慢，体积增长速度放缓。采前稳长期，亦即果实生长后期、着色期，出现在采收前 6～7 周时间内，此期果实膨大再次转快，体积增长稳定，较果实生长前期慢、中期快，果皮和籽粒颜色由浅变深达到本品种固有颜色。在果实整个发育过程中横径生长量始终大于纵径生长量，其生长规律与果实膨大规律相吻合，即前、中、后期为快、缓、较快。但果实发育前期纵径绝对值大于横径，而在果实发育后期及结束，横径绝对值大于纵径（图 3-7）。

②种子 种子即籽粒，呈多角体，食用部分为肥厚多汁的外种皮，成熟籽粒分乳白、紫红、鲜红色，由于其可溶性固形物成分含量有别，味分甜、酸甜、涩酸等；内种皮形成种核，有些品种核坚硬（木质化），而有些品种核硬度较低（革质化），成为可直接咀嚼的软籽类品种。籽粒一般在发育成熟后才具有食用价值，其可溶性固形物含量也由低到高。品种不同籽粒含仁率不同，一般在 60%～90%。同一品种同株树坐果早的含仁率高，坐果晚的含仁率低。

（4）坐果早晚与经济产量和品质的关系 石榴花期自 5 月 15

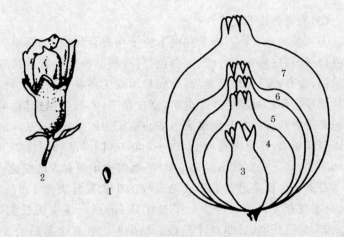

图 3-7　石榴果实发育过程
1. 3月下旬　2. 5月中旬　3. 5月下旬　4. 6月上旬
5. 7月中旬　6. 8月中旬　7. 9月上旬

日前后至 7 月中旬开花结束,经历了长达约 60 天的时间,在花期内坐果愈早果重、粒重、品质愈高,商品价值愈高,随坐果期推迟,果实、粒重变小,可溶性固形物含量降低,商品价值下降;而随着坐果期推迟,石榴皮变薄。

(5)果实的色泽发育　以石榴成熟时的色泽分为紫色、深红、红色、蜡黄色、青色、白色等。果实鲜艳,果面光洁,果实商品价值高。籽粒色泽比皮色色泽单调些。

决定果实色泽发育的色素主要有叶绿素、胡萝卜素、花青素及黄酮素等。石榴果实的色泽随着果实的发育有 3 个大的变化:第一阶段,花期花瓣及子房为红色或白色,直至授粉受精后花瓣脱落,果实由红色或白色渐变为青色,需要 2~3 周;第二阶段,果皮青色,在幼果生长的中后期和果实缓长期;第三阶段在 7 月下旬、8 月上旬,因坐果期早晚有差别,开始着色,随果实发育成熟,花青素增多,色泽发育为本品种固有特色。

树冠上部、阳面及果实向阳面着色早,树冠下部、内膛、阴面及果实背光面着色晚。

影响着色的因素有树体营养状况、光照、水分、温度等。果树徒长,氮肥使用量过大,营养生长特别旺盛则不利着色;树冠内膛郁闭透光率差影响着色;一般干燥地区着色好些,在较干旱的地方,浇水后上色较好;水分适宜时有利于光合作用进行,而使色素发育良好;昼夜温差大时有利着色,石榴果实接近成熟的 9 月上中旬着色最快,色泽变化明显,与温差大有显著关系。

(6)籽粒品质风味 软籽石榴风味大致可分为 3 类,即甜(含糖量 10%以上,含酸量 0.4%以下,糖酸比 30:1 以上);酸甜(含糖量 8%以上,含酸量 0.4%以下,糖酸比 30:1 以下);酸(含糖量 6%以上,含酸量 3%~4%,糖酸比 2:1 以上)。

(四)物 候 期

石榴在我国北方为落叶果树,明显地分为生长期和休眠期。从春季开始进入萌芽生长后,在整个生长季节都处于生长状态,表现为营养生长和生殖生长两个方面。到冬季为适应低温和不利的环境条件,树体落叶处于休眠状态,为休眠期。我国黄淮地区,石榴的物候期为:

1. 根系活动期 吸收根在 3 月上中旬(旬 30 厘米平均地温 8.5℃)开始活动。4 月上中旬(旬 30 厘米平均地温 14.8℃)新根大量发生,第一次新根生长高峰出现在 5 月中旬,第二次出现在 6 月下旬。

2. 萌芽、展叶期 3 月下旬至 4 月上旬,旬平均气温 11℃时萌芽,随着新芽萌动,嫩枝很快抽出叶片展开。

3. 初蕾期 4 月下旬,花蕾如绿豆粒大小,旬平均气温 14℃。

4. 初花期 5 月 15 日前后,旬平均气温 22.7℃。

5. 盛花期 5月25日持续到6月15日前后,历时20天,此期亦是坐果盛期,旬气温24℃~26℃。

6. 末花期 7月15日前后,旬平均气温29℃,开花基本结束,但就整个果园而言,直到果实成熟都可陆续见到花。

7. 果实生长期 5月下旬至9月中下旬,旬气温18℃~24℃,果实生长期为120天左右。

8. 果熟期 9月中下旬,旬气温18℃~19℃,因品种不同提前或错后。

9. 落叶期 11月上中旬,旬平均气温11℃。

石榴地上年生长在旬平均气温稳定通过11℃时开始或停止。年生长期为210天左右,休眠期为150天左右。

石榴物候期因栽培地区、不同年份及品种习性的差异而不同,气温是影响物候期的主要因子。我国南方萌芽早、果实成熟早,落叶迟,而在北方则正好相反,因此各产地物候期也不同(表3-1)。

表3-1 不同产地物候期比较

产 地	萌芽期	始花期	成熟期	落叶期
河南省开封	3月下旬	5月中旬	9月中下旬	10月下旬至11月上旬
山东省枣庄	3月下旬	5月中旬	9月中下旬	10月下旬
陕西省临潼	3月下旬	5月中旬	9月中下旬	10月下旬
安徽省怀远	3月中旬	5月上旬	9月中下旬	10月底
四川省会理	2月上旬	3月上中旬	7月下旬、8月上旬	11月下旬
云南省蒙自	2月上旬	3月上中旬	7月下旬	12月下旬

四、软籽石榴优质丰产的生态条件

（一）生长发育对环境条件的基本要求

石榴树生长发育的必需要素有土壤、光照、水分、温度、空气等，而风、地形、地势、昆虫、鸟类、菌类及大气成分对石榴树生长发育也有间接影响作用。有必要了解各种因素对石榴树生长发育的影响，从而最大限度地满足其生长之需，实现稳产、高产、优质之目的。

1. 土壤 土壤是石榴树生长的基础。土壤的质地、厚度、温度、透气性、水分、酸碱度、有机质、微生物系统等，对石榴树地下地上生长发育有着直接的影响。生长在沙壤土上的石榴树，由于土壤疏松、透气性好、微生物活跃，故根系发达，植株健壮，根深、枝壮、叶茂、花期长、结果多。但生长在黏重土壤或下层有砾石层分布而上层土层浅薄，以及河道沙滩土壤肥力贫瘠处的植株，由于透气不良或土壤保水肥、供水肥能力差，导致植株生长缓慢、矮小，根幅、冠幅小、结果量少、果实小、产量低，抗逆能力差。石榴树对土壤酸碱度的要求不太严格，pH 值在 4～8.5 之间均可正常生长，但以 pH 值为 7±0.5 的中性和微酸偏碱土壤中生长最适宜。土壤含盐量与石榴冻害有一定相关性，重盐碱区石榴树应特别注意防冻。石榴树对自然的适应能力较强，在多种土壤上（棕壤、黄壤、灰化红壤、褐土、褐墡土、潮土、沙壤土、沙土等）均可健壮生长，对土壤选择要求不严，以沙壤土最佳。

2. 光照 石榴树是喜光植物，在年生长发育过程中，特别是石榴果实的中后期生长、果实的着色，光照尤为重要。

光是石榴树进行光合作用,制造有机养分必不可少的能源,是石榴树赖以生存的必要条件之一。光合作用的主要场所是富含叶绿素的绿色石榴叶片,此外是枝、茎、裸露的根、花果等绿色部分,因此生产中保证石榴树的绿色面积很重要。而光照条件的好坏,决定光合产物的多少,直接影响石榴树各器官生长的好坏和产量的高低。光照条件又因不同地区、不同海拔高度和不同的坡向而有差异。此外,石榴树的树体结构、叶幕层厚薄与栽植距离、修剪水平有关。一般光照量在我国由南向北随纬度的增加逐渐增多;在山地,从山下往山上随海拔高度的增加而加强,并且紫外线增加,有利石榴的着色;从坡向看,阳坡比阴坡光照好;石榴树的枝条太密、叶幕层太厚,光照差;石榴树栽植过密光照差,栽植过稀光照利用率低。

石榴果实的着色除与品种特性有关外,与光照条件也有很大关系,阳坡石榴树的果实着色好于阴坡;树冠南边向阳面及树冠外围果着色好。

栽培上要满足石榴树对光照的要求,在适宜栽植地区栽植是基本条件,而合理密植、适当整形修剪,防治病虫害,培养健壮树体则是关键。我国石榴栽培区年日照时数的分布是东南少而西北多,从东南向西北增加。大致秦岭淮河以北和青藏、云贵高原东坡以西的高原地区都在2 200~2 700小时;银川、西宁、拉萨一线西北地区,年日照时数普遍在3 000小时以上,其中新疆南疆东部、甘肃西北部和柴达木盆地还在3 200小时以上,局部地区甚至可以超过3 500小时,属日照最多的产区;淮河秦岭以南,昆明以东地区,除了台湾中西部、海南岛尚可达2 000~2 600小时外,年日照时数均少于2 200小时,是日照较少的产区,其中西起云南、青藏高原东坡,东止东经115°左右,广州、南宁一线以北,西安、武汉一线以南地区,年日照时数少于1 800小时,四川盆地、贵州北部和东部是这个少日照区的中心,年日照时数不到1 400小时,渝东南、黔西北、鄂西南交界地区年日照时数还少于1 200小时。全国各地石榴产区的年日照时数基本可满足石榴年生长发育对光照的需求。

9月份是石榴成熟季节,光照直接影响石榴着色和品质。不同地区日照情况大致为:四川盆地、重庆、贵州、云南东部、陇东南、陕南、鄂西、湘西地区,当月平均日照时数少于140小时,个别地区甚至少于60小时,即日照每天不足2小时,对石榴成熟影响严重,由于阴雨寡照,后期果实病害较多;华南沿海220小时以上,江浙沿海200小时上下;秦岭、淮河一线以北,天津、石家庄、太原、西宁以南在200~240小时。9月份日照平均在200小时以上地区除个别阴雨年份外,可以满足石榴成熟对光照的需求。

3. 温 度 影响石榴树生长发育的温度,主要表现在空气温度和土壤温度两个方面,温度直接影响着石榴树的水平和垂直分布。石榴属喜温树种,喜温畏寒。据观察,石榴树在旬气温10℃左右时树液流动;11℃时萌芽、抽枝、展叶;日气温24℃~26℃授粉受精良好;气温18℃~26℃适合果实生长和种子发育;日气温18℃~21℃,且昼夜温差大时,有助于石榴籽粒糖分积累;当旬平均气温11℃时落叶,地上部进入休眠期。气候正常年份地上部可耐受−13℃的低温;气候反常年份,−9℃即可导致地上部干、枝部分出现冻害。

由于地温周年变化幅度小,表现为冬季降温晚,春季升温早,所以在北方落叶果树区,石榴树根系活动周期比地上器官长,即根系的活动春季早于地上部,而秋季则晚于地上部停止活动。生长在亚热带生态条件下的石榴树,改变了落叶果树的习性,即落叶和萌芽年生长期内无明显的界限,地上、地下生长基本上无停止生长期。

石榴从现蕾至果实成熟需≥10℃有效积温2 000℃以上,年生长期内的有效积温在3 000℃以上。在我国石榴分布区石榴年生长期内≥10℃有效积温分布:北起华北平原,渭河河谷,南至北纬32°左右的江淮之间、大巴山脉,≥10℃有效积温均在4 000℃~

5 000℃；北纬 32°～26°地区为 5 000℃～6 000℃；北纬 26°以南的岭南地区及云南中南部地区达到 6 000℃～8 000℃；雷州半岛、海南岛和台湾中南部地区≥10℃有效积温高于 8 000℃。各产区温度完全可以满足石榴树年生长发育需要。

4. 水分 水是植物体的组成部分。石榴树根、茎、叶、花、果的发育均离不开水分，其各器官含水量分别为：果实 80%～90%，籽粒 66.5%～83.0%，嫩枝 65.4%，硬枝 53.0%，叶片 65.9%～66.8%。

水直接参与石榴树体内各种物质的合成和转化，也是维持细胞膨压、溶解土壤矿质营养、平衡树体温度不可替代的重要因子。

水分不足和过多都会对石榴树产生不良影响。水分不足，大气湿度小，空气干燥，会使光合作用降低，叶片因细胞失水而凋萎。据测定，当土壤含水量 12%～20%时有利于花芽形成和开花坐果及控制幼树秋季旺长促进枝条成熟；20.9%～28.0%时有利于营养生长；23%～28%时有利于石榴树安全越冬。石榴树属于抗旱能力较强的树种之一，但干旱仍是影响其正常生长发育的重要原因，在黄土丘陵区及沙区生长的石榴树，由于无灌溉条件，生长缓慢，比同龄的有灌溉条件的石榴树明显矮小，很易形成"小老树"。水分不足除对树体营养生长影响外，对其生殖生长的花芽分化、现蕾开花及坐果和果实膨大都有明显的不利影响。据测定，当 30 厘米土壤含水量为 5%时，石榴幼树出现暂时萎蔫，含水量降至 3%以下时，则出现永久萎蔫。反之，水分过多，日照不足，光合作用效率显著降低，特别当花期遇雨或连阴雨天气，树体自身开花散粉受影响，而外界因素的昆虫活动受阻，花粉被雨水淋湿，风力无法传播，对坐果影响明显。在果实生长后期遇阴雨天气时，由于光合产物积累少，果实膨大受阻，并影响着色。但当后期天气晴好，光照充足，土壤含水量相对较低时，突然降水和浇水又极易造成裂果。

在我国，石榴分布在年降水量 55～1 600 毫米的地区，且降水量大部分集中在 7～9 月份的雨季,多数地区干旱是制约石榴丰产稳产的主要因子。

石榴树对水涝反应也较敏感,果园积水时间较长或土壤长期处于水饱和状态,对石榴树正常生长造成严重影响。生长期连续 4 天积水,叶片发黄脱落,连续积水超过 8 天,植株死亡。石榴树在受水涝之后,由于土壤氧气减少,根系的呼吸作用受到抑制,导致叶片变色枯萎、根系腐烂、树枝干枯、树皮变黑乃至全树干枯死亡。

水分多少除直接影响石榴树的生命活动外,还对土壤温度、大气温度、土壤酸碱度、有害盐类浓度、微生物活动状况产生影响,而对石榴树发生间接作用。

5. 风 通过风促进空气中二氧化碳和氧气的流动,可维持石榴园内二氧化碳和氧气的正常浓度,有利光合、呼吸作用的进行。一般的微风、小风可改变林间湿度、温度,调节小气候,提高光合作用和蒸腾效率,解除辐射、霜冻的威胁,有利生长、开花、授粉和果实发育,所以风对果实生长有密切关系。但风级过大易形成灾害,对石榴树的生长又是不利的。

6. 地势、坡度和坡向 石榴树垂直分布范围较大,从平原地区的海拔 10～20 米,到海拔 2 000 米不等。在四川省攀枝花、会理,云南省蒙自、巧家等处山地,石榴分布在柑橘、梨、苹果等落叶果树之间。云南省蒙自以海拔 1 300～1 400 米处栽培石榴最多;四川省攀枝花市石榴最适宜区在海拔 1 500 米处;四川省会理、云南省会泽海拔 1 800～2 000 米地带都有石榴分布;重庆市巫山和奉节地区石榴多分布在海拔 600～1 000 米处;陕西省临潼,石榴分布在海拔 150～800 米范围,以 400～600 米的骊山北麓坡、台地和山前洪积扇区的沙石滩最多;山东省峄城石榴多分布在海拔 200 米左右的山坡上;安徽省怀远石榴生长在海拔 50～150 米处;河南省开封石榴生长的平原农区,海拔也只有 70 米;华东平原的江苏省吴江海拔仅有 10～20 米。

地势、坡度和坡向的变化常常引起生态因子的变化而影响石榴树生长。就自然条件的变化规律而言,一般随海拔增高而温度有规律地下降,空气中的二氧化碳浓度变稀薄,光照强度和紫外线增强。雨量在一定范围内随高度上升而增加。但随垂直高度的增加,坡度增大,植物覆盖程度变差,土壤被冲刷侵蚀程度较为严重。自然条件的变化有些对石榴树的生长是有利的而有些则是不利的,不利因素为多,石榴树在山地就没有平原区生长得好,但在一定范围内随海拔高度的增加,石榴的着色、籽粒品质明显优于低海拔地区。

坡度的大小,对石榴树的生长也有影响,随着坡度的增大,土壤的含水量减少,冲刷程度严重,土壤肥力低、干旱,易形成"小老树",产量、品质都不佳。坡向对坡地的土壤温度、土壤水分有很大影响,南坡日照时间长,所获得的散射辐射也比水平面多,小气候温暖,物候期开始较早,石榴果实品质也好。但南坡因温度较高,融雪和解冻都较早,蒸发量大,易于干旱。

自然条件对石榴树生长发育的影响,是各种自然因子综合作用的结果,各因子间相互联系,相互影响和相互制约着,在一定条件下,某一因子可能起主导作用,而其他因子处于次要地位。因此,建园前必须把握当地自然条件和主要矛盾,有针对性地制定相应技术措施,以解决关键问题为主,解决次要问题为辅,使外界自然条件的综合影响,有利于石榴树的生长和结果。

(二)我国石榴的适宜栽培区

我国幅员辽阔,各地自然条件、社会经济条件和生产技术水平差异很大。因此,因地制宜发展石榴生产具有十分重要的意义。

石榴栽培区划是石榴科研和生产的一个重要组成部分,它能客观反映石榴的品种、类群与生态环境的关系,明确其最适栽培区、次适栽培区、不宜栽培区,以便为制定发展规划、建立商品生产基地,以及引种、育种工作提供科学依据。

一般而言,凡是冬季极端气温不低于一13℃,旬最低温度平均值不低于一7℃地区,均为石榴的适宜栽培区;凡是冬季极端最低气温不低于一15℃,旬最低温度平均值不低于一9℃地区,为次适栽培区。低温冻害是限制石榴发展的最关键因子。因此,河北省的迁安县、顺平县、元氏县及山西省的临汾、临猗县以北地区,甘肃省的临洮县,西藏自治区贡觉、芒康一线以西,以及内陆省(自治区)高海拔地区,不宜种植石榴树外,全国 20 余个省、直辖市、自治区可以发展石榴生产。

根据各地生态条件,石榴分布现状及其栽培特点,可将石榴划分为 8 个栽培区。

1. 豫鲁皖苏栽培区 该区为黄淮平原,包括河南省开封、封丘县和山东省枣庄市峄城和薛城区及安徽省淮北市烈山区、怀远县和江苏省铜山县等主产区。区内年气温 13.9℃～15.4℃,年降水量 628～900.7 毫米,无霜期 218 天左右,海拔 70～150 米。土壤为棕壤、褐土、潮土,pH 值 7.1～8.5。该区交通条件便利,主产区管理精细、产量高、品质好,但周期性冻害(几年、十几年不规律)和病虫害是本区生产的主要障碍。

2. 陕晋栽培区 该区包括陕西省的临潼区、渭南、乾县,河南省荥阳市、巩义市及山西省临猗、临汾等主产区。此区是我国石榴栽培最早的地区,也是传播中心,形成了驰名中外的临潼石榴和河阴石榴。石榴主要分布在海拔 600 米左右的山前坡地和黄土丘陵上,除果用外还具有水土保持的功用。区内年气温 11.8℃～13.9℃,无霜期 210～220 天,年降水量 509～685 毫米。土壤为黄壤、褐墡土,pH 值 6.5 左右。本区集中产地管理精细,产量高,但零星分布区管理粗放、病虫危害重。

3. 金沙江中游栽培区 该区包括四川省攀枝花市、会理县及云南省的巧家、元谋、禄丰、会泽 4 县等主产区。石榴分布海拔为

1 300～1 800 米。区内年气温 15.4℃～16.9℃,无霜期 315 天左右,年降水量 750～900 毫米。土壤为灰化红壤等,pH 值6.5～7.5。在金沙江干旱河谷气候影响下,石榴年生育期比北方长 1个月左右。在此生态条件下,石榴生长良好,品质较佳,近年发展较快。主要问题是交通外运不便。

4. 滇南栽培区 该区为横断山南部,包括云南省的蒙自、建水、开远、个旧 4 县(市)等主产区。石榴分布在海拔 1 050～1 400米的平坝或低山丘陵地带。区内年气温 18.5～20.4℃,无霜期326～337 天,年降水量 711.8～805.8 毫米。土壤为山地红壤、黄壤,pH 值 4～6。石榴年生长期较长,7 月份果实陆续成熟,适宜石榴发展。

5. 三江栽培区 该区属积石山—祁连山高原山地。石榴分布在西藏自治区东南部三江流域的野生树林内。主要分布在贡觉、芒康境内金沙江、澜沧江、怒江、察隅河河谷两岸,年降水量 1200～1 600 毫米,海拔 1 600～3 000 米,为荒坡、田边的野生群落。种类为酸石榴(占 99.4%)、甜石榴(占 0.6%)及极少开花不结实的观赏石榴,多为散生。

6. 三峡栽培区 该区包括重庆市的巫山、奉节、武隆、丰都、南川等县(区)。区内年平均气温 17.5℃,年降水量 1 116 毫米,无霜期 311 天。土壤主要为紫色土和潮土。石榴多分布在海拔200～700 米的四傍地方。由于三峡的旅游开发,近年来石榴作为特色经济发展较快,但 5 月份长期阴雨天气影响石榴授粉,后期多雨又易造成烂果。

7. 太湖栽培区 石榴呈小面积散生分布在湖中太湖、东山、西山等半岛和岛屿的山坡、路旁、柑橘园内。该区生态条件特殊,年气温 15℃～16℃,无霜期 220～240 天,年降水量 1 000～1 200毫米,5 月份的梅雨季节和石榴成熟时的多雨导致石榴坐果率低和后期烂果重。

8. 叶城、疏勒栽培区 该区属塔里木盆地边缘,是石榴分布

北界以外的地方,区内年气温 11.3℃～11.7℃,极端最低温度
－24.1℃,无霜期 215 天左右,年降水量 55.6～65 毫米,土壤为
潮土和草甸土。为匍匐栽培,冬季埋土防冻。干旱、低温影响
发展。

(三)无公害石榴生产的环境要求

达到无公害果品的质量标准是石榴智慧栽培的基本要求,生
产过程的每个环节都要严格按照无公害果品生产要求去操作。

1. 产地选择　无公害石榴产地应选择在生态条件良好,远离
火力发电厂、化工厂、水泥厂、农药厂、冶炼厂、炼焦厂等污染源,
以减少粉尘、二氧化硫、二氧化氮及氟化物的污染,并具有可持续
生产能力的农业生产区域。

2. 产地环境空气质量　无公害石榴果园的空气环境质量标
准,应符合国家标准《农产品安全质量　无公害水果产地环境要
求》(GB/T 18407.2—2001)。无公害水果产地环境空气中总悬浮
颗粒物(TSP)、二氧化硫(SO_2)、氮氧化物(NO_X)、氟化物(F)和铅
等 5 种污染物的含量应符合表 4-1 的要求:

表 4-1　无公害果园要求空气质量指标

项　目	季平均	月平均	日平均	1 小时平均
总悬浮颗粒物/(标准状态)(毫克/升)≤	—	—	0.30	
二氧化硫/(标准状态)(毫克/升)≤			0.15	0.50
氮氧化物/(标准状态)(毫克/升)≤			0.12	0.24
氟化物/(标准状态)(微克/升)≤		10	—	—
铅/(标准状态)(微克/升)　≤	1.5	—	—	—

3. **产地灌溉水质量** 无公害石榴果品生产基地用水要求清洁无毒,应符合国家标准《农产品安全质量 无公害水果产地环境要求》(GB/T 18407.2—2001)对无公害果品生产用水的要求。

无公害水果生产灌溉用水的 pH 值及氯化物、氰化物、氟化物、汞、砷、铅、镉、六价铬、石油类等 9 类污染物的含量应符合一定要求(表 4-2)。要由法定检测机构对水质进行定期监测评价,灌溉期间采样点应选在灌溉水口上;氟化物的指标数值为一次测定的最高值,其他各项指标为灌溉期多次测定的平均值。

表 4-2 无公害水果产地农田灌溉用水质量指标 (毫克/升)

水质指标	标 准	水质指标	标 准
pH 值	5.5~8.5	总镉	≤0.005
石油类	≤10	总砷	≤0.1
氟化物	≤3.0	总铅	≤0.1
氰化物	≤0.5	六价铬	≤0.1
氯化物	≤250	总汞	≤0.001

4. **产地土壤环境质量** 根据我国国家标准《农产品安全质量 无公害水果产地环境要求》(GB/T 18407.2—2001),无公害水果产地土壤环境中汞、砷、铅、镉、铬等 5 种重金属及六六六和DDT 的含量应符合如下要求(表 4-3)。

表 4-3 无公害水果产地土壤环境质量指标 (毫克/千克)

pH 值	总汞≤	总砷≤	总铅≤	总镉≤	总铬≤	六六六≤	DDT≤
<6.5	0.30	40	250	0.30	150	0.5	0.5
6.5~7.5	0.50	30	300	0.30	200	0.5	0.5
>7.5	1.0	25	350	0.60	250	0.5	0.5

土壤监测标准:土壤必测项目是汞、镉、铅、砷、铬等 5 种重金

属和六六六、DDT等2种农药及pH值。一般1～2公顷为一个采样单元,采样深度为0～60厘米,多点混合(至少5点)为一个土壤样品。检测标准为:2种农药残留标准均不得超过0.5毫克/千克;5种重金属的残留标准因土质不同而异。

(四)石榴果品的质量标准

1. 无公害水果安全要求国家标准

(1)重金属及有害物质限量　2013年6月1日起施行的《食品安全国家标准　食品中污染物限量》(GB 2762—2012)国家标准,明确规定了包括石榴在内的果品中铅、镉、汞、砷、锡、镍、铬、亚硝酸盐、硝酸盐、苯并[a]芘、N-二甲基亚硝胺、多氯联苯、3-氯-1,2-丙二醇的限量指标。因此,石榴果品安全质量要求也应依据此标准执行。

(2)农药最大残留限量　2014年8月1日起施行的《食品安全国家标准　食品中农药最大残留限量》(GB 2763—2014),对包括石榴在内的果品中的多种农药最大残留量做了明确规定。因此,石榴果品安全质量要求也应依据此标准执行。

2. 无公害石榴果品的质量认证　早在2002年国家农业部和国家质量监督检验检疫总局联合发布了《无公害农产品管理办法》,并于发布之日起实施。石榴的无公害质量认证按照这个办法执行。

3. 绿色、有机石榴果品的质量认证　近年来,我国果品生产又实行了绿色、有机食品认证,绿色、有机食品生产及产品质量要求比无公害产品要求更严格,质量指标要求更高。要拓展市场,追求更高的市场效益,应有更高的质量要求,在保证无公害果品质量要求的基础上,达到绿色产品、有机产品质量要求。

五、科学繁殖软籽石榴良种

石榴的繁殖分有性繁殖和无性繁殖,有性繁殖即利用种子进行繁殖,又叫实生繁殖,石榴种子发芽能力较强,所获得实生苗变异较大,品种优良特性不易保存,作为新品种培育是有利的,而生产中繁育推广良种一般不采用。生产中一般采用扦插、分株、压条、嫁接等无性繁殖方法繁殖良种,无性繁殖的最大好处是可以保持品种的优良特性。

(一)扦插繁殖

石榴具有无性繁殖力极强的生物学特性,在苗木繁殖方法上,主要采用硬枝扦插法繁殖良种。

1. 圃地选择与规划

(1)圃地选择 培育优质壮苗选择理想苗圃地,应具备以下条件。

①地势平坦、交通方便 苗圃地应选在地势平坦的地块,在平原地势低洼、排水不畅的地块不宜育苗。而交通方便有利物质和苗木调运。

②土壤肥沃 苗圃地要求土层深厚肥沃(山地苗圃土层要在50厘米以上)、质地疏松、pH 值为 7.5~8.5(南方为 6.5~7.0)的壤土、沙壤土或轻黏土为宜。

③水源方便,无风沙危害 应有完善的排灌条件,背风向阳有风障挡护以防冬、春两季风沙危害。在我国北方,4~6月份春旱阶段,正处于插穗愈伤组织形成、生根、发芽需水的关键时期,水分供应是育苗成败的关键。

④无危险性病虫　苗圃地选在无危险性病虫源的地块上,如危害苗木严重的地老虎、蛴螬、石榴茎窗蛾、干腐病等,育苗前必须采取有效措施进行预防。

(2)苗圃地规划　规划设计内容有作业区划分,其中苗木繁育占地95%,防护林占地3%,道路占地1%,排灌系统及基本建设等占地1%。

(3)整地与施肥　苗圃地要利用机械或畜力平整土地,在秋末冬初进行深耕,其深度50厘米左右,深耕后敞垄越冬,以便土壤风化,并利用冬季低温冻死地下越冬害虫。翌年2月末至3月初将地耙平,每667米^{2}施入优质农家肥5米^{3}左右,约5 000千克,磷肥50千克。然后浅耕25～30厘米,细耙以待做床,浅耕和浅施基肥在石榴育苗技术中是一个非常有效的措施,因为1年生苗木的大部分根系分布在距地表20～30厘米的土层中,浅施肥可以使根系充分吸收表层土壤养分,促苗木健壮生长。

石榴扦插繁殖一般采用农膜覆盖的育苗方法,苗床宽1.8米、长10～20米(山地、丘陵因地制宜),畦埂宽0.2米、高0.15米左右。平床育苗,便于浇水,提高发芽和成活率。

2. 插穗准备与延长苗木年生长时间的方法

(1)插穗准备

①采条　采条季节为母树落叶后至树液流动前,北方地区为11月中旬至翌年3月上旬,最好在11月中旬至12月中旬,防冬季冻害;南方地区为12月份至翌年1月份。剪采母树上的1～2年生根蘖条及树冠内的徒长枝,选择健壮无病虫枝条作种条。

②剪穗　剪截插穗时要保证苗木成活生长,又要做到不浪费种条。插穗长度以15～20厘米为宜,农膜覆盖育苗的插穗长度可为12～15厘米,径粗0.75～1.25厘米为宜。为防止扦插时插穗上下倒置,插穗剪口要上平下斜以区别极性。上剪口下应有1～2个饱满芽,以保证有效发芽。

由种条上、中、下不同部位插穗繁殖的苗木生长有一定差异。

种条中部插穗苗木生长最好,其次是梢部和基部。

在插穗剪截操作过程中,要按种条不同部位剪穗堆放,然后再按粗度分级直至分区和分畦育苗,缓解苗木个体生长竞争分化以强凌弱,达到苗木出圃整齐一致的目的。

(2)插穗处理 冬季和早春对插穗进行催根、催芽处理,目的是使插穗伤口提前愈合、生根、发芽,出苗整齐,提高出圃率。催根、催芽方法冬季有沙藏、窖藏、畜粪催芽3种,早春有阳畦营养钵育苗、农膜覆盖育苗和生根粉浸穗等3种。无论哪种催根、催芽方法,其地址应选择在背风向阳、地势高、排水良好、地下水位2米以下的地方。土壤以沙土为好,以利取穗备插时不损坏根芽及愈伤组织。

①沙藏法 挖宽1米、深0.7米,长度随插穗多少而定的沙藏沟,然后把插穗混沙散放在沙藏沟内,沙穗厚50厘米,每隔1米间距竖草把一束,以便通气。最后在沟壕上填土超出地表厚30厘米呈屋脊形。沿沟壕长度两侧各开浅沟一条,以利排水,防雨、雪水渗入造成湿度过大插穗霉烂。沙藏至3月上中旬取出育苗。

②改良窖藏法 挖深1.5米、宽2~2.5米、长4~5米的坑窖,坑底中间用砖砌一条宽20厘米、高30厘米的纵直步道。窖室筑成后,将插穗掺沙竖立排放在窖底1~2层,然后覆沙土厚5厘米,窖顶用直径5~10厘米的木棍搭成纵横交错的支架,盖草秸厚50厘米左右呈屋脊形。窖温保持在12℃~15℃,移栽时插穗已发芽或形成根源组织。移栽时间为4月初,以阴天为好,移栽后用土封埋幼芽,待晚霜结束后扒除封土。

③畜粪催芽 挖深50厘米、宽2米、长3~4米或直径3~4米的贮藏坑。坑底中央留50厘米宽的土埂,作取放插穗的步道。藏坑筑好后,将插穗掺沙散放于坑内,厚度20~30厘米,填沙土与地表平,再堆放畜粪厚50~80厘米。催芽至4月上旬育苗,栽植方法同窖藏。

④营养钵阳畦催芽 催芽时间于早春2月上旬进行,是培育

1 年生大苗的有效措施。挖深 30 厘米、宽 1.5～2 米、长 5～10 米东西行向的阳畦,坑土堆放在坑北侧,堆筑宽 40 厘米、高 70 厘米的土墙,两端再筑北高南低的土墙。

营养钵有自行泥制和工业塑料钵两种,为钵长 15 厘米、直径 8～10 厘米的圆柱体。营养土按腐熟畜粪、沙土、淤土 1∶5∶4 的比例混合而成。装钵时,将插穗放入钵中央加土捣实而成。泥制营养钵加大淤土和水比例团捏而成。然后将营养钵竖直排放在坑底,其上覆厚 2 厘米左右的沙土,随即喷水,在斜面拱棚架上覆盖农膜,压实。催芽至 4 月上旬移栽。

⑤吲哚丁酸(IBA)浸穗　用 500 毫克/升吲哚丁酸浸根,然后扦插在沙中,保持间歇喷雾条件,其生根率、生根数量、平均根长分别为 76.1%、40.12 条、5.15 厘米,生根插条全部成活。硬枝插条优于半硬枝插条。

3. 育苗密度选择　适宜的育苗密度是保证苗壮、苗匀和出圃率的关键,综合苗木生长、出圃率分析,育苗株行距以 20 厘米×50 厘米或 20 厘米×40 厘米为宜。

4. 育苗时间与方法

(1)育苗时间　根据石榴的物候和冻土状况,在黄淮地区的育苗时间为 11 月下旬至 12 月中旬及春季 2 月下旬至 3 月份,云南、四川为 1 月份。育苗成活率最高时期为 3 月份,最迟不能晚于 4 月上旬。秋季(9～10 月份)气温宜于插穗发芽,但不生根,故不是常规的育苗季节。

(2)育苗方法

①露地育苗　在已做好的床面上,用自制的木质"T"形划行器划行打线。用铁锹沿行线垂直插入土中,再向两侧掀动,开出"V"形定植沟,沟深 20 厘米左右。然后将插穗按一定株距插入沟中覆土踏实,覆土厚 1～2 厘米。注意扦插时插穗上下不要倒置。扦插经催根催芽处理的插穗时,应尽量不要损坏愈伤组织和根芽,保证催芽效果。插后浇水,使插穗与土壤密接。适宜中耕时

松土保墒以待幼苗出土。

②农膜覆盖育苗法　特别适宜在我国北方干旱地区采用,方法是:先在平整好的苗床上压农膜,然后用铁制扦插器按株行距在膜床上打好孔(孔径稍大于插穗,深度稍小于穗长),再放入插穗即成,地表以上露出插穗1厘米左右。农膜覆盖育苗法除节省种条外,较露地提高苗床地温2.3℃～3℃,土壤含水率提高2.18%。土壤湿度的保持和温度的提高,减少了插穗水分的散失,可有效促进插穗愈伤组织的形成和生根发芽。因此农膜覆盖比露地出苗早,出苗齐,出苗率提高,后期生长苗木健壮,出圃率也高。

(3)苗期管理　石榴扦插苗的年生育期,大致可分为依靠插穗本身养分进行愈伤组织形成和生根发芽的自养期,即扦插后40～60天内,时间约在5月上旬前;生长初期,5月中旬至6月上旬;速生长期,6月中旬至8月中旬;生长后期,8月下旬至9月上旬。9月中旬封顶停止高生长,10月中旬叶片开始变黄,11月初开始落叶进入休眠期,年生育期为182天左右。以苗高净生长量计算,生长初期占年生长总量的21.9%,速生期占70%,生长后期仅占8.1%。苗木管理要随各时期不同生育特点采取相应的措施。

自养期正处于我国北方的春旱季节,插穗还没有生根,管理以保持土壤湿润为主。

生长初期的管理应以松土除草保墒增温为主,一般松土除草2～3次。土壤干旱及时浇水,浇后随即松土保墒。地下害虫有地老虎、蛴螬、蝼蛄,食叶害虫有棉蚜等,应注意防治。

加强苗木速生期的肥水管理是获得壮苗的关键。此时是我国北方的雨季,气温高、雨水充沛、湿度大,是苗木生长的最适时期。从6月下旬开始每隔10天每667米^{2}沟施尿素7千克左右,叶面可喷洒0.2%磷酸二氢钾液1～2次补充营养。此时期注意防治石榴茎窗蛾、黄刺蛾、大袋蛾等害虫。

在生长后期,于8月下旬断肥,9月末断水,土壤上冻前浇封冻水1次。

(4)苗木出圃 在苗木落叶后,出圃前进行产苗量调查,以确定销售及建园计划。

①出圃时间 苗木出圃时间与建园季节一致,即冬季为落叶后土壤封冻前的11月上旬至12月份,春季土壤解冻后树体芽萌动前的2月下旬至3月下旬。

②掘苗方法 根据苗木根系水平和垂直分布范围,确定掘苗沟的宽度和深度。一般顺苗木行向一侧开挖宽、深各30厘米的沟壕,然后用铁锹在苗行另一侧(距苗干约25厘米处)垂直下切,将苗掘下。在掘苗过程中,注意不要撕裂侧根和苗干。掘苗后,每株苗选留健壮干1~3个,剪除多余的细弱干及病虫枝干。

③苗木分级 苗木出圃后,按照苗木不同苗龄、高度、地径、根系状况进行分级。国家林业行业标准《石榴苗木培育技术规程》(LY/T 1893—2010),发布的石榴苗木分级标准见表5-1。

表5-1 苗木地方分级标准

苗 龄	等 级	苗 高 (厘米)	地 径 (厘米)	侧根条数	侧根长度 (厘米)
1年生	一	≥85	≥0.8	≥6	≥20
	二	65~84	0.6~0.79	4~5	15~19
	三	50~64	0.4~0.59	2~3	<15
2年生	一	≥100	≥1.0	≥10	≥25
	二	85~99	0.8~0.99	8~9	20~24
	三	60~84	0.6~0.79	6~7	<20

④苗木假植 苗木经修剪、分级后,若不能及时栽植,要就地按品种、苗龄分级假植,假植地应选择在背风向阳、地势平坦高燥的地方。先从假植地块的南端开始开挖东西走向宽、深各40厘

米、长度为 15～20 米的假植沟,挖出的土堆放于沟的南侧。待第一假植沟挖成后将苗木根北梢南稍倾斜排放于沟内。然后开挖第二条假植沟,其沟土翻入前假植沟内覆盖苗 2/3 高度,厚度为 8～10 厘米。如此反复,直至苗木假植完为止,假植好后要浇水 1 次。这种假植方法主要是为了防止冬季北风侵入假植沟内,保护苗木不受冻害。在假植期要经常检查,一防受冻,二防苗木失水干死,三防发生霉烂。

(5)苗木检疫与包装运输 在苗木调运前,应向当地县以上植物检疫部门申请苗木检疫,苗木检疫的目的是保障石榴生产安全,防止毁灭性的病虫害传入新建园地区,凭检疫证调运。

石榴种苗检疫的对象,国家没有明文规定,但根据国内各产区情况,应注意几种病虫的检疫,尽量避免传播,害虫为茎窗蛾、豹纹木蠹蛾,病害为干腐病。

苗木检疫样株提取后,逐株从苗稍向下至苗干检查茎窗蛾危害后留下的排粪孔和粪便残留物。用手指从根茎向上掐捏苗干(地径以上 10 厘米内)松软状况或粪便以发现豹纹木蠹蛾,然后解剖苗干捉取它们的越冬幼虫或蛹。在现场用肉眼和放大镜观察苗木枝干的色泽,检查干腐病,若不能断定,可携回苗木送实验室鉴定。

冬、春季苗木调运过程中,要做好防冻保湿措施。苗木包装是依据苗木大小,每 50～100 株一捆,将根部蘸泥浆后用麻袋或编织袋包捆苗根,每捆苗木上附记有品种、数量、苗龄、分级、产地、日期的标签两枚。苗木运输途中加盖篷布以防风吹日晒。苗木到达目的地后要及时假植。

(二)嫩枝繁殖

又叫绿枝扦插,是在石榴生长季节,利用半木质化新枝进行扦插育苗,提高苗木繁殖系数的一种方法。扦插时间多在 6 月份。嫩枝扦插采条剪穗等方法与硬枝扦插相同,其不同点是:插穗上部留叶 1～2 对,其余叶片全部摘除,插穗采下后要随即放入清水中或用湿布包好,防止萎蔫,尽快带到苗床扦插。苗床基质为沙质土,上架北高南低的荫棚,扦插后每天早、晚各洒水 1 次,以保持苗床湿润,并注意地老虎,蝼蛄等地下害虫的防治和除草工作,待生根发芽后逐渐拆除遮盖物。

(三)分株繁殖

分株繁殖又叫分根或分蘖繁殖,是利用母树基部表层根系上不定芽自然萌发的根蘖苗,与母树分离成为新植株的方法。分株繁殖是一种传统的苗木繁殖方法,因其繁殖数量少,只能成为苗木繁殖的补充方法,在资源搜集和引种工作中常采用。分株繁殖可采取人工干涉措施以增加产苗量,即每年落叶后,将母树周围表土挖开,露出根系,在 1～3 厘米粗的根系上间隔 10～15 厘米刻伤,施肥、浇水后覆土促使产生较多的根蘖苗;为使伤根愈合和促使根蘖苗发根,在 7 月份扒开根系,将各分蘖株剪断脱离母树,再覆土加强管理,待落叶后起苗栽植。

(四)压条繁殖

将母树上 1～2 年生枝条上部埋入土中,待生根后与母树分离成为新植株的繁殖方法。压条繁殖又可分为直立压条、水平压条两种方法。

1. 直立压条 在距地表 10 厘米左右处将母树干茎基部萌条刻伤,然后培土 20 厘米厚呈馒头状土堆,在生长期内要保持土壤湿度,冬春建园时,扒开土堆,将生根植株从根部以下剪断与母树分离,成为新的个体用于栽植(图 5-1)。

2. 水平压条 把树干近地面枝条剪去侧枝,呈弧形状埋入长

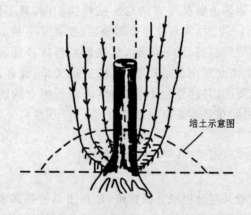

图 5-1 根部培土直立压条法示意图

50 厘米（随枝条长度而定）、宽 30 厘米、深 20～25 厘米的沟内，枝条先端外露。然后填土踩实，为防止压条弹出坑外，可用木钩卡在坑内，保持土壤湿度。6 月中旬压条开始发根，以后随根量增加，压条基部坑外部分逐渐萎缩变细，前部增粗发枝生长。于 8 月中旬从基部剪断与母树分离，成为新的植株。一般压枝 1 条，成苗 1 株，若欲压枝成苗数株时，再将其分段剪断分离成各个新植株（图 5-2）。

图 5-2 水平压条法示意图

(五)嫁接繁殖

1. 劈接繁殖　也叫小径劈接,适合培育嫁接苗和大树高接换种。近年来,为了解决"突尼斯软籽"品种抗寒性差的问题,利用我国原有的抗寒性强的石榴品种作砧木,高接"突尼斯软籽"品种,效果比较好(彩图5-1)。

嫁接时间为接穗发芽前的3月下旬至4月上旬,被改接的砧木可以发芽,但接穗不能发芽。操作要点:

(1)接穗采集保存　落叶后上大冻前采集接穗,于背阴处挖坑、原枝打捆沙藏。

(2)削制接穗　剪取4~6厘米长、有1~2芽节、粗度0.4~0.55厘米的枝条作接穗,用锋利的刨刀将接穗下端削成长2~3厘米、一边稍厚一边稍薄的楔形斜面。也可提前1小时左右,将接穗削好,浸在0.3%蔗糖溶液或干净的河水或井水中,用时根据砧枝粗细捡出适宜粗度的接穗用之。

(3)砧枝剪切　选择健壮、无病虫危害的枝条作砧枝,在直径0.8厘米至数厘米处比较光直的地方截枝,要求剪口光齐。然后用劈接刀在砧枝横断面正中间,上下垂直劈切2~3厘米长的切口。

(4)砧穗对接　将削好的接穗插入砧枝的切口中,要求接穗削面(斜面)稍厚的一边与砧枝切口一边的形成层对齐插紧,以利愈合。

(5)绑缚砧穗　用拉力较强的塑料条,将砧枝切口以下部分缠严系紧。然后用农用薄膜,从接穗的上部由上向下将接穗至砧枝切口的下段缠紧。薄膜条缠绕接穗部分时,只能缠一层。整个嫁接过程,要做到"稳、准、快"。

(6)接后管理　在接后4周左右即可确认接穗是否成活,接芽不能破膜时,用针锥将芽上的薄膜挑破,助芽破膜。当接芽抽生的新枝长至 20 厘米左右、基部木质化时,将裹缠接穗和砧枝的薄膜全部及时去掉。注意一定要去除干净,促进嫁接伤口愈合。解除缠绕的薄膜后需绑缚 100～150 厘米长的防护杆,将新发的接芽与砧枝绑在一起,以免风折。

(7)注意事项 对幼树进行高接时,接位以 110 厘米以上为宜。一般 3～5 年生树,改接的砧枝以 15～20 个为宜;10 年生左右的成年树,改接的砧枝以 30～40 个为宜。

嫁接苗培育:以防寒为目的的,要求砧木嫁接口高度至少 110 厘米以上。

嫁接成活后要加强肥水管理及病虫害防治。

2. 芽接繁殖 石榴嫁接繁殖常在杂交育种、园艺观赏、品种改良中应用。通过嫁接可使杂种后代提早开花结果、同一植株上有不同品种花果、提高观赏价值、劣质品种改接为优良品种等。在石榴嫁接繁殖中,芽接法较其他方法适用,具有节省接穗、技术简便、成活率高的优点。

芽接时间在 7～8 月份,选择生长粗壮、无病虫害、根系发达的植株作砧木,在所需的树上采集 1 年生发育良好的枝条为接芽穗。嫁接时,在砧木 2 年生枝光滑无疤处用芽接刀先刻一横弧,再从横弧中点向下纵切一刀,长 2 厘米左右,深达木质部,用刀尖将两边皮层剥开一点,以便插芽。再从接穗上切取带一个芽的长约两厘米的芽片迅速贴入砧木切口用塑料条等捆绑材料将芽片缠紧系好,露留芽苞,则完成了芽接的全部工序(图 5-3)。品种改良和观赏树种,一株树上可以嫁接多个芽或多个品种;杂种后代的嫁接应严格选择枝位和部位,以减小产量等试验误差。石榴皮层薄,单宁含量高,影响嫁接成活率,因此在嫁接操作中,动作要快捷,使切口和芽片在空气中暴露时间最短,以提高成活率。嫁接后 5 天扭梢,10 天解绳剪梢,成活的接芽即萌发生长。成年树的改接,可在翌年 2 月末至 3 月初解除捆绑的塑料条并于接芽上方 5 厘米处剪去上部枝条,使接芽萌生形成新的树冠。接芽成活后,要注意及时抹除非接芽和病虫害的防治,保证接芽健壮生长。

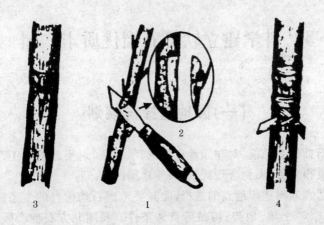

图 5-3 "T"字芽接法示意图

1. 切芽　2. 芽片　3. 嵌芽　4. 用塑料条捆绑

六、科学建立软籽石榴优质丰产园

（一）园地选择与规划

石榴树栽植前，对建园地点的选择、规划，对土地的加工改造和改良很重要，做到合理规划、科学建园。

适宜栽树建园地点的选择，尤其要考虑石榴树种的生态适应性和气候、土壤、地势、植被等自然条件。我国北方石榴产区，冬季防冻害安全越冬是关键，不同的品种抗寒性不同，引种品种建园时，一定要考虑品种的适应性。根据我国北方石榴产区的分布特点，丘陵地区，以中上部坡地和丘陵上部台地为宜，而丘陵上部台地面积宽度不能超过 500 米，宽度超过 500 米后，由于小气候的影响，与平原区又近同，石榴树冬季也易受冻；如果是山地，应选择背风向阳的山前中下部坡地为好。

果园的规划，特别是大型石榴园要注意做好分区防护林、道路、灌、排系统等的全面规划。

1. 小区规划　小区是石榴园中的基本单位，其大小因地形、地势、自然条件而不同。山地诸因子复杂、变化大，小区面积一般 1.3～2 公顷，利于水土保持和管理。丘陵区 2～3 公顷，形状采用 2:1、5:2 或 5:3 的长方形，以利耕作和管理，但长边要与等高线走向平行并与等高线弯度相适应，以减少土壤冲刷。平地果园的地形、土壤等自然条件变化较小，小区面积以利于耕作和管理为原则可定在 3～6 公顷。

2. 防护林的设置　为防止和减少风沙、旱、寒对石榴树造成的危害和侵袭而营造果园防护林，达到降风速、减少土壤水分蒸发和土壤侵蚀(有林地较无林地土壤含水量高 4.7%～6.14%)、保持水土、抵御寒流影响、调节温度的积极效果。

据研究,林带防护范围,迎风面的有效防护距离为树高的 3 倍,背风面为树高的 15 倍,两侧合计为树高的 18 倍。因此,林带有效防护距离为树高的 18 倍可作为设计林带间距的依据。

果园防护林根据设置位置,分山地果园防护林和平原沙地果园防护林。山地果园防护林主要为防止土壤冲刷,减少水土流失,涵养水源,一般由 5～8 行(灌木 2 行)组成,风大地区行数适当增加。林带距离根据山势灵活而定,一般 400～600 米,带内株行距(1～1.5)米×(1.5～2)米,尽量利用分水岭、沟边栽植,行向能够挡风或使果园起到避风作用。平原沙地栽植防护林的主要目的是防风固沙,在建园前或建园时同时营造,主林带与本地区多风季节的风向垂直,采用防护效果好的疏透结构、矩形横断面林带,疏透度保持 0.3～0.4,带宽 10～15 米,植树 3～6 行,两侧边行内配置灌木,以提高防护效果,林带间距 200～250 米,副林带距离 350 米。

防护树种的选择要因地制宜,并考虑经济效益,平原沙区可选用速生树种杨、柳、槐、楝、椿等乔木树种,丘陵、山地宜选用毛白杨、槐、椿等,灌木树种多利用紫穗槐、花椒、荆条、酸枣等。

3. 园内道路和灌排系统 为果园管理、运输和灌排方便,应根据需要设置宽度不同的道路,道路分主路、支路和小路 3 级。灌排系统包括干渠、支渠和园内灌水沟。道路和灌排系统的设计要合理并与防护林带相互配合,原则是既方便得到最大利用率,又最经济地占用园地面积,节约利用土地。平原区果园的排水问题如果能与灌水沟并用更好,如不能并用,要查明排水去向,单独安排排水系统。坡地果园的灌水渠道应与等高线一致,最好采用半填半挖式,可以灌排兼用,也可单独设排水沟,一般在果园的上部设 0.6～1 米宽深适度的拦水沟,直通自然沟,拦排山上下泄的洪水。

(二)园地准备与土壤改良

建园栽树前要特别重视园地加工改造,尤其是山地丘陵要搞好水土保持措施,为果树创造一个适宜生长和方便管理的环境。先改土后栽树是栽好石榴树,提早进入丰产期取得持续高产、稳产、优质的基础。

1. 山地园地准备

(1)等高梯地的修建 在坡度5°~25°地带建园栽植石榴树时,宜修筑等高梯地。其优点是变坡地为平台地,减弱了地表径流,可有效地控制水土流失,为耕作、施肥、灌排提供方便,同时梯地内能有效地加深土层,提高土壤水肥保持能力,使石榴树根系发育良好,树体健壮生长。

等高梯地的结构是由梯壁、边埂、梯地田面、内沟等构成。梯壁可分为石壁或土壁。以石块为材料砌筑的梯壁多砌成直壁式,或梯壁稍向内倾斜与地面成75°角,即外噘嘴、里流水;以黏土为材料砌筑的梯壁多采用斜壁式,保持梯壁坡度50°~65°,土壁表面要植草护坡,防水冲刷(图6-1)。

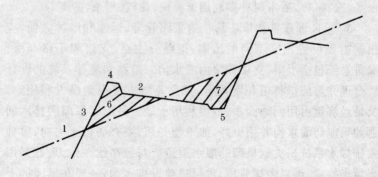

图 6-1 梯地的结构断面示意图

1. 原坡面 2. 田面 3. 梯壁 4. 边埂 5. 内沟 6. 填土区 7. 取土区

修建梯地前,应先进行等高测量,根据等高线垒砌梯壁,要求壁基牢固,壁高适宜。一般壁基深 1 米、厚 50 厘米,垒壁的位置要充分考虑坡度、梯田宽度、壁高等因素,以梯田面积最大、最省工,填挖土量最小为原则。施工前,应在垒壁与削壁之间留一壁间,垒砌梯壁与坡上部取土填于下方并夯实同步进行,即边垒壁边挖填土,直至完成计划田面,并于田面内沿挖修较浅的排水沟(内沟),将挖出的土运至外沿筑成边埂。边埂宽度 40～50 厘米、高 10～15 厘米(见图 6-1)。石榴树栽于田面外侧的 1/3 处,既有利于果树根系生长,又有利主枝伸展和通风透光。梯地田面的宽窄应以具体条件如坡度大小,施工难易,土壤的层次肥性破坏程度(破坏程度越小,土层熟土层易保存,有利果树生长)等而定。

(2)鱼鳞坑(单株梯田)　在陡坡或土壤中乱石较多地带,又不宜修筑梯田的山坡上,栽植石榴树,可采取修筑鱼鳞坑形式,方法是按等高线以株距为间隔距离定出栽植点,并以此栽植点为中心,由上部取土,修成外高内低的半月形土台,土台外缘以石块或草皮堆砌,拦蓄水土,坑内栽植石榴树。修建时要依据坡度大小,土层厚薄,因地制宜,最好是大鱼鳞坑,客好土栽石榴树。目前生产中推广应用的翼式鱼鳞坑由于两侧加了两翼,能充分利用天然降水,提高径流利用率,是山区、丘陵整地植树的好方法。一般鱼鳞坑长 1.0 米,中央宽 1.0 米,深 0.7 米,两翼各 1.0 米(图 6-2)。

(3)等高撩壕　是在缓坡地带采用的一种简易水土保持措施栽植石榴树方式。做法是按等高线挖成横向浅沟,下沿堆土成壕,石榴树栽于壕外侧偏上部。由于壕土较厚,沟旁水分条件较好,有利于石榴树的生长。

撩壕有削弱地表径流,蓄水保土,增加坡面利用率功能,适于缓坡地带,一般坡度越大,壕距则越小,如 5° 坡壕距可为 10 米,10° 坡壕距则为 5～6 米。撩壕可分年完成,也可 1 年完成。一般以先撩壕、后栽树为宜,必要时也可先栽树、后撩壕,但注意不要栽植过深,以免撩壕后埋土过深影响石榴树生长。

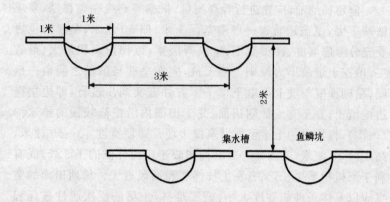

图 6-2　鱼鳞坑坑形与坡地设置示意图

　　撩壕应随着等高线走向进行,比降可采用 1~3/3 000,以利于排水。沟宽一般 50~100 厘米,沟深 30~40 厘米,沟底每隔一定距离做一小坝(称小坝壕或竹节沟)以蓄水保土。

　　水少时可全部在沟内,水多漫溢小坝,顺沟缓流,减少径流(图 6-3)。

图 6-3　等高撩壕断面示意

1. 壕坝　2. 壕外坡　3. 壕内坡　4. 沟心　5. 沟下壁　6. 沟上壁　7. 原坡面

　　2. 沙荒园地准备　沙荒地建园前首先要搞好平整土地。其次是改良土壤。其方法有引黄灌淤——在沿黄灌区都可采用此法。据测定,黄河携带泥沙肥分较高,每吨含氮1千克,磷1.5千克,钾20千克,有机质8.6千克,可有效地提高肥分。灌淤之后,再深翻改土,翻淤盖沙,使生土熟化,土沙混合,形成下淤上沙、保水保肥的"蒙金地"。在没有条件灌淤的沙荒地,可以采用"放树窝"的客土改良法,即于定植前挖掘大穴,换入好土植树。还有一种方法是防风固沙营造防护林,在成林前可以播种牧草或绿肥,如紫穗槐、苜蓿、草木樨、沙打旺等,水分条件好的沙地,可以栽植沙柳、柽柳、沙枣等,建立沙障。对于盐碱地的改良,农、林、牧、水等技术措施要综合运用。其主要措施有:营造防护林、灌淤压碱、沟渠台田、增施有机肥料、种植耐盐碱绿肥苜蓿、紫穗槐、田菁、草木樨等。

3. 园地土壤改良 新建果园,尤其是丘陵山地果园,通过深耕熟化改良土壤,加深土层,改善土壤结构和理化性能,为果树根系生长发育创造适宜环境非常重要。

生土熟化的主要措施是深耕(翻)与施肥。深翻可以使表土与心土交换位置,加深和改良耕作层增加土壤孔隙度,提高持水量,促进石榴树根系发育良好。熟化生土的肥料最好是用腐熟的有机肥和新鲜的绿肥,每667米^2 2 500~5 000千克为宜。可集中施于定植穴附近使土壤先行熟化,以后再逐年扩大熟化的范围。如能在坡改梯田之后,定植石榴树之前,种植两季绿肥,结合深耕翻入土壤之中则更为理想。深耕结合增施有机肥料可以加速土壤的熟化和改良过程,有利提高定植成活率和促进石榴树的生长发育,对提前结果和后期丰产作用很大。

（三）栽植方法

1. 品种选择和配置

（1）品种选配原则

第一，要选栽优良的软籽品种。我国各石榴产区都有许多优良品种，要优中选优并加以利用。新发展区在引种时要根据当地气候、地势、土壤及栽培目的、市场情况、风俗习惯等综合情况引进高产、优质、抗病虫、耐贮运品种。

第二，石榴园的品种注意不要单一化，特别是较大型果园，还应考虑早、中、晚熟品种的搭配，好处是可以调节劳力，便于管理，并可调节市场供应时间，延长鲜果供应期，有利于销售。

第三，考虑发展石榴生产的主要目的，以鲜果销售为主的发展鲜食品种，以加工为主的发展加工型（如酸石榴）品种，以旅游绿化为主的发展赏食兼用型品种，以花卉为主的发展观赏性品种。

（2）搭配方式　果园品种数量的配置以 2～3 个为宜。选择与主要栽培目的相近、综合性状优良、商品价值高的品种为主栽品种，另搭配 1～2 个其他类型的品种。

（3）授粉树的配置　石榴为雌雄同花，无论是败育花花粉，还是完全花花粉，无论是自交，还是杂交均可以完成授粉受精作用。但是有些品种花粉量较小，配置花粉量大的品种可以提高坐果率。因此，石榴园要避免品种单一化，授粉树如果综合性状很优良可以比例大些，反之小些。授粉品种和主栽品种可控制在 1∶1～8 的比率。

2. 栽植密度

栽植密度的确定要做到既要发挥品种个体的生产潜力，又要有一个良好的群体结构，达到早期丰产、持续高产的目的。合理密植可以充分利用太阳能和经济利用土地，是提高单位面积产量的有效措施。但无论从石榴树生长和经济核算及光能利用上都应有个合理密度的范围。

(1)不同肥力条件的密度　不同肥力条件对石榴树个体发育影响较大,如土层深厚、肥沃的土地,个体发育良好,树势强,树冠大,种植密度宜小;反之,种植密度应大些,不同肥力条件的密度见表 6-1。

表 6-1　不同肥力条件参考种植密度

肥　力	行株距 (米×米)	单株营养面积 (米²)	密　度 (株/667 米²)
上等肥力	4×3	12	55
	5×4	20	33
中等肥力	4×2.5	10	66
	4×2	8	83
旱薄地	3×2	6	111
	3.5×2.5	7	95

(2)不同立地条件的种植密度

①果粮间作园　以粮食生产、防风固沙及水土保持为主要目的,株距一般为 2～3 米,行距 20～30 米,丘陵山地梯田因坡地具体情况而定。这种间作形式因果树分散,管理粗放,产量较低,多以沙区防风林带主林带间的副林带出现。

②庭院和"四旁"栽植　果用和观赏兼有,密度灵活掌握。

(3)合理密植方式　根据定植密度的步骤,分为永久性密植和计划性密植两种。

①永久性密植　根据气候、土壤肥力、管理水平与品种特性和生产潜力等情况,一步到位,定植时就将密度确定下来,中途不再变动。这种密植方法因考虑到后期树冠大小,郁闭程度,故密度不宜过大。由于前期树小,单位面积产量较低,但用苗量少,成本较低,且省工省时,低龄期树行间还可间作其他低秆作物。

75

②计划密植 分两步到三步达到永久密植株数,解决了早期丰产性差的问题,按对加密株(干)的处理方式分间伐型和间移型两种。

间伐型:指在高密度定植后田间出现郁闭时,有计划地去除多余主干,使其成为规范的单干密植园。在管理上,一株树选留一主干培养成永久干,对永久干以外的主干,采用拉、压、造伤等措施,控长促花,促使早期结果,当与永久主干相矛盾时,适当回缩逐步疏除。

间移型:指在定植时,有计划地在株间或行间增加栽植株数,分临时株(行)和永久株(行)。如建立一个株行距为 2 米×3 米的单干密植园,计划成龄树株行距 4 米×3 米。对确定的永久株(行)和临时株(行)管理上应有所区别。对临时株在保证树体生长健壮的基础上,多采取保花保果措施,使其早结果,以弥补幼园在早期的低产缺陷;对永久株,早期注意培养牢固的骨架和良好的树形,适时促花保果。当临时株与永久株生长矛盾时,视程度对其枝条进行适当回缩,让永久株逐步占据空间,渐次缩小至取消临时株。利用石榴树大树移栽易活的特点,待其在生长中的作用充分发挥后,可将临时株间移出去(图 6-4)。

无论哪种计划密植栽培形式,定植后的管理都应严格区分永久株、临时株的栽培措施和目的,中途不要随意变更,以发挥其最大效益。

3. 栽植方式 国内石榴产区有长方形、三角形、等高式等栽植方式,可根据田块大小、地形地势、间作套种、田间管理、机械化操作程度等方面综合考虑选用,原则是既有利于通风透光,促进个体发育,又有利密植、早产丰产。目前采用较多的有 3 种方式。

(1)长方形栽植 这种形式多用在平原农田,有利通风透光,便于管理,适于间作和耕作管理,合乎石榴树生理要求,故此石榴树生长快、发育好、产量高。据研究,石榴树栽植行向,对产量有影响,南北行向更利于接受光照,优于东西行向。具体到一定地

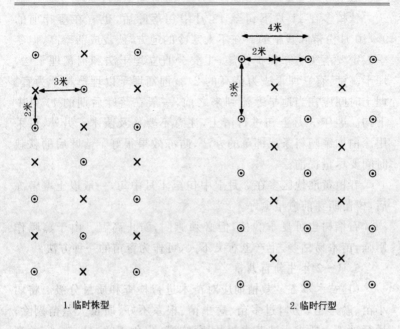

1. 临时株型   2. 临时行型

图 6-4　石榴园计划密植栽培设计示意图

⊙永久株　×临时株　1. 临时株型　2. 临时行型

区,在考虑利于接受光照的同时,行向应与当地主风向平行。

(2)等高栽植　这种形式主要用于丘陵、山地,栽时行向沿等高线前进,一般株距变化不大,行距随坡度的大小而伸缩,随地形变化灵活掌握,在陡坡地带,当行距小于规定行距1/2时,则可隔去一段不栽,以免过密,营养面积小,导致枝条直立生长,造成结果不良。等高栽植包括梯地栽植,鱼鳞坑式栽植和撩壕栽植等形式。

(3)单行栽植　多用于"四旁"。

4. 栽植时期　石榴苗木适宜栽植时期较长,自落叶到翌年萌芽前均可进行,封冻期除外,若按季节划分,可分为秋植和春植两个时期。

秋植多在 11 月下旬至 12 月中旬落叶后,也有在落叶前的 9～10 月份带叶栽植的。在不太寒冷的地方,秋栽成活率高,但冬季一定要落实防寒保护措施,主要分直立埋干法和匍匐埋干法,埋干高度:直立埋干法为苗高的 2/3,匍匐埋干以埋严枝干为宜。埋土时间应在当地早寒流到来之前,一般在落叶后期的 11 月中下旬。翌年 3 月上旬进行清土,注意不要伤及苗木。另外,可采用涂白加缠塑料条或绑草的办法,防冻效果很好。落叶后的秋栽时间要尽量提前。

春植黄淮地区多在 3 月上中旬至 4 月中旬,一般以土壤解冻后,树苗萌芽前愈早愈好。

石榴树也可夏季栽植,但必须遮阴,防止高温。由于蒸腾作用强,苗木易枯萎,生产上意义不大,可作为育苗的一种方法。

5. 1～2 年生幼苗栽植

(1)苗木准备　栽植前应对苗木进行检查和质量分级。将弱小苗、畸形苗、伤口过多苗、病虫苗、根系不好、质量太差苗剔除,另行处理。要求入选苗木粗壮、芽饱满、皮色正常,具有一定的高度,根系完整,分等级栽植。当地育苗当地栽植的,随起苗随栽植最好。远地购入苗木不能及时栽植的要做临时性的假植。对失水苗木应立即浸根 1 昼夜,充分吸水后再行栽植或假植。

石榴苗木的栽植,分带干栽和平茬苗栽。平茬苗及留干 5～10 厘米栽植,由于截掉枝干,减少了蒸腾,成活率提高,可达 98% 以上;相比,同样条件带干栽植,成活率低于平茬苗。平茬苗的准备,随起苗随定植的,或提前起苗假植的,或长途运输的都可在起苗后立即进行。

(2)栽植方法

①挖坑　栽植坑大小一般 50 厘米见方,大苗坑适当再大些。坑土一律堆放在行向一侧,表土和心土分开堆放。

②栽植方法　栽植时实行"三封两踩一提苗"的方法。即表土拌入肥料,取一半填入坑内,培成丘状,将苗放入坑内,使根系

均匀分布在土丘上;然后将另一半掺肥表土培于根系附近,轻提一下苗后,踩实使根系与土粒密接;上部用心土拌入肥料继续填入,并再次踩实,填土接近地表时,使根茎高于地面5厘米左右,在苗木四周培土埂做成水盘。栽好后立即充分浇水,待水渗下后,苗木自然随土下沉,然后覆土保湿。最后,要求苗木根茎与地面相齐,埋土过深或过浅都不利于石榴苗的成活生长。

6. 幼树移栽建园 一般指用3~4年生幼树建园。

(1)幼树准备 起苗前先将树冠从大枝分枝以上20厘米左右处截去,并疏去过密枝、重叠枝、病虫枝。

起苗要保证根系完整,尽量少伤根,最好带土球,做到随刨随栽;也可于上年或生长季节提前在被挖幼树的四周,约距树干15~20厘米处开沟断根,但不掘起,待栽植季节再挖出就地栽植或运至异地栽植。

(2)栽植方法 栽植时,根据树苗大小,开挖的栽植穴要适当大些,大苗根系在穴内可以完全伸展开,带土球苗土球可以轻松地放入穴内。穴内提前施入农家肥,肥土掺匀。

如果是裸根苗,栽前要用配有合适比例生根粉的泥浆蘸根,有失水现象的浸根时间在1~8小时以上,或更长时间,保证植株充分吸水;如果是带土球苗,栽前则不可浸水,以防土球破损而伤根,栽好后立即用配制好的生根粉水,沿土球外沿浇灌,然后再充分浇水。

幼树栽植后,要及时充分浇透水,以后根据天气降水情况,7~10天浇1次水,保证水分供应,促进成活。苗木成活后,当年要及时疏除基部萌芽和树冠上多余的萌芽,促进树冠形成。并加强病虫害防治。

幼树建园当年可见果,但以保成活为主,结果为辅。第二年即可形成一定的经济产量。

7. 大树移栽建园 一般指移栽7~8年生及以上的大树。

大树来源于计划密植间移的临时树,或需移换园址的优良品种,或新建的生态果园,希望尽快成园,外地引进的大树定植。

(1)大树适时移栽方法

①被挖树准备 于移栽上一年的休眠期,在移栽树干以外20～30厘米处,挖宽25厘米左右、深60厘米左右的环形沟,将水平根截断,并用土将沟重新填平,目的是于断根处催生新根。

挖树前整理树冠:移栽前,将树冠部分截去,截干要求同大苗移栽。

挖树及土球整理:在原断根沟处开挖,取土一周,斩断下部生长的大根。土球挖好后,用起重机械或人工将树带土球移于坑外。对土球进行适当的整理,修剪去不规则的根,使土球呈上下底平的"中国腰鼓"形。

土球的大小:土球直径应为距地面50厘米处树干直径的5～8倍,如树干径粗10厘米,则土球直径应为50～80厘米;土球的高度为土球直径的2/3,土球底部直径为中部直径的1/3,土球上部直径为中部直径的2/3,

土球缠裹方法:将整理好的土球,用蒲包片围住或不围。开始用草绳缠裹,其具体方法:将双股草绳的一头拴在树干的基部,然后通过土球的上部斜向下绕过土球的底部,从土球的对面再绕上来,草绳每隔8～10厘米绕一圈,这样从上绕到下,再从下绕到上,围绕树干和土球底部反复缠绕,直至将整个土球包住。注意土球底部要交叉成十字形,缠绕的草绳要尽量缠紧牢固。草绳裹好后,要留一双股的草绳头拴绕在树干的基部,使草绳不至松散。最后,在土球腰部密集缠绕草绳10～15圈,并在腰箍上用草绳上下斜穿一圈,打成花扣,将绳头拴紧以免横腰的草绳脱落。

带土球大树的运输与假植:异地栽植的,装车运输过程应防止土球松散、脱落、失水、断根,或其他伤害。运到栽植地应立即栽植。因故不能及时栽植的,需将树木两行为一排,株距以相互不影响为度,将土球培土1/3高,不可将土球盖严,以免草绳腐烂土球散开。

②大树移栽时期 以秋、春季节为好,冬季不太冷、生长期长的地区,以秋栽效果好,时间在落叶后至土壤上冻前为宜;北方地区冬季严寒、多风少降水,则以春季栽植效果好,时间掌握在土壤解冻后至石榴树发芽前进行。

③栽植方法 应先挖比土球大 20～30 厘米、比土球高度深20 厘米左右的栽植穴,栽前将穴底施入 5～10 千克农家肥,肥土掺匀。慢慢将树吊起再轻轻放入树穴内,然后分层填入表层熟土,并逐层踩实,注意不要踩碎原树所带土球。栽植的深度以与树干原来土壤印痕相平或略深为宜。

④栽后管理 栽好后立即用配制好的生根粉水,沿土球外沿浇灌,然后再充分浇水;浇水后用塑料薄膜覆盖树盘,树干用草绳一圈紧贴一圈缠绕,减少树干水分蒸发。春季多风干旱,每 7～10天浇 1 次水,促进成活。

移栽大树成活后,当年要及时疏除基部萌芽和树冠上多余的萌芽,促进树冠形成。并加强病虫害防治。

大树建园当年可见果,但以保成活为主,结果为辅。第二年即可形成一定的经济产量。

(2)大树反季节(夏季)移栽方法 移栽方法同大树适时移栽,但要注意两点:一是树冠要修剪的更彻底,树冠越小成活率越高;二是需要遮阴处理;三是采取滴灌措施,保证水分供应。

8. 埋条直插建园

(1)一条法 选择基部直径 1 厘米左右、长度 80～100 厘米以上的 1 年生枝条做建园材料备用。挖深 30～50 厘米、长宽50～70 厘米的定植坑,回填入 15～25 厘米厚的肥土,用脚踩实,将种条沿坑的一侧,斜放入坑内,全园方向一致,种条基部顶端放在坑的正中央。然后回填土至离地面 10 厘米左右,浇水,水渗完后用土封成中间土丘、四周水盘状,露出地面 30 厘米以上的种条梢部剪去,以防水分过多蒸腾散失。

(2)二条法 与一条法基本相同,不同的是将两根种条,按

"倒八字"斜放于填入一半并踏实的坑内,两根种条的基部相接或相近,种条上部分别伸向相反的两个方向,全园一致。将来按"倒八字"整形。

(3)三条法　三条法是将3根种条基部相接或相近放在坑的中央,然后按种条之间平面夹角120°的距离,均匀分布于三个不同的方向,将来按"开心形"整形。

(4)四条法　四条法是在坑的正中央放一根下部环成圆圈的种条,上部垂直于坑底,其他3根按三条法均匀分布于坑内,以后管理按自然纺锤形整形。

(5)直插建园　按行距在定植行施肥、耕翻,制成70厘米左右宽的长畦,将种条剪成20～25厘米的插穗,按株距选用三条法或四条法,按45°～60°角进行扦插。四条法中间的一根插穗直插,但顶端需分布在周围3根插穗基部的正中间。插后顺畦浇水。

直插建园,因插穗短小,在当年生长期间,要加强施肥、浇水、中耕、锄草,防治病虫害等管理,不要间作高秆作物或秧蔓作物,要求直插枝条直径1米之内不种其他作物。直插建园有节省苗地,省去移栽程序,没有移栽缓苗期之优点,但是易出现缺苗现象,应注意及时补植。

9. 栽后管理

(1)水的管理　定植后提高成活率水分是关键,定植后无论土壤墒情好差,都必须浇透水,此后因春季干旱少雨,必须勤浇水,经常保持土壤湿润。栽后在树干周围铺农用薄膜,既可保湿又可增温,是提高成活率的有效措施。

(2)肥料管理　定植当年,以提高成活率为主要目的,施肥可随机进行。如果定植前穴内施入足量农家肥,可不追肥;如果定植时树穴内没施或施肥量较小,成活后于7月份适量少施速效氮、磷肥,或施用肥效较快的人畜粪肥。

(3)苗木的挽救与补栽　春季栽植萌芽后,及时检查成活情况,检查时用指甲或小刀切入未发芽苗木的韧皮部,如仍然发绿,失水不明显的,表明仍然存活,有些是干枝不能发芽,但根茎仍然存活。对于到5月底仍不发芽的,于基部地上5～10厘米处截干并增加浇水,促芽萌动效果很好。新栽石榴树有时要经过雨季才发芽,不发芽的不要急于刨掉,可暂不补栽。确认不能发芽,或预防缺株的要及时补栽。生产中,分生长期补栽和休眠期栽植两个时期。生长期补栽,是在定植当年生长期内,用同龄的苗木带土移栽,为提高补栽成活率,可在建园的同时把备用同龄苗的根系包在盛满土的塑料袋内临时栽植在园地空闲之处,在6月份前后,利用阴雨天,将临时树带塑料袋挖出,补在死苗的位置,栽前注意去掉塑料袋,补栽后注意短期内不能缺水,此法补栽成活率在98%以上。休眠期补栽,北方产区是在定植当年11月份落叶后至12月份,或翌年3月上中旬进行;南方产区由于冬季气温较高,没有或少有冻害,落叶后可随时进行。为了保持果园树木生长一致,采用同一品种苗龄大1年的树苗补栽,如当年春季栽植为1年生苗,到当年落叶后至翌年春用2年生苗补栽。

苗木定植后还要注意中耕除草和病虫防治工作,特别是移植的大树,对短截的伤口应用福美胂或其他杀菌剂或接蜡、白漆涂抹伤口,以防病菌侵染而感病。

七、软籽石榴土壤肥料水分及保花保果管理

本章主要讨论软籽石榴园的土壤、肥料、水分及保花保果管理。土、肥、水管理实际是对石榴树地下部分管理，其目的是创造适宜于石榴树根系生长的良好环境。合理的土壤管理制度，能够改良土壤的理化性，防止杂草蔓生，补偿水分的不足，促进微生物的活动，从而提高肥力，供给石榴树生长、发育所必需的营养。石榴树生长的强弱、产量的高低和果实品质的优劣，在很大程度上取决于地下部分土、肥、水管理的好坏或是否得当。保花保果管理则是地上部管理的重要内容。

（一）土壤管理

1. 逐年扩穴和深翻改土 土壤，是石榴树生长的基础，根系吸收营养物质和水分都是通过土壤来进行的。土层的厚薄、土壤质地的好坏和肥力的高低，都直接影响着石榴树的生长发育，重视土壤改良，创造一个深、松、肥的土壤环境，是早果、丰产、稳产和优质的基本条件。

（1）扩穴 在幼树定植后几年内，随着树冠的扩大和根系的延伸，在定植穴石榴树根际外围进行深耕扩穴，挖深 20～30 厘米、宽 40 厘米的环形深翻带；树冠下根群区内，也要适度深翻、熟化。

（2）深翻 成年果园一般土壤坚实板结，根系已布满全园，为避免伤断大根及伤根过多，可在树冠外围进行条沟状或放射状沟深耕，也可采用隔株或隔行深耕，分年进行。

扩穴和深翻时间一般在落叶后、封冻前结合施基肥进行。其

作用:一是改善土壤理化性,提高其肥力;二是翻出越冬害虫,以便被鸟类吃掉或在空气中冻死,降低害虫越冬基数,减轻翌年危害;三是铲除浮根,促使根系下扎,提高植株的抗逆能力;四是石榴树根蘖较多,消耗大量的水分养分,结合扩穴,修剪掉根蘖,使养分集中供应树体生长。

2. 果园间作及除草

(1)果园间作 幼龄果园株行间空隙地多,合理间作物可以提高土地利用率,增加收益,以园养园。成年园种植覆盖作物或种植绿肥也属果园间作,但目的在于增加土壤有机质,提高土壤肥力。

果园间作的根本出发点,在考虑提高土地利用率的同时,要注意有利于果树的生长和早期丰产,且有利于提高土壤肥力。切莫"喧宾夺主",只顾间作,不顾石榴树的死活。

石榴园可间作蔬菜、花生、豆科作物、薯类、禾谷类、中药材、绿肥等低秆作物,花卉育苗也可,但必须是低秆类型的。

石榴园不可间种高秆作物(如高粱、玉米等)和攀缘植物(如瓜类或其他藤本植物);同时,间作物应不具有与石榴树相同的病虫害或中间寄主。长期连作易造成某种作物病原菌在土壤中积存过多,对石榴树和间作物生长发育均为不利,故宜行轮作和换茬。

总之,因地制宜地选择优良间作物和加强果、粮的管理,是获得果粮双丰收的重要条件之一。一般山地、丘陵、黄土坡地等土质瘠薄的果园,可间作耐旱、耐瘠薄等适应性强的作物,如谷子、麦类、豆类、薯类、绿肥作物等;平原沙地果园,可间作花生、薯类、麦类、绿肥等;城市郊区平地果园,一般土层厚,土质肥沃,肥水条件较好,除间作粮油作物外,可间作菜类和药类植物。间作形式一年一茬或一年两茬均可。为缓和间作物与石榴树的肥水矛盾,树行上应留出1米宽不间作的营养带。

(2)中耕除草 中耕除草是石榴园管理中一项经常性的工

作。目的在于防止和减少在石榴树生长期间,杂草与果树争夺养分与水分,同时减少土壤水分蒸发、疏松土壤,改善土壤通气状况,促进土壤微生物活动,有利于难溶状态养分的分解,提高土壤肥力。在雨后或浇水后进行中耕,可防止土壤板结,增强蓄水、保水能力。因而在生长期要做到"有草必锄,雨后必锄,浇水后必锄"。

中耕锄草的次数应根据气候、土壤和杂草多少而定,一般全年可进行 4～8 次,有间作物的,结合间作物的管理进行。中耕深度以 6～10 厘米为宜,以除去杂草、切断土壤毛细管为度。树盘内的土壤应经常保持疏松无草状态(但可进行覆盖),树盘土壤只宜浅耕,过深易伤根系,对石榴树生长不利。

(3)除草剂的利用 为了省工和降低生产成本,可根据石榴园杂草种类使用除草剂,以消灭杂草。

化学除草剂的种类很多,性能各异,根据其对植物作用的方式,可分为灭生性除草剂和选择性除草剂。灭生性除草剂对所有植物都有毒性,如五氯酚钠、百草枯等,石榴园禁用。选择性除草剂是在一定剂量范围内,对一定类型或种属的植物有毒性,而对另一些类型或种属的植物无毒性或毒性很低,如扑草净、利谷隆等。所以,使用除草剂前,必须首先了解除草剂的效能、使用方法,并根据石榴园杂草对除草剂的敏感程度及耐受性等决定使用除草剂的种类、浓度和用药量。

扑草净:杀草范围广,对双子叶杂草杀伤力大于单子叶杂草,可在杂草萌发时或中耕后每 667 米^2 使用扑草净 100～150 克,或喷施 400 倍液,有效期 30～45 天。

利谷隆:杀草范围广,杀伤力强。对马齿苋、铁苋菜、绿苋、藜、牵牛花等防效达 100%。每 667 米^2 用量 60～200 克,兑水喷洒。

茅草枯:防除多种禾本科杂草。杂草幼小时使用效果最佳,每 667 米^2 用药量 200～500 克,有效期 30～60 天。

园地莎草用25％灭草灵防除,每667米²用1.2～1.5千克拌土撒施。

上面介绍的是在无间作物石榴园使用几种除草剂的方法,如种植作物,要根据种植作物种类,兼顾石榴树决定使用除草剂种类、时间、方法。目前有很多新品种除草剂,可选择使用。

3. 园地覆盖 园地覆盖的方法有覆盖地膜、覆草、绿肥掩青、培土等。其作用为改良土壤、增加土壤有机质;减少土壤水分蒸发,防止冲刷和风蚀,保墒防旱;提高地温,缩小土壤温度变化幅度,有利于果树根系生长,抑制杂草滋生及减少裂果等多重效应。

覆盖有全园覆盖和树盘覆盖、常年覆盖和短期覆盖等,要因地制宜。

(1)树盘覆膜 早春土壤解冻后浇水,然后覆膜,以促进地下根系及早活动。其操作方法为:以树干为中心做成内低外高的漏斗状,要求土面平整,覆盖普通的农用薄膜,使膜、土密接,中间留一孔,并用土将孔盖住,以便渗水,最后将薄膜四周用土埋住,以防被风刮掉。树盘覆盖大小与树冠径相同。

覆盖地膜能减少土壤水分散失,提高土壤含水率,又提高了土壤温度,使石榴树地下活动提早,相应的地上活动也提早。地膜覆盖特别是在干旱地区,其对树体生长的影响效果更显著。

(2)园地覆草 在春季石榴树发芽前,要求树下浅耕1次,然后覆草10～15厘米厚。低龄树因考虑作物间作,一般采用树盘覆盖;而对成年果园,已不适宜间作作物,此时由于树体增大,坐果量增加,耗损大量养分,需要培肥地力,故一般采用全园覆盖,以后每年续铺,保持覆草厚度。适宜作覆盖材料的种类很多,如厩肥、落叶、作物秸秆、锯末、杂草、河泥,或其他土杂肥混合而成的熟性肥料等。原则是:就地取材,因地制宜。

石榴园连年覆草有多重效益。一是覆盖物腐烂后,表层腐殖质增厚,土壤有机质含量以及速效氮、速效磷量增加,明显地培肥了土壤;二是平衡土壤含水量,增加土壤持水功能,防止径流,减少蒸发,保墒抗旱;三是调节土壤温度,4月中旬0～20厘米土壤温度,覆草比不覆草平均低0.5℃左右,而冬季(1月份)平均高0.6℃左右,夏季有利于根系正常生长,冬、春季可延长根系活动时间;四是增加根量,促进树势健壮,其覆草的最终效应是果树产量的提高。

石榴园覆草效应明显,但要注意防治鼠害。老鼠主要危害石榴根系。据调查,遭鼠害严重的有4种果园,即杂草丛生荒芜果园;坟地果园;冬、春季窝棚(房屋)不住人的周围果园;地势较高果园。其防治办法有:消灭草荒,树干周围0.5米范围内不覆草,撒鼠药毒害,保护天敌蛇、猫头鹰等。

(3)种植绿肥 成龄果园的行间,一般不宜再间种作物。如果长期采用"清耕法"管理,即耕后休闲,土壤有机质含量将逐渐减少,肥力下降,同时土壤易受冲刷,不利石榴园水土保持。种植绿肥是解决问题的好办法。

绿肥作物多数都具有强大的根系,生长迅速、绿色体积大和适应性强等特点,其茎叶含有丰富的有机质,在新鲜的绿肥中有机质含量为10%～15%。豆科绿肥作物含有氮、磷、钾等多种营养元素,尤以氮素含量更丰富,其全氮含量、全钾含量高于或相当于人粪尿;其根系中的根瘤菌可有效地吸收和固定土壤和空气中的氮素;而根系分泌的有机酸,可使土壤中的难溶性养分分解而被吸收;同时,根系发达,深可达1～2米,甚至4米以上,可有效地吸收深层养分。果园种植绿肥,因植株覆盖地面有调节温度、减少蒸发、防风固沙、保持水土等多重效应。

总之,果园间作绿肥,具有增加土壤有机质,促进微生物活动,改善土壤结构,提高土壤肥力的功效,并达到以园养园的目的。

绿肥作物种类很多,要因地、因时合理选择。秋播绿肥有苕子、豌豆、蚕豆、紫云英、黄花苜蓿等。春夏绿肥可种印度豇豆、爬豆、绿豆、田菁、柽麻等,田菁、柽麻因茎秆较高,1年至少刈割2次。沙地可种沙打旺等,盐碱地可种苕子、草木樨等。

我国北方常见的几种绿肥作物见表7-1。

表 7-1　石榴园主要间作绿肥及栽培利用播种量

品种	播种量（千克/667 米²）	播 期	刈割压青期	产草量（吨/667 米²）	养分含量（%） 氮	磷	钾	适种区域
苕子	3～4	8 月下旬至 9 月上旬	4 月中下旬	4～5	0.52	0.11	0.35	秦岭、淮河以北盐碱地外
紫云英	1.5～2	8 月下旬至 9 月上旬	4 月下旬	3～4	0.33	0.08	0.23	黄河以南盐碱地外
草木樨	1.5～2	8 月下旬至 9 月上旬	4 月下旬	3～4	0.48	0.13	0.44	华南以外。全国大部分非涝区
紫穗槐	2～2.5	春、夏、秋	年割2～3次	2～3	1.32	0.36	0.79	华南以外。全国大部园外"四旁"栽植
田菁	3～5	春、夏	6 月中旬至 9 月上旬	2～3	0.52	0.07	0.15	全 国
柽麻	3～4	春、夏	播后 50 天，年割 2～3 次	2～3	0.78	0.15	0.30	长城以南广大非严寒区
绿豆	2～3	4 月中旬至 6 月中旬	8 月下旬	1～2	0.60	0.12	0.58	全 国
豌豆	4～5	9 月中下旬	5 月上旬	1～2	0.51	0.15	0.52	华南,华北外的广大地区

绿肥利用方法:一是直接翻压在树冠下,压后浇水以利腐烂,适用低秆绿肥。二是刈割后易地堆沤,待腐烂后取出施于树下,一般适于高秆绿肥,如苘麻等。

(4)培土 对山地丘陵等土壤瘠薄的石榴园,培土增厚了土层,防止根系裸露,提高了土壤的保水保肥和抗旱性,增加了可供树体生长所需养分的能力。

石榴树在我国黄河流域及以北地区,个别年份地上部易受冻害,培土可提高树体的抗寒能力,降低冻害危害。培土一般在落叶后结合冬剪、土、肥管理进行,培土高度因地而异,一般在 30~80 厘米。因石榴树基部易产生根蘖,培土有利于根蘖的发生和生长,春暖时及时清除培土,并在生长季节及时除萌。

(二)施　肥

1. 施肥的意义　石榴树一经定植,多年生长在同一地点,每年生长、结果都需要从土壤中吸收大量养分,只有通过土壤施肥经常给予补充,以满足石榴树对各种营养元素的需要,石榴树才能生长健壮而且丰产。

果园施肥的目的,除有效地补充土壤中的营养元素外,还可不断提高土壤肥力,改善土壤结构和性能,创造适于石榴树生长的良好的土壤环境。

合理施肥,可保障石榴树的健壮、长寿和高产;幼树可以提前形成树冠和提前结果;对于成年树可以保证丰产、稳产,延长结果年限,提高品质,增强对不良环境的抵抗能力等。

丘陵地及山坡台地、河滩、沙荒地果园,土壤所含养分贫乏,质地和结构不良,增施有机和无机肥料对改良土壤结构和功能,提高保水抗旱能力作用更加明显。

施肥必须与其他技术措施相结合,才能充分发挥作用。特别是与水分关系密切,在土壤干旱时,施肥必须结合浇水,单纯增施肥料(特别是化肥)不但无利,反而有害。施肥结合松土,改善土壤通气状况,有利于迟效性的有机肥料分解为速效态而被石榴树吸收。所以,只有土壤综合管理技术措施(土壤耕作、施肥、浇水)互相配合、合理施肥,才能发挥肥料的最大作用。

2. 肥料的种类、性质 依据肥料的形态和性质,可分为有机肥和无机肥两大类。

(1)有机肥 凡属动物性和植物性的有机物统称为有机肥料。如腐殖酸类肥料、人畜粪尿、饼肥、厩肥、堆肥、垃圾、杂草、绿肥、作物秸秆、枯叶及骨粉、屠宰场的下脚料等。有机肥养分全面,不但含有氮、磷、钾,而且还含有多种营养成分及微量元素,是较长时期供给石榴树多种养分的基础肥料,所以又称有机肥是"完全肥料",常作基肥施用。果树施用有机肥很少发生缺素症,而且只要施用腐熟的有机肥和施用方法得当,果园很少发生某种营养元素过量的危害。长期施用有机肥料,能够提高土壤的缓冲性和持水性,增加土壤的团粒结构,促进微生物的活动,改善土壤的理化性质,所以石榴园应以施用有机肥为主,无机化肥为辅。

在应用有机肥料时,一定注意应用腐熟的肥料。未经腐熟就施用,有伤根的危险,并且易生虫害,对根系不利。如果施用未腐熟的秸秆、垃圾、绿肥等,应加施少量的氮肥,如清粪水或尿素等促进腐熟分解。

(2)无机肥 化学肥料都属无机肥,又叫矿质肥料。常用的无机肥料有尿素、碳酸氢铵、硫酸钾、硝酸铵、硫酸铵、过磷酸钙、钙镁磷肥等。其特点是营养物质单纯,易被分解和吸收。一般无机肥料含有较高浓度的养分,使用时要掌握用量,撒施均匀,避免因集中使用造成局部浓度过高,从根系和枝叶中倒吸水分,而伤根、叶,导致肥害。

长期单施化肥,或用量过多,易改变土壤的酸碱度,并破坏其结构,造成土壤板结和理化性能变劣。要注意有机、无机肥配合施用,相互取长补短,充分发挥肥效。

3. 各种营养元素及其在树体中的生理作用 石榴的生长和结果,要从土壤中摄取多种无机营养元素,其中需要量大的有氮、磷、钾 3 种,称为主要元素。其他还有几种元素,如钙、镁、铁、硫、锌、硼、钼、铜等,吸收的量都很少,称为微量元素,但不能缺乏,生长必不可少。

(1)氮(N) 氮肥主要促进营养生长,氮素是叶绿素、蛋白质等组织的重要组成部分,用量适当,使根系生长良好,枝叶多而健壮,树势强,光合效能提高,增进品质和提高产量,并可提高抗逆性和延缓衰老。

(2)磷(P) 磷是蛋白质的重要成分,能增强果树的生命力,促进花芽分化,提高坐果率,增大果实体积和改良品质;有利于种子的形成和发育;可提高根系的吸收能力,促进新根的发生和生长;增强果树抗寒和抗旱能力。

(3)钾(K) 可促进养分运转、果实膨大、增加含糖量、提高果实品质和耐贮性,促使新梢加粗生长和组织成熟,增强石榴树抗寒、抗旱,耐高温、抗病虫等抗逆能力。

(4)钙(Ca) 钙能促进细胞壁的发育,提高树体的抗逆能力,是几种酶的活化剂,有平衡生理活动的功能,影响氮的代谢和营养物质的运输,中和蛋白质分解过程中产生的草酸,减轻土壤中钾、钠、锰、铅等离子的毒害而起到解毒功能,使石榴树正常吸收铵态氮。

(5)镁(Mg) 镁是叶绿素的重要组成成分,又是植物生命活动过程中多种酶的特殊催化剂,可以促进果实膨大,增进品质。

(6)铁(Fe) 铁是叶绿素合成所必需的,并参与光合作用,是许多酶的必要成分。

(7)硼(B) 硼可以促进雌蕊受精作用的完成,提高坐果率,增加产量;在果实发育过程中,提高维生素的含量,增进果实品质;促进根系发育良好,增强吸收能力。

(8)锌(Zn) 锌是某些酶的组成成分,如叶绿体中的碳酸脱氢酶,所以锌直接影响光合和呼吸作用,并与生长素吲哚乙酸的形成有关。

(9)锰(Mn) 是形成叶绿素和维持叶绿素结构所必需的元素,也是许多酶的活化剂,在光合作用中有重要功能,并参与呼吸过程。

(10)铜(Cu) 是许多重要酶的组成成分,在光合作用中有重要作用,能促进维生素 A 的形成。

(11)钼(Mo) 是一些酶的成分,在植物体内参加硝酸根还原为铵离子的活动,能促进植物对氮素的利用,并有固氮作用。

(12)硫(S) 是蛋白质、辅酶 A 及维生素中硫胺素和生物素的重要成分,参与碳水化合物、脂肪和蛋白质的代谢。

各种元素在植物体内的存在有一个合理的比例关系,因某一元素增加或减少,元素间的比例关系失调,都会影响植株对其他元素的正常吸收利用,而影响树体的正常生长。

4. 石榴树缺素症与防治方法 当树体某些营养元素不足或过多时,则生理功能发生紊乱,表现出一定症状,石榴树开花量大、果期长,又多栽于有机质含量低的沙地或丘陵山地,更容易表现缺素症,详见表 7-2。

表 7-2 石榴树主要缺素症状与矫治方法

缺 素	症 状	矫治方法
氮	根系不发达植株矮小,树体衰弱;枝梢顶部叶片淡黄绿色,基部叶片红色,具褐色和坏死斑点,叶小,秋季落叶早;枝梢细尖,皮灰色;果实小而少产量低	4 月下旬、5 月下旬、6 月下旬、8 月上旬树冠喷施 0.2%～0.3%尿素液,或土壤施尿素,每株 0.25千克
磷	叶稀少,暗绿色转青铜色或发展为紫色;老叶窄小,近缘处向外卷曲;严重时叶片出现坏死斑,早期落叶;花芽分化不良;果实含糖量降低,产量、品质下降	生长期叶面喷施 0.2%～0.3%磷酸二氢钾溶液,或土施过磷酸钙、磷酸二铵等,每株 0.25 千克

续表 7-2

缺 素	症 状	矫治方法
钾	新根生长纤细,顶芽发育不良,新梢中部叶片变皱且卷曲,重则出现枯梢现象;叶片瘦小发展为裂痕、开裂,淡红色或紫红色易早落;果实小而色差,味酸易裂果	每株土施氯化钾 0.5～1 千克,或生长期叶面喷洒 0.2%～0.3% 的硫酸钾液或 1.0%～2.0% 的草木灰水溶液
钙	新根生长不良,短粗且弯曲,出现少量线状根后,根尖变褐至枯死,在枯死根后部出现大量新根;叶片变小,梢顶部幼叶的叶尖、叶缘或沿中脉干枯,重则梢顶枯死、叶落、花朵萎缩	生长初期叶面喷施 0.1% 的硫酸钙;土壤补施钙镁磷粉、骨粉等
镁	植株生长停滞,顶部叶褪绿,基部老叶片出现黄绿色至黄白色斑块,严重时新梢基部叶片早期脱落	生长期叶面喷施 0.3% 硫酸镁;土施钙镁磷肥
铁	俗称黄叶病。叶面呈网状失绿,轻则叶肉呈黄绿色而叶脉仍为绿色,重则叶小而薄,叶肉呈黄白色至乳白色,直至叶脉变成黄色,叶缘枯焦、脱落,新梢顶端枯死,多从幼嫩叶开始	发芽前树干注射硫酸亚铁或柠檬酸铁 1 000～2 000 倍液;叶片生长发黄初期叶面喷施 0.3%～0.5% 硫酸亚铁溶液
硼	叶片失绿,出现畸形叶,叶脉弯曲,叶柄、叶脉脆而易折断;花芽分化不良,易落花落果;根系生长不良,根、茎生长点枯萎,植株弱小	花期喷 0.25%～0.5% 硼砂或硼酸溶液
锌	俗你小叶病,新梢细弱,节间短,新梢顶部叶片狭小密集丛生,下部叶有斑纹或黄化,常自下而上落叶,花芽少,果实少,果畸形	发芽初期喷施 0.1% 硫酸锌溶液,或生长期叶面喷施 0.3%～0.5% 硫酸锌溶液

续表 7-2

缺 素	症 状	矫治方法
铜	叶片失绿,枝条上形成斑块和瘤状物,新梢上部弯曲、顶枯	生长期喷施 0.1%硫酸铜溶液
锰	幼叶叶脉间和叶缘褪绿;开花结果少,根系不发达,早期落叶;果实着色差,易裂果	生长期叶面喷施 0.3%硫酸锰溶液
钼	老叶叶脉间出现黄绿或橙黄色斑点,重则至全叶,叶边卷曲、枯萎直至坏死	蕾花期叶面喷施 0.05%～0.1%钼酸铵溶液
硫	叶片变为浅黄色,幼叶表现比成熟叶重,枝条节间缩短,茎尖枯死	生长期叶面喷稀土 400 倍液

5. 施肥时期 合理确定适宜施肥时期,才能及时满足石榴树生长发育的需要,最大限度地获得施肥的效果。

适宜的施肥时间,应根据果树的需肥期和肥料的种类及性质综合考虑。石榴树的需肥时期,与根系和新梢生长,开花坐果,果实生长和花芽分化等各个器官在一年中的生长发育动态是一致的。几个关键时期供肥的质和量是否能够满足,以及是否供应及时,不仅影响当年产量,还会影响翌年产量。

施肥时期还应考虑采用的肥料种类和性质,迟效性肥料应距石榴树需肥期较早施入。容易挥发的速效性肥料或易被土壤固定的肥料,宜距石榴树需肥期较近施入。

(1)基肥 基肥以有机肥为主,是较长时期供给石榴树多种养分的基础性肥料。

基肥的施用时期,分为秋施和春施。春施时间在解冻后到萌芽前。秋施在石榴树落叶前后,即秋末冬初结合秋耕或深翻施入,以秋施效果最好。因此时根系尚未停止生长,断根后易愈合并能产生大量新根,增强了根系的吸收能力,所施肥料可以尽早发挥作用;地上部生长基本停止,有机营养消耗少,积累多,能提高树体储藏营养水平,增强抗寒能力,有利于树体的安全越冬;能促进翌年春新梢的前期生长,减少败育花比率,提高坐果率;石榴树施基肥工作量较大,秋施相对是农闲季节,便于进行。

(2)追肥 追肥又称补肥,是在石榴树年生长期中几个需肥关键时期的施肥,是满足生长发育的需要,当年壮树、高产、优质及翌年继续丰产的基础。追肥宜用速效性肥,通常用无机化肥或腐熟人畜粪尿及饼肥、微肥等。

追肥包括土壤施肥和叶面喷肥。追肥针对性要强,次数和时期与树势、生长结果情况及气候、土质、树龄等有关。

石榴树追肥一般掌握 3 个关键时期。

①花前追肥 春季地温较低,基肥分解缓慢,难以满足春季枝叶生长及现蕾开花所需大量养分,需以追肥方式补给。此次追肥(沿黄地区 4 月下旬至 5 月上旬)以速效氮肥为主,辅以磷肥。追肥后可促使营养生长及花芽萌芽整齐,增加完全花比例,减少落花,提高坐果率,特别对提高早期花坐果率(构成产量的主要因子)效果明显。对弱树、老树、土壤肥力差、基肥施的少,应加大施肥量。对树势强、基肥数量充足者可少施或不施,花前肥也可推迟到花后,以免引起徒长,导致落花落果加重。

②盛花末和幼果膨大期追肥 石榴花期长达 2 个月以上,盛花期 20 天左右。由于石榴树大量营养生长、大量开花同时伴随着幼果膨大、花芽分化,此期消耗养分最多,要求补充量也最多,此期(沿黄地区 6 月下旬至 7 月上旬)追肥可促进营养生长,扩大叶面积,提高光合效能,有利于有机营养的合成补充,减少生理落果,促进花芽分化,既保证当年丰产,又为翌年丰产打下基础。此次追肥要氮、磷配合,适量施钾。一般花前肥和花后肥互为补充,如果花前追肥量大,花后也可不施。

③果实膨大和着色期追肥 时间在果实采收前的 15～30 天

进行,这时正是石榴果实迅速膨大期和着色期。此期追肥可促进果实着色、果实膨大、果形整齐、提高品质、增加果实商品率;可提高树体营养物质积累,为第二次(9 月下旬)花芽分化高峰的到来做好物质准备;可提高树体的抗寒越冬能力。此次追肥以磷、钾肥为主,辅之以氮肥。

6. 施肥量 石榴树一生中需肥情况,因树龄的增长,结果量的增加及环境条件变化等而不同。正确地确定施肥量,是依据树体生长结果的需肥量、土壤养分供给能力、肥料利用率三者来计算。一般每生产 1 000 千克果实,需吸收纯氮 5~8 千克。

土壤中一般都含有石榴树需要的营养元素,但因其肥力不同供给树体可吸收的营养量有很大差别。一般山地、丘陵、沙地果园土壤瘠薄,施肥量宜大;土壤肥沃的平地果园,养分含量较为丰富,可释放潜力大,施肥量可适当减少。土壤供肥量的计算,一般氮为吸收量的 1/3,磷、钾约为吸收量的 1/2。

施入土壤中的肥料由于土壤固定、侵蚀、流失、地下渗漏或挥发等,不能被完全吸收。肥料利用率一般氮为 50%,磷为 30%,钾为 40%。现将各种有机肥料、无机肥料的主要养分列于表 7-3、表 7-4,以供计算施肥量时参考。

表 7-3　石榴园适用有机肥料的种类、成分 （%）

肥　类	水　分	有机质	氮(N)	磷(P)	钾(K)
人粪尿	80 以上	5~10	0.5~0.8	0.2~0.4	0.2~0.3
猪厩粪	72.4	25.0	0.45	0.19	0.60
牛厩粪	77.4	20.3	0.34	0.16	0.40
马厩粪	71.3	25.4	0.58	0.28	0.53
羊圈粪	64.6	31.8	0.83	0.23	0.67
鸽　粪	51.0	30.8	1.76	1.73	1.00
鸡　粪	56.0	25.5	1.63	1.54	0.85

肥类	水 分	有机质	氮(N)	磷(P)	钾(K)
鸭 粪	56.6	26.2	1.00	1.40	0.62
鹅 粪	77.1	13.4	0.55	0.54	0.95
蚕 粪	—	—	2.64	0.89	3.14
大豆饼	—	—	7.00	1.32	2.13
芝麻饼	—	—	5.80	3.00	1.33
棉籽饼	—	—	3.41	1.63	0.97
油菜饼	—	—	4.60	2.48	1.40
花生饼	—	—	6.32	1.17	1.34
茶籽饼	—	—	1.11	0.37	1.23
桐籽饼	—	—	3.60	1.30	1.30
玉米秆	—	—	0.60	1.40	0.90
麦 秆	—	—	0.50	0.20	0.60
稻 草	—	—	0.51	0.12	2.70
堆 肥	60～75	12～25	0.4～0.5	0.18～0.26	0.45～0.70
泥 肥	—	2.45～9.37	0.20～0.44	0.16～0.56	0.56～1.83
墙 土	—	—	0.19～0.28	0.33～0.45	0.76～0.81
鱼 杂	—	69.84	7.36	5.34	0.52

表 7-4　石榴园适用无机肥料的种类、成分 （%）

肥类	肥项	含 量	酸碱性	施用要点
氮肥(N)	硫酸铵	20～21	弱 碱	基肥、追肥、沟施
	硝酸铵	34～35	弱 碱	基肥、追肥、沟施
	尿 素	45～46	中 性	基肥、追肥、沟施、叶面施

续表 7-4

肥 类	肥 项	含 量	酸碱性	施用要点
磷肥(P_2O_5)	过磷酸钙	12～18	弱 酸	基肥、追肥、沟施、叶面施
	重过磷酸钙	36～52	弱 酸	基肥、追肥、沟施
	钙镁磷肥	14～18	弱 碱	基肥、沟施
	骨 粉	22～33	—	与有机肥堆沤后作基肥，适于酸性土壤
钾肥(K_2O)	硫酸钾	48～52	生理酸性	基肥、追肥、沟施
	氯化钾	56～60	生理酸性	基肥、追肥、沟施
	草木灰	5～10	弱 碱	基肥、追肥、沟施、叶面施
复合肥（N-P-K）	硝酸磷肥	20-20-0	—	追肥、沟施
	磷酸二氢钾	0-52-34	—	叶面喷施
	硝酸钾	13-0-46	—	追肥、沟施、叶面喷施

　　不同的肥料种类，肥效发挥的速度不一样，有机肥肥效释放得慢，一般施后的有效期可持续 2～3 年，故可实行 2～3 年间隔施用有机肥，或在树行间隔行轮换施肥。无机肥，养分含量高，可在短期内迅速供给植物吸收。有机肥料、无机肥料要合理搭配（表 7-5）。

表 7-5　石榴园适用肥料的肥效

肥料种类	第一年（%）	第二年（%）	第三年（%）	肥效发挥初始时间（天）
人粪尿	75	15	10	10～12
牛 粪	25	40	35	15～20
羊 粪	45	35	20	15～20
猪 粪	45	35	20	15～20
马 粪	40	35	25	15～20

续表 7-5

肥料种类	第一年（%）	第二年（%）	第三年（%）	肥效发挥初始时间（天）
禽 粪	65	25	10	12～15
草木灰	75	15	10	12～18
饼 肥	65	25	10	15～25
骨 粉	30	35	35	20～25
绿 肥	30	45	25	10～30
硝酸铵	100	0	0	5～7
硫酸铵	100	0	0	5～7
尿 素	100	0	0	7～8
过磷酸钙	45	35	20	8～10
钙镁磷肥	20	45	35	8～10

石榴园施肥还受着树龄、树势、地势、土质、耕作技术、气候情况等方面的影响。据各地丰产经验,施肥量依树体大小而定,随着树龄增大而增加,幼树一般株施优质农家肥8～10千克,结果树一般按结果量计算施肥量。每生产1 000千克果实,应在上年秋末结合深耕一次性施入2 000千克优质农家肥,配合适量氮、磷肥较为合适,并在生长季节的几个关键追肥期,追施相当于基肥总量10%～20%的肥料,即200～400千克,并适量追施氮肥。根外追肥用量很少,可以不计算在内。

7. 施肥方法 可分为土壤施肥和根外(叶面)追肥两种形式,以土壤施肥为主,根外追肥为辅。

(1)土壤施肥 土壤施肥是将肥料施于果树根际,以利于吸收。施肥效果与施肥方法有密切关系,应根据地形、地势、土壤质地、肥料种类,特别是根系分布情况而定。石榴树的水平根群一般集中分布于树冠投影的外围,因此施肥的深度与广度应随树龄的增大由内及外、由浅及深逐年变化。常用的施肥方法如图 7-1 所示。

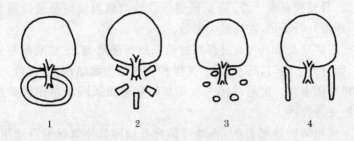

图 7-1　几种常用的施肥方法示意图

1. 环状沟施法　2. 放射状沟施法　3. 穴状施肥法　4. 条沟施肥法

①环状沟施肥法　此法适于平地石榴园,在树冠垂直投影外围挖宽 50 厘米左右、深 25～40 厘米的环状沟,将肥料与表土混匀后施入沟内覆土。此法多用于幼树,有操作简便、经济用肥等特点,但挖沟易切断水平根,且施肥范围较小。

②放射状沟施肥法　在树冠下面距离主干 1 米左右的地方开始以主干为中心,向外呈放射状挖 4～8 条至树冠投影外缘的沟,沟宽 30～50 厘米,深 15～30 厘米,肥土混匀施入。此法适于盛果期树和结果树生长季节内追肥采用。开沟时顺水平根生长的方向开挖,伤根少,但挖沟时要避让大根。可隔年或隔次更换放射沟位置,扩大施肥面,促进根系吸收。

③穴状施肥法　在树冠投影下,自树干 1 米以外挖施肥穴施肥。有的地区用特制施肥锥,使用很方便。此法多在结果树生长期追肥时采用。

④条沟施肥法　结合石榴园秋季耕翻,在行间或株间或隔行开沟施肥,沟宽、深、施肥法同环状沟施法。下年施肥沟移到另外两侧。此法多用于幼龄果园深翻和宽行密植园的秋季施肥时采用。

⑤全园施肥　成年树或密植果园,根系已布满全园时采用。先将肥料均匀撒布全园,再翻入土中,深度约 20 厘米。优点是全

园撒施面积大,根系都可均匀地吸收到养分。但因施得浅,长期使用,易导致根系上浮,降低抗逆性。如与放射沟施肥法轮换使用,则可互补不足,发挥最大肥效。

⑥灌溉式施肥　通过可控管道系统滴灌措施,完成灌溉与施肥,肥分分布均匀,既不伤根,又保护耕作层土壤结构,节省劳力,肥料利用率高。树冠密接的成年果园和密植果园及旱作区采用此法更为合适。

采用何种施肥方法,各地可结合石榴园具体情况加以选用。采用环状、穴施、沟状、放射沟施肥时,应注意每年轮换施肥部位,以便根系发育均匀。

(2)根外(叶面)追肥　根外追肥即将一定浓度的肥料液均匀地喷布于石榴叶片上,一是可增加树体营养、提高产量和改进果实品质,一般可提高坐果率 2.5%～4.0%,单果重提高 1.5%～3.5%,产量提高 5%～10%;二是可及时补充一些缺素症对微量元素的需求。叶面施肥的优点表现在吸收快、反应快、见效明显,一般喷后 15 分钟至 2 小时可吸收,10～15 天叶片对肥料元素反应明显,可避免许多微量元素施入土壤后易被土壤固定、降低肥效的可能。

叶面施肥喷洒后 25～30 天叶片对肥料元素的反应逐渐消失,因此只能是土壤施肥的补充,石榴树生长结果需要的大量养分还是要靠土壤施肥来满足。

叶面施肥主要是通过叶片上气孔和角质层进入叶片,而后运行到树体的各个器官。叶背较叶面气孔多,细胞间隙大,利于渗透和吸收;叶面施肥最适温度为 18℃～25℃,所以喷布时间于夏季最好是上午 10 时以前和下午 4 时以后,喷时雾化要好,喷布均匀,特别要注意增加叶背面着肥量。

一般能溶于水的肥料均可用于根外追肥(表 7-6),根据施肥目的选用不同的肥料品种。叶面肥可结合药剂防治进行,但混合喷施时,必须注意不降低药效、肥效。例如,碱性农药石硫合剂、

波尔多液不能与过磷酸钙、锰、铁、锌、钼等混合施用;而尿素可以
与波尔多液、辛硫磷、退菌特等农药混合施用。叶面喷施浓度要
准确,防止造成药害、肥害,喷施时还可加入少量湿润剂,如肥皂
液、洗衣粉、皂角油等,可使肥料和农药黏着叶面,提高吸肥和防
治病虫害的效果。

表 7-6　石榴园叶面追肥常用品种与浓度

肥料种类	有效成分（％）	常用浓度（％）	施用时间	主要作用
尿 素	45～46	0.1～0.3	5月上旬、6月下旬、9月上旬	提高坐果率,增强树势,增加产量
硫酸铵	20～21	0.3	生长期	增强树势,提高产量
硫酸钾	48～52	0.4～0.5	5月上旬至9月下旬,3～5次	促进花芽分化,果实着色,提高产量,增强抗逆性
草木灰	5～10	1.0～3.0	5月上旬至9月下旬,3～5次	作用同硫酸钾
硼 砂	11	0.05～0.2	初花、盛花末各1次	提高坐果率
硼 酸	17.5	0.02～0.1	初花、盛花末各1次	提高坐果率
磷酸二氢钾	32～34	0.1～0.3	5月上旬至9月下旬,3～5次	促进花芽分化,果实膨大,提高产量,增强抗逆性
过磷酸钙	12～18	0.5～1.0	5月上旬至9月下旬,3～5次	促进花芽分化,提高品质、产量
硫酸锌	23～24	0.01～0.05	生长期	防缺锌
硫酸亚铁	19～20	0.1～0.2	叶发黄初期	防缺铁
钼酸铵	50～54	0.05～0.1	蕾、花期	提高坐果率
硫酸铜	24～25	0.02～0.04	生长期	增强光合作用

(三)灌溉与排水

1. 灌 水

(1)灌水时期　　正确的灌水时期是根据石榴树生长发育各阶段需水情况,参照土壤含水量、天气情况以及树体生长状态综合确定。

依据石榴树的生理特征和需水特点,要掌握 4 个关键时期的灌水,即萌芽水、花前水、催果水、封冻水。

①萌芽水　　黄淮流域早春 3 月份萌芽前的灌水。此时植株地下、地上相继开始活动,灌萌芽水可增强枝条的发芽势,促使萌芽整齐,对春梢生长、绿色面积增加、花芽分化、花蕾发育有较好的促进作用。灌萌芽水还可防止晚霜和倒春寒危害。

②花前水　　黄淮流域石榴一般于 5 月中下旬进入开花坐果期,时间长达 2 个月,此期开花坐果生殖生长与枝条的营养生长同时进行,需消耗大量的水分。而黄淮流域春季干旱少雨且多风,土壤水分散失快,因此要于 5 月上中旬灌 1 次花前水,为开花坐果做好准备,以提高结果率。

③催果水　　依据土壤墒情保证灌水 2 次以上。第一次灌水安排在盛花后幼果坐稳并开始发育时进行,时间一般在 6 月下旬。此时经过花期大量开花、坐果,树体水分和养分消耗很多,配合盛花末幼果膨大期追肥进行灌水,促进幼果膨大和 7 月上旬的第一批花芽分化,并可减少生理落果。第二次灌水,黄淮流域一般在 8 月中旬,果实正处于迅速膨大期,此期高温干旱,树体蒸腾量大,灌水可满足果实膨大对水分的要求,保持叶片光合效能,促进糖分向果实的运输,增加果实着色度提高品质,同时可以促进 9 月上旬的第二批花芽分化。

④封冻水　　土壤封冻前结合施基肥耕翻管理进行。封冻前灌水可提高土壤温度,促进有机肥料腐烂分解,增加根系吸收和

树体营养积累,提高树体抗寒性能达到安全越冬的效果,保证花芽质量,为翌年丰产奠定良好基础。秋季雨水多,土壤墒情好时,冬灌可适当推迟或不灌,至翌年春萌芽水早灌。

(2)灌水方法

①行灌　在树行两侧,距树各50厘米左右修筑土埂,顺沟灌水。行较长时,可每隔一定距离打一横渠,分段灌水。该法适于地势平坦的幼龄果园。

②分区灌溉　把果园划分成许多长方形或正方形的小区,纵横做成土埂,将各区分开,通常每一棵树单独成为一个小区。小区与田间主灌水渠相通。该法适于石榴树根系庞大,需水量较多的成年果园,但极易造成全园土壤板结。

③树盘灌水　以树干为中心,在树冠投影以内的地面,以土做埂围成圆盘。稀植果园、丘陵山坡台地及干旱坡地果园多采用此法。稀植的平地果园,树盘可与灌溉沟相通,水通过灌溉沟流入树盘内。

④穴灌　在树冠投影的外缘挖穴,将水灌入穴中。穴的数量依树冠大小而定,一般为8~12个,直径30厘米左右,穴深以不伤粗根为准,灌后覆土还原。干旱地区的灌水穴可不覆土而覆草。此法用水经济,浸湿根系范围的土壤较宽而均匀,不会引起土壤板结,在干旱地区尤为适用。

⑤环状沟灌　在树冠投影外缘修一条环状沟进行灌水,沟深、宽均为20~25厘米。适宜范围与树盘灌水相同,但更省水,尤适用树冠较大的成年果园。灌毕封土。

⑥滴灌　利用塑料管道将水通过滴头送到树根部进行灌溉。

(3)灌水应注意的关键问题　成熟前10~15天直至成熟采收不要灌水,特别是久旱果园。此期灌水极易造成裂果,因此采收前应注意的关键问题是避免灌水,或合理灌水。

2. 排水　园地排水是在地表积水的情况下解决土壤中水、气矛盾,防涝保树的重要措施。短期内大量降水,连阴雨天都可能造成低洼石榴园积水,致使土壤水分过多,氧气不足,抑制根系呼吸,降低吸收能力,严重缺氧时引起根系死亡,在雨季应特别注意低洼易涝区的排水问题。

(四)保花保果管理

1. 落花落果的类型 石榴落花现象严重,雌性退化花脱落是正常的,但两性正常花脱落和落果现象也很严重。其落花落果可分为生理性和机械性两种。机械性落花落果往往因风、雹等自然灾害所引起;而生理性落花落果的原因很多,在正常情况下都可能发生,落花落果率有时高达90%以上。

2. 落花落果的原因

(1)授粉受精不良 授粉受精对提高坐果率有重要作用,如果授粉受精不良,则会导致大量落花落果。套袋自花授粉的结实率仅为33.3%,而经套袋并人工辅助授粉的结实率高达83.9%。因此保证授粉受精是提高结实率的重要条件。

(2)激素与落果(坐果)的关系 植物花粉中含有生长素、赤霉素等,但它们在花粉中含量极少。受精后的胚和胚乳也可合成生长素、赤霉素和细胞分裂素等激素,均有利于坐果。果实的生长发育受多种内源激素的调节,内源激素提高坐果的机制,主要是高浓度的含量,提高了向果实调运营养物质的能力。石榴盛花期使用赤霉素、萘乙酸等处理花托,可明显提高坐果率。

(3)树体营养 在树体营养较好的条件下,授粉受精、胚的发育以及果实的发育都好,否则就差,严重的因营养不良而导致落花落果。

(4)水分过多或不足 开花时阴雨连绵则落花严重,若雨后放晴则有利于坐果,原因是与授粉受精有关。当阴雨连绵时,限制了昆虫活动及花粉的风力传播,不利于授粉受精;雨后放晴,不但有利于昆虫活动,而且有利于器官的发育,给授粉受精创造了良好的条件,故而能提高坐果率。

(5)光照不足　光是通过树冠外围到达内膛的,而石榴树枝条冗繁,叶片密集,由于枝叶的阻隔,光到达内膛逐次递减,其递减率随枝叶的疏密程度,由冠周到内膛的距离而有所不同。枝叶紧凑较稀疏光照强度递减率要大,品种不同枝叶疏密程度不同,修剪与否,修剪是否合理都影响透光率。合理修剪,树体健壮,通风透光条件好,其坐果率可以提高 3～6 倍。

实际观察到,在光照不足的内膛,坐果少且小,发育慢,成熟时着色也不好,这与内膛叶片的光合作用强度的低下有关。所以,石榴坐果主要在树冠的中外围。

(6)病虫和其他自然灾害　桃蛀螟是石榴的主要蛀果害虫,高发生年份虫果率达 90% 以上,蛀干害虫茎窗蛾将枝条髓腔蛀空,使枝条生长不良甚至死亡,遇风易扭断等,加之其他如桃小食心虫、黑蝉、黄刺蛾及干腐病等都是危害石榴花、果比较严重的病虫,对石榴产量影响很大,严重者造成绝收。

造成石榴落果的自然灾害也很多,诸如花期阴雨,阻碍授粉受精;大风和冰雹吹(打)落花果等。

3. 提高坐果率的途径

(1)加强果园综合管理　凡可以促进光合作用,保证树体正常生长发育,使树体营养生长和生殖生长处于合理状态,增加石榴树养分积累的综合管理措施的合理运用,都有利于提高石榴坐果率。

(2)辅助授粉

①石榴园放蜂　果园放(蜜)蜂是提高坐果率的有效措施,一般 5～8 年生树,每 150～200 株树放置 1 箱蜜蜂(约 1.8 万头蜜蜂)即可满足传粉的需要。果园放置蜂箱数量,视株数而定。蜜蜂对农用杀虫剂非常敏感,因此石榴园放蜂切忌喷洒农药。阴雨天放蜂效果不好,应配合人工辅助授粉。

②人工授粉　石榴雌性败育花较多,但花粉发育正常,可于

园内随采随授。方法是摘取花粉处于生命活动期(花冠开放的第二天,花粉粒金黄色)的败育花,掰去萼片和花瓣,露出花药,直接点授在正常柱头上,每朵可授 8～10 朵花。此法费工,但效果好,一般坐果率在 90% 以上。是提高前期坐果率的最有效措施。

③机械喷粉　把花粉混入 0.1% 的蔗糖液中(糖液可防止花粉在溶液中破裂,如混后立即喷,可减少糖量或不加糖)利用农用喷雾器喷粉。配制比例为水 10 升∶蔗糖 0.01 千克∶花粉 50 毫克,再加入硼酸 10 克(用前混入可增加花粉活力)。

④花粉的采集　在果园随采随用,一般先将花粉抖落在事先铺好的纸上,然后除去花丝、碎花瓣、萼片和其他杂物,即可用。花粉液随配随用,以防混后时间久了花粉在液体中发芽影响授粉能力。

石榴花期较长,在有效花期内都可人工授粉,但以盛花期(沿黄地区 6 月 15 日)前辅助授粉为好,以提高前期坐果率,增加果实的商品性。每天授粉时间,在天气晴朗时,以上午 8～10 时花刚开放、柱头分泌物较多时授粉最好。连阴雨天昆虫活动少,要注意利用阴雨间隙时间抢时授粉。

花期每 1～2 天辅助授粉 1 次。花量大时每个果枝只点授 1 个发育好的花,其余蕾花全部疏除。对授过粉的正常花可用不同的方法作标记,以免重复授粉增加工作量。机械喷粉无法控制授粉花朵数,很容易形成丛生果,要注意早期疏果。

(3)应用生长调节剂　落花落果的直接原因是离层的形成,而离层形成与内源激素(如生长素)不足有关。应用生长调节剂和微量元素,防止果柄产生离层有一定效果,其作用原理是改变果树内源激素的水平和不同激素间的平衡关系。

据报道,于石榴盛花期用脱脂棉球蘸取激素类药剂涂抹花托可明显提高坐果率。用 40 毫克/升 2,4-D 处理的坐果率为 28.3%,5～30 毫克/升赤霉素处理的坐果率为 17.7%～22.9%,10～40 毫克/升萘乙酸处理的坐果率为 19.4%～18.5%。

初冬对 4～5 年生树株施多效唑有效成分 1 克,能促进花芽的形成,单株雌花数提高 80%～150%,雌雄花比例提高 27.8%,单株结果数增加 25%,增产幅度为 47%～65%。夏季现蕾始期对 2 年以上树龄叶面喷施 500～800 毫克/升多效唑溶液,能有效地控制枝梢徒长,增加雌花数量,提高前期坐果率,单株结果数和单果重分别增加 17.5% 和 13.2%,单株产量提高 25.6%。使用多效唑要特别注意使用时期、剂量和方法,如因用量过大,树体控制过度,可用赤霉素喷洒缓解。

(4)疏蕾花、疏果　石榴花期长,花量大,且雌性败育花占很大比例,从现蕾、开花、脱落消耗了树体大量有机营养。及时疏蕾疏花,对调节树体营养,增进树体健壮,提高果实的产量和品质有重要作用。

从花蕾膨大能用肉眼分辨出正常蕾与退化蕾时开始,逐枝摘除部分那些尾尖瘦小的退化蕾与花,保留正常花,直至盛花期结束连续进行,避免漏疏,蕾花期疏蕾疏花同时进行。

疏果视载果量在果实坐稳后进行,首先疏掉病虫果、畸形果、丛生果的侧位果。结果多的幼树、老弱树、大果型品种树适当多疏;健壮树、小果型品种树适当少疏,使果实在树冠内外、上下均匀分布,充分合理利用树体营养。一般径粗 2.5 厘米左右的结果母枝,留果 3～4 个。

4. 裂果原因及预防　石榴裂果是石榴丰产栽培不容忽视的问题,在石榴果实整个发育期都有裂果现象,但主要是后期裂果。旱岭地裂果率一般为 10% 左右,重的可达到 70% 以上;灌水正常果园裂果轻,在 5% 左右。裂果后籽粒外露易被鸟类和动物取食,使果实完全失去商品价值;裂果形成伤口有利病菌侵染遇雨容易感病烂果,同时裂果后果实商品外观变差,商品价值降低,造成严重的经济损失。

(1)裂果特点　石榴裂果发生的严重时期沿黄地区一般始于8 月下旬,以果实采收前 10～15 天,即 9 月上中旬最为严重,直至

9月中下旬的采收期。早熟品种裂果期提前,8月上旬即出现较为严重的裂果现象。裂果与坐果期有关,坐果期早裂果现象严重,坐果期晚裂果现象较轻。成熟果实裂果重,未成熟果实裂果轻。

石榴的裂果形式,因品种不同而有所差异,多数以果实中部横向开裂为主,伴以纵向开裂,严重的有横纵、斜向混合开裂的,少数品种以纵向开裂为主,纵向开裂的部位在果实的纵平面,即子房室中部。

树冠的外围较内膛、朝阳较背阴裂果重。果实以阳面裂口多,机械损伤部位易裂果。

品种不同,裂果发生差异明显。果皮厚,成熟期晚的果实裂果轻。果皮薄,成熟期早的果实裂果重。

(2)裂果原因 石榴果实由果皮(外果皮、中果皮、内果皮)、胎座隔膜、种子(外种皮、内种皮)3部分组成。在果实发育的前期,细胞分生能力强,果皮的延展性较好,种子和果皮的生长趋于同步,不易发生裂果,随着果实临近成熟采收和经过夏季长时间的伏旱、高温、干燥和日光直射,致使外果皮组织受到损坏,再加上细胞组织的自然衰老,分生能力变弱,导致外果皮组织延展性降低。而中果皮以内的组织,因受外界不良影响较少,仍保持较强的生长能力,加之植物本身养分优先供应生长中心——种子,保证繁衍后代的生物学特性,种子(籽粒)的生长始终处于旺盛期,导致种子和果皮内外生长速度的差别,条件不利时有可能造成裂果。

导致裂果的外部因素主要是环境水分的变化。在环境水分相对稳定条件下,如有灌溉条件的果园,结合降水,土壤供应树体及果实水分的变幅不大,果实膨大速度相对稳定,即使到后期果实成熟采收,裂果现象较轻。持久干旱又缺乏灌溉果园,突然降水或灌溉,根系迅速吸水输导至植株的根、茎、叶、果实各个器官,众多种子(籽粒)的生长速度明显高于处于老化且基本停止生长的外果皮,当外果皮承受能力达到极限时导致果皮开裂。由这种原因引起的裂果,集中、量大,损失重。

（3）裂果预防

①尽量保持园地土壤含水量处于相对稳定状态 采取有效措施降低因土壤水分变幅过大造成的裂果,可采用树盘地膜覆盖,园地覆草增施肥料,改良土壤等技术,提高旱薄地土壤肥力,增强土壤持水能力。掌握科学灌水技术,不因灌水不当造成不应有裂果损失。

②适时分批采收果实 早坐果早采,晚坐果晚采,成熟期久旱遇雨,雨后果实表面水分散失后要及时采收。

③采取必要的保护措施 将石榴果实套袋,既防病、防虫,又减少了机械创伤和降水直淋,且减少因防病治虫使用农药造成的污染,并可有效地减少裂果。

④应用植物生长调节剂 在中后期喷施 25 毫克/升赤霉素（GA_3）,可使裂果减少 30％以上。

八、石榴树整形修剪

对软籽石榴树进行合理的整形修剪,建立良好的树体结构,可以充分利用阳光,调节营养物质的制造、积累及分配;调节生长和结果的关系;使树体骨架牢固,从而达到高产、稳产、优质、低成本的栽培目的。石榴品种较多,品种不同生长势有别,有些品种成年树生长稳健,徒长枝较少,而有些品种生长旺盛,徒长枝较多;幼树、成年树、衰老树生长中心有差别,要分别对待;管理水平高低,不同的自然条件,对石榴树体会产生不同的影响,树体生长也有差异。因此,修剪时应根据不同品种、不同树龄、不同树体轻重截疏,适当配合。其修剪原则应是因时、因地、因树适疏少截,以轻为主,顺其自然地进行修剪。

(一)整形修剪的时期与方法

1. 整形修剪的时期

(1)冬季修剪 冬季修剪在落叶后至萌芽前休眠期间进行,北方冬季寒冷,易出现冻害,以春季芽萌动前进行修剪较安全。冬季修剪以培养、调整树体结构,选配各级骨干枝,调整安排各类结果母枝为主要任务。冬季修剪在无叶条件下进行,不会影响当时的光合作用,但影响根系输送营养物质和激素量。疏剪和短截,都不同程度地减少了全树的枝条和芽量,使养分集中保留于枝和芽内,打破了地上枝干与地下根的平衡,从而充实了根系、枝干、枝条和芽体。由于冬季管理不动根系,所以增大了根冠比,具有促进地上部生长的作用。

(2)夏季修剪 夏季修剪主要用来弥补冬季修剪的不足,于开花后期至采收前的生长季节进行的修剪。夏季修剪正处于石榴旺盛生长阶段（6～7月份）和营养物质转化时期，前期生长依靠储藏营养，后期依靠新叶制造营养。利用夏季修剪，采取抹芽、除萌蘖、疏除旺密枝，撑、拉、压开张骨干枝角度、改变枝向、环割、环剥等措施，促使树冠迅速扩大，加快树体形成，缓和树势，改善光照条件，提早结果，减少营养消耗，提高光合效率。夏季修剪只宜在生长健壮的旺树、幼树上适期、适量进行，同时要加强综合管理措施，才能收到早期丰产和高产、优质的理想效果。

2. 修剪的方法　冬季修剪的主要方法是疏剪、短截、缩剪。夏季修剪多用疏剪、抹芽、除萌、枝条变向、环割、环剥等措施。

（1）疏剪　疏剪包括冬季疏剪和夏季疏剪，方法是将枝条从基部剪除。疏剪的结果，减少了树冠分枝数，具有增强通风透光、提高光合效能、促进开花结果和提高果实质量的作用。较重疏剪能削弱全树或局部枝条生长量，但疏剪果枝反而有加强全树或局部生长量的作用，这是因为果实少了，消耗的营养也就少了，营养更有利于供应根系和新梢生长，使生长和结果同时进行，达到年年结果的目的。生产中常用疏剪来控制过旺生长，疏除强旺枝、徒长枝、下垂枝、交叉枝、并生枝、外围密挤枝。利用疏剪疏去衰老枝、干枯枝、病枝、虫枝等，还有减少养分消耗、集中养分促进树体生长，增强树势的作用。

（2）短截　短截又叫短剪，即把1年生枝条或单个枝剪去一部分。原则是"强枝短留，弱枝长留"。分为轻剪（剪去枝条的1/4～1/3）、中剪（剪去枝条的2/5～1/2）、重剪（剪去枝条的2/3）、极重剪（剪去枝条的3/4～4/5），极重剪对枝条刺激最重，剪后一般只发1～2个不太强的枝。短截具有增强和改变顶端优势部位的作用，有利于枝组的更新复壮和调节主枝间的平衡关系，能够增强生长势，降低生长量，增加功能枝叶数量，促进新梢和树体营养生长。由于光合产物积累减少，因而不利于花芽形成和结果。短截在石榴修剪中用得较少，只是在老弱树更新复壮和幼树整形时采用。

(3)缩剪　缩剪又叫回缩,即将多年生枝短截到适当的分枝处。由于缩剪后根系暂时未动,所留枝芽获得的营养、水分较多,因而具有促进生长势的明显效果,利于更新复壮树势,促进花芽分化和开花结果。对于全树,由于缩剪去掉了大量生长点和叶面积,光合产物总量下降,根系受到抑制而衰弱,使整体生长量降低。因此,每年对全树或枝组的缩剪程度,要依树势树龄及枝条多少而定,做到逐年回缩,交替更新,使结果枝组紧靠骨干,结果牢固;使衰弱枝得到复壮,提高花芽质量和结果数量。每年缩剪时,只要回缩程度适当,留果适宜,一般不会发生长势过旺或过弱现象。

(4)长放　长放又叫缓放或甩放,即对1~2年生枝不加修剪。长放具有缓和先端优势,增加短枝、叶丛枝数量的作用,对于缓和营养生长、增加枝芽内有机营养积累、促进花芽形成、增加正常花数量、促使幼树提早结果有良好的作用。长放要根据树势、枝势强弱进行,对于长势过旺的植株要全树缓放。由于石榴枝多直立生长,所以为了解决缓放后造成光照不良的弊端,要结合开张主枝角度、疏除无用过密枝条和撑、拉、坠等措施,改变长放枝生长方向。

(5)造伤调节　对旺树、旺枝采用环割、环剥、刻伤和拿枝软化等措施制造伤口,使枝干木质部、韧皮部暂时受伤,在伤口愈合前起到抑制过旺的营养生长,缓和树势、枝势、促进花芽形成和提高产量的作用。

①环割、环剥、刻伤　用刀在枝干上环切一圈至数圈,切口深及木质部而不伤及木质部为环割。用刀环切两圈,并把其间的树皮剥去称为环剥,环剥口的宽度,一般为被剥枝直径的1/12~1/8,环剥后要将剥离的树皮颠倒其上下位置,随即嵌入原剥离处,并涂药防病和包扎使其不脱落,在干燥地区有保护伤口的作用。刻伤是环枝干基部用刀纵切深及木质部,刻伤长5~10厘

米,伤口间距1～2厘米。造伤的时间因目的不同而异,春季发芽前进行可促使旺树、旺枝向生殖生长转化,削弱营养生长;枝梢减缓生长,花芽分化前进行可增加花芽分化率;开花前进行可提高坐果率;果实速生期前进行,可促使果实膨大,提早成熟。一般造伤伤口越大,造伤效果越明显,但以不使枝条削弱太重,而且伤口能适时愈合为造伤原则。

②扭梢(枝)、拿枝(梢) 扭梢就是将旺梢向下扭曲或将基部旋转扭伤,既扭伤木质部和皮层,又改变枝梢方向。拿枝就是用手对旺梢自基部到顶部捋一捋,伤及木质部,响而不折。这些措施都可阻碍养分运输,缓和生长,增加萌芽率,促进中短枝和花芽形成,提高坐果率和促进营养生长。

③其他 去叶、断根、去芽、击伤芽、折枝等均为造伤措施,功用与前述同,需要时可以应用。

(6)调整角度 调整骨干枝角度是幼树整形时常用的修剪方法,必须因地、因树采取相应措施,达到平衡树势、调节生长和结果的目的。

对角度小、长势偏旺、光照差的大枝和可利用的旺枝、壮枝,采用撑、拉、曲、坠等方法,改变枝条原生长方向,使直立姿势变为斜生、水平状态,以缓和营养生长和枝条顶端优势,扩大树冠,改善树冠内膛光照条件,充分利用空间和光能,增加枝内碳水化合物积累,促使正常花的形成。

(7)摘心 生长季节摘除新梢顶端嫩梢的方法叫摘心。主要在新梢旺盛生长到长度为30厘米左右时进行,摘除新梢顶端嫩梢可节省大量养分,充实枝组成花,促生二、三次枝形成枝组,填补空缺。

(8)抹芽、除萌 抹芽是生长季节的疏枝。主要是抹去主干、主枝上的剪、锯口及其他部位无用的萌枝和挖除剪掉主干根际萌蘖。抹芽、除萌蘖可以改变树冠内光照条件,减少营养、水分的无效消耗,有利于树形形成和促进成花结果。除萌蘖、抹芽工作在整个生长季节随时都可进行,但以春、夏季抹芽挖根蘖,夏、秋季剪萌枝效果最好。

(二)芽、枝种类与修剪有关的生物学习性

1. 芽的种类 芽是石榴树上一种临时性重要器官,是各类枝条、叶片,花和果实等营养器官、生殖器官的原始体。各种枝条都是由不同的芽发育而成的,石榴生长和结果、更新和复壮等重要的生命活动都是通过芽来实现的。栽培和修剪中,了解各种芽的形成特征、生长发育规律,以做到管理措施得当,因芽合理修剪。

(1)按芽的功能可分为叶芽、花芽、中间芽

①叶芽 萌发后发育为枝叶的芽叫叶芽。石榴叶芽外形瘦小,先端尖锐,鳞片狭小,芽体多呈三角形。未结果幼树上的芽都是叶芽,进入结果期后,部分叶芽分化成花芽。

②花芽 石榴花芽是混合芽,萌发后先长出一段新梢、在新梢先端形成蕾花结果。混合芽外形较大,呈卵圆形,鳞片包被紧密,多数着生在各种枝组的中间枝(叶丛枝)顶端。石榴树上的混合芽多数分化程度差,发育不良,其外形与叶芽很难区分。这类混合芽发育的果枝,花器发育不良,成为退化花不能结果,修剪时应剪除。质量好的混合芽多着生在2~3年生健壮枝上。

③中间芽 指各类极短枝上的顶生芽,其周围轮生数叶,无明显腋芽。石榴树中间芽外形近似于混合芽,数量很多,一部分发育成混合芽抽生结果枝;一部分遇到刺激后萌发成旺枝;多数每年仅作微弱生长,仍为中间芽。

(2)按芽的着生位置可分为顶芽、侧芽和隐芽

①顶芽 着生于各类枝条先端的芽叫顶芽。顶芽发育充实且处于顶端优势位置,容易萌发和形成长枝。石榴树只有中间枝才有顶芽,其他营养枝顶芽多退化为针状茎刺。

②侧芽 着生于各类枝叶腋间的芽叫侧芽。侧芽因着生位

置不同,萌芽和成枝能力也不同,由于顶端优势的作用,上部侧芽易萌发成中、长枝,中部侧芽抽枝力减弱,下部侧芽多不萌发,或虽萌发但不抽生新枝。

③隐芽 1年生枝上当年或翌年春季不能按时萌发而潜伏下来伺机萌发的芽叫隐芽或潜伏芽。正常情况下,隐芽不能按期萌发,如遇某种刺激(如伤口),使营养物质转向隐芽过量输送时,即萌发形成长、旺枝。石榴隐芽寿命极长,多年生老枝干遇刺激后都可萌发形成旺枝,因而老枝老干更新复壮比较容易。

2. 枝的种类 植物学中把枝称为茎。枝由叶芽或混合芽萌发生长而成。因所处位置、形态差异、萌发先后、枝龄大小等而有不同名称。识别和掌握不同类枝的特性,对于整形修剪有很大作用。

(1)主干、主枝和侧枝 地上部分从根茎到树冠分枝处的部分叫主干。石榴属于小乔木或灌木树种,单干树主干明显,只有一个主干,大部分植株呈多主干丛生,主干不明显。着生于主干上的大枝叫主枝,着生于主枝上的枝叫侧枝。主干、主枝和侧枝,构成树冠骨架,在树冠中分别起着承上启下的作用。主枝着生于主干,侧枝着生于主枝,结果枝、结果枝组着生于各个侧枝或主枝上。修剪时必须明确保持其间的从属关系。

(2)直立枝、斜生枝、下垂枝、水平枝 凡直立生长的枝叫直立枝;与直立枝有一定倾斜角度的枝叫斜生枝;枝的先端下垂生长的枝叫下垂枝;呈水平生长的枝叫水平枝。

(3)内向枝、重叠枝、平行枝、轮生枝、交叉枝、并生枝 向树冠内部生长的枝叫内向枝;两枝上下相互重叠生长的枝叫重叠枝;同一水平上两枝平行伸展的枝叫平行枝;数个由同一基段周缘发生,向四周放射状伸展的枝叫轮生枝;两枝交叉生长的叫交叉枝;自一节或一芽并生出两个以上的枝称并生枝。

(4)一次枝、二次枝、三次枝、四次枝 春季由叶芽或混合芽萌发生长成的枝叫一次枝或新梢,一次枝上的芽当年萌发形成的枝叫二次枝,二次枝上萌芽形成三次枝,三次枝上萌芽形成四次枝。二、三、四次枝又叫副梢。

(5)新梢与1年生枝、2年生枝 当年由芽形成的枝叫新梢,落叶后又叫1年生枝,1年生枝再长1年叫2年生枝。依此类推,即3年生枝、4年生枝,以至多年生枝。

(6)生长枝(营养枝或发育枝) 当年只长叶不开花的枝叫生长枝。根据长势强弱又可分为普通生长枝、徒长枝、纤细枝等。

树冠内发育充实、生长健壮,有时还有二、三次生长的枝叫普通生长枝,是构成树冠骨架、扩大树冠体积、形成结果枝的主要枝,在幼树、结果树上较多,在老弱树上较少发生。

树冠内长势特旺、节间长、叶片薄、芽瘦小、组织不充实的枝叫徒长枝。石榴徒长枝上多具三、四次枝,长度可达1~2米。在初结果和盛果期,是扰乱树体结构,影响通风透光,破坏营养均衡的有害枝,修剪中多疏除,但也可用来扩大树冠。衰老树上徒长枝是用来更新复壮树体的宝贵枝。

树冠内长度不足30厘米,枝条瘦弱、芽体秕小,组织不充实的枝叫纤细枝。如果阳光充足,营养良好,纤细枝也可转化为结果枝开花结果,修剪中对过密者疏除,一般情况下或任其生长,或稍加短截回缩予以复壮。

树冠内着生在各类枝上的那些仅有一个顶芽、顶芽下簇状轮生2~5片叶、无明显节间和腋芽的极短枝叫中间枝或叶丛枝。石榴树中间枝极多,营养适宜时中间枝顶芽可转化为混合芽。

(7)结果母枝 结果母枝即生长缓慢、组织充实、有机物质积累丰富,顶芽或侧芽易形成混合芽的基枝。混合芽于当年或翌年春季抽生结果枝结果。

(8)结果枝 能直接开花结果的1年生枝叫结果枝。石榴结果枝是由结果母枝的混合芽抽生一段新梢,再于其顶端开花结果,属1年生结果枝类型。按其长度可分为长、中、短和徒长性结果枝4种。

①长结果枝　长度在 20 厘米以上,具有 5～7 对叶,有 1～9 朵花的结果枝。长果枝开花最晚,多于 6 月中下旬开花。由于数量少,所以结果不多。

②中结果枝　长度在 5～20 厘米,具有 3～4 对叶,有 1～5 朵花的结果枝。多于 6 月上中旬开花,其中退化花多,结果能力一般,但数量较多,仍为重要结果枝类。

③短结果枝　长度在 5 厘米以下,具有 1～2 对叶,着生 1～3 朵花的结果枝。多于 5 月中下旬开花,正常花多,结果牢靠,是主要结果枝类。

④徒长性结果枝　6 月下旬以后树冠外围骨干枝上发生的长度在 50 厘米以上,具有多次分枝,其中个别侧芽形成混合芽,抽生极短结果枝的徒长枝叫徒长性结果枝。修剪中多按徒长枝处理,进行改造或疏除。

(9)辅养枝　幼树整形阶段,在主干、主枝上保留的不作永久性骨干枝培养,只利用其枝叶制造养分辅助幼树快速成形与结果,待树形形成后及时疏除的临时性枝叫辅养枝。生长季节要利用摘心、拿枝软化、环割等措施控制旺长以达到辅养树体的目的。

(10)更新枝　欲代替已衰弱的结果枝、老龄枝或骨干枝的新枝叫更新枝。在盛果后期对结果枝和结果枝组进行更新复壮使其延长结果年限称为局部更新。在衰老期对主枝或主干进行更新修剪重新整形称为整体更新。

(11)结果枝组　在骨干枝上生长的各类结果母枝、结果枝、营养枝、中间枝的单位枝群称结果枝组。石榴要想获得优质大果,必须培养好发育健壮、数量充足的结果枝组。

(12)萌蘖枝　由根际不定芽或枝干隐芽萌发形成的枝叫萌蘖枝。根际萌蘖枝大量消耗树体营养,扰乱树形结构,影响管理,修剪时应予疏除或挖掉。

3. 芽、枝与修剪

(1)芽的异质性　一个成年个体上芽的数量极多,但每个芽的发育状况、充实程度、形态特征都不一样,抽生的枝条,结出的果实也不完全相同,这种芽与芽之间的差异性叫芽的异质性。修剪中常利用优质芽培养骨干枝扩大树冠;利用优质混合芽抽生健壮结果枝结果。对于质量差、发育不充实的芽进行疏除,以节约树体营养和水分,促进树体生长和结果。

(2)萌芽力和成枝力 石榴枝条上的芽并不能全部萌发,把萌发芽数占总芽数的比率叫萌芽率或萌芽力;芽萌发后能够发育成中、长枝的能力叫成枝力。萌芽力、成枝力因芽在树体、枝组所处位置以及品种而不同。树冠上部、外围枝的成枝力强于中、下部枝和内膛枝,直立枝较斜生枝、斜生枝较水平枝的萌芽力低但成枝力高。

石榴各品种的萌芽力均较强,1年生枝上的芽几乎都能萌发,但成枝力差别较大,有些品种极易形成二、三次枝和大量叶丛枝,由于较强营养枝或徒长枝上的二、三次枝很多,极易造成树冠郁闭影响光照,修剪中应特别注意不用或少用短截措施;而有些品种成枝力稍低,长旺枝较少,树冠不易郁闭,通风透光良好,修剪比较简捷。

(3)顶端优势 在同一单株、同一枝条,位于顶部的芽萌发早,长势旺;中部的芽萌发和长势逐渐减弱,最下部的芽多不萌发成为隐芽。直立枝条生长着的先端与其发生的侧芽呈一定角度,离顶端越远,角度越大。若除去先端对角度的控制效应,则所发侧枝又垂直生长,枝条的这种顶端枝芽生长旺盛的现象叫顶端优势。通过短截、曲枝等措施,可以改变枝条不同位置上芽的生长势,直立枝呈水平姿势后,中、下部芽也具有较强的萌芽力和成枝力。石榴枝条柔软,往往由于果实重量而使其弯曲下垂,因而中、下部芽极易处于优势位置而抽生旺枝。

(4)分枝角度 由于顶端优势的作用,新枝与母枝间的夹角叫分枝角度。新枝距母枝剪口愈近、树势越旺时分枝角度愈小。分枝角度大时骨干枝负载量大,角度小时负载量小,结果多时,易出现断裂、劈枝。石榴新枝多从母枝的二、三次枝基部侧芽萌发生成,分枝角度一般较小,但因枝条柔软,可采用拉枝措施改变角度。

(三)丰产树形和树体结构

石榴树的栽培树形有单干形、双干形、三干形和多干半圆形4种。

1. 单干树形 见彩图 8-1、图 8-2。

每株只留一个主干,干高 33 厘米左右,在中心主干上按方位分层留 3~5 个主枝,主枝与中心主干夹角为 45°~50°,主枝与中心主干上直接着生结果母枝和结果枝(图 8-1)。这种树形枝级数少,层次明显,通风透光好,适合密植栽培,但枝量少,后期更新难度较大。也可以根据树形修剪成自然圆头形。

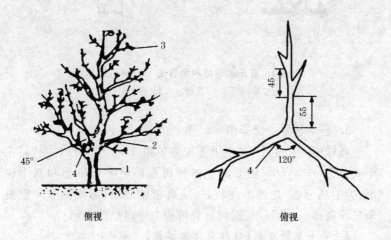

侧视　　　　　　　　　　俯视

图 8-1　单干树形结构示意图　(单位:厘米)

1. 主干　2. 主枝　3. 结果枝组　4. 夹角

2. 双干树形 见彩图 8-3、图 8-4。

每株留两个主干,干高 33 厘米,每主干上按方位分层各留 3~5 个主枝,主枝与主干夹角为 45°~50°(图 8-2)。这种树形枝量较单干形多,通风透光好,适宜密植栽培,后期能分年度更新复壮。也可以根据树形修剪成双干自然圆头形。

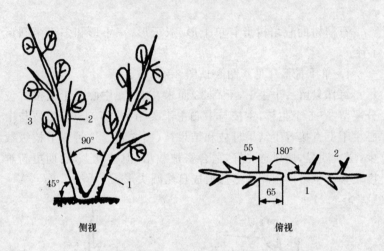

侧视　　　　　　　　　俯视

图 8-2　双干树形结构示意图　(单位:厘米)

1. 主干　2. 主枝　3. 结果枝组

3. 三干树形 见彩图 8-5、图 8-6。

每株留 3 个主干,每主干上按方位留 3~5 个主枝,主枝与主干夹角为 45°~50°(图 8-3)。这种树形枝量多于单干和双干树形,少于丛干形,光照条件较好,适合密植栽培,后期易分年度更新复壮树体。也可以根据树形修剪成三干自然圆头形。

4. 多干半圆树形(自然丛状半圆形) 见彩图 8-7。

该树形多在石榴树处于自然生长状态,从未修剪,任其自然生长,管理粗放的条件下形成。其树体结构,每丛主干 5 个左右,每主干上直接着生侧枝和结果母枝形成自然半圆形(图 8-4)。这

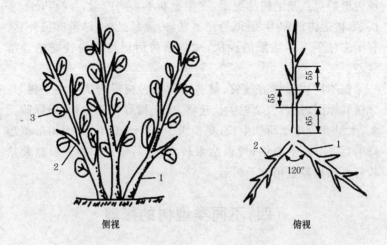

侧视   俯视

图 8-3 三干树形结构示意图 （单位:厘米）

1. 主干 2. 主枝 3. 结果枝组

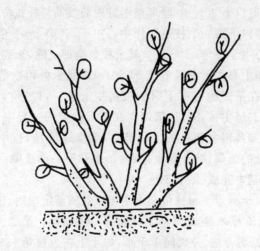

图 8-4 多干半圆树形结构示意图

种树形的优点是老树易更新,逐年更新不影响产量。缺点是干多枝多,树冠内部郁闭,通风透光不良,内膛易光秃,结果部位外移,有干多枝多不多结果的说法,加强修剪后仍可获得较好的经济效益。

据不同树形修剪试验,修剪后的 3 种树形均优于多干树形。分析其原因,是石榴幼树生长旺盛,多干树形任其生长,根际萌蘖多,大量养分用于萌蘖生长,花少果少;单干、双干、三干树形整形修剪后养分相对集中,所以结果较多,容易形成丰产。智慧栽培软籽石榴推荐选用单干树形。

(四)不同类型树的修剪

1. 幼树整形修剪(1~5 年生)

(1)单干树形　每株只留 1 个主干。石榴苗当年定植后,选一个直立壮枝按 70 厘米进行"定干",其余分蘖全部剪除。当年冬剪时在剪口下 30~40 厘米整形带内萌发的新枝按方位留 3~4个,其中剪口下第一个枝选留作中心主干,其余 2~3 个枝作为主枝,与中心主干夹角 45°~50°,其余枝条全部疏除,干高 33 厘米左右,选留作中心主干的枝在上部 50~60 厘米处再次剪截。第二年冬剪时在第二次剪口下第一枝留中心主干,以下再选留 2~3个枝作第二层主枝,第三、第四年在整形修剪的过程中,除了保持中心主干和各级主侧枝的生长势外,要多疏旺枝,留中庸结果母枝;根际处的萌蘖,结合夏季抹芽、冬季修剪一律疏除。通过上述过程树形基本完成(图 8-5)。

(2)双干树形　每株留 2 个主干。石榴苗定植后,选留两个壮枝分别于 70 厘米处"定干",其余枝条一律疏除。第二、第三、第四年的整形修剪方法,分别同单干形,每干上按方位角 180°选留两层主枝4~5 个。两个主干之间要留中小枝,成形干高 33 厘米左右,主干与地面夹角 50°左右,主枝与中心主干夹角 45°左右(图 8-6)。

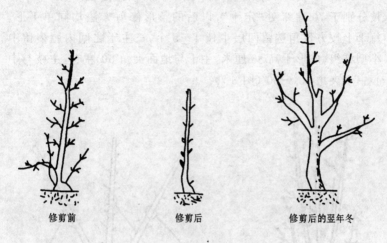

修剪前　　　　　　　修剪后　　　　　　修剪后的翌年冬

图 8-5　单干树形幼树整形示意图

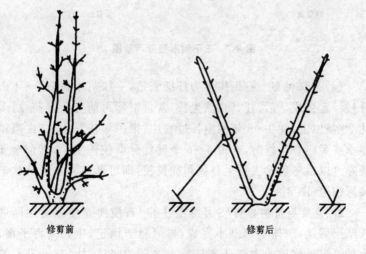

修剪前　　　　　　　　　　　修剪后

图 8-6　双干树形整形示意图

（3）三干树形　每株留 3 个主干。石榴苗定植后,选 3 个壮枝分别于 70 厘米处"定干",以后的整形修剪方法均同单干形。每干上按方位角选留两层主枝 4～5 个,三主干之间内膛多留中小型枝组,成形干高 33 厘米,主干与地面夹角 50°左右,主枝与中心主干夹角 45°～50°(图 8-7)。

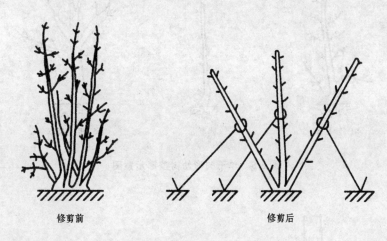

修剪前　　　　　　　　修剪后

图 8-7　三干树形整形示意图

（4）丛状树形　石榴树多为扦插繁殖,一株苗木就有 3～4 个分枝。定植成活后,任其自然生长,常自根际再萌生大量萌枝,多达 20 条以上,在 1～5 年的生长过程中,第一年任其生长,在当年冬季或翌年春季修剪,选留 5～6 个健壮分蘖枝作主干,其余全部疏除。以后冬剪除去再生分蘖和徒长枝,即可形成多主干丛状半圆形树冠(图 8-8)。

2. 盛果期树的修剪(5 年生以上)　石榴树 5 年以后逐渐进入结果盛期,树体整形基本完成,树冠趋于稳定,生长发育平衡,大量结果。修剪的主要任务是除去多余的旺枝、徒长枝、过密的内向枝、下垂枝、交叉枝、病虫枝、枯死枝、瘦弱枝等。树冠呈下密

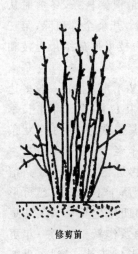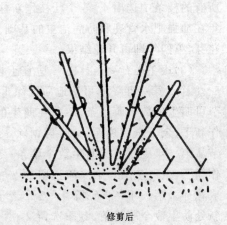

修剪前 修剪后

图 8-8 丛状形幼树整形示意图

上稀,外密内稀,小枝密大枝稀的"三密三稀"状态,内部不空、风光通透,养分集中,以利多形成正常花,多结果,结好果。

石榴的短枝多为结果母枝,对这类短枝应注意保留,一般不进行短截修剪。在修剪时除对少数徒长枝和过旺发育枝用作扩大树冠实行少量短截外,一般均以疏剪为主。

3. 衰老期树的修剪与更新改造 石榴树进入盛果期后,随着树龄的增长,结果母枝老化,枯死枝逐渐增多,特别是 50～60 年生树,树冠下部和内膛光秃,结果部位外移,产量大大下降,结果母枝瘦小细弱,老干糟空,上部焦梢。此期除增施肥水和病虫害防治外,每年应进行更新改造修剪,方法如下。

(1)缩剪衰老的主、侧枝 翌年在萌蘖旺枝或主干上发出的徒长枝中选留 2～3 个,有计划地逐步培养为新的主侧枝和结果母枝,延长结果年限。

(2)一次进行更新改造 第一年冬将全株的衰老主干从地上

部锯除;第二年生长季节根际会萌生出大量根蘖枝条,冬剪时从所有的枝条中选出4~5个壮枝作新株主干,其余全部疏除;第三年在加强肥水管理和防病治虫的基础上,短枝可形成结果母枝和花芽,第四年即可开花结果。

(3)逐年进行更新改造　适宜于自然丛干形,主干一般多达5~8个。第一年冬季可从地面锯除1~2个主干;第二年生长季节可萌生出数个萌蘖条,冬季在萌生的根蘖中选留2~3个壮条作新干,余下全部疏除,同时再锯除1~2个老干;第三年生长季节从第二年更新处又萌生数个蘖条,冬季再选留2~3个壮条留作新干,余者疏除。第一年选留的2~3个新干上的短枝已可形成花芽。第三年冬再锯除1~2个老干,第四年生长季节又从更新处萌生数个萌蘖条,冬季选留2~3个萌条作新干。第一年更新后的短枝已开花结果,第二年更新枝已形成花芽。这样,更新改造衰老石榴园,分年分次进行,既不绝产,4年又可更新复壮,恢复果园生机。

(五)伤口保护

石榴树伤口愈合缓慢,修剪以及田间操作造成的伤口如果不及时保护,会严重影响树势,因此修剪过程中一定要注意避免造成过大、过多的伤口。石榴树修剪时要避免"朝天疤",这类伤口遇雨易引起伤口长期过湿,愈合困难并导致木质部腐烂。

修剪后,一定要处理好伤口,锯枝时锯口若要平,不可留桩,要防止劈裂,为了避免伤口感染病害,有利于伤口的愈合,必须用锋利的刀将伤口四周的皮层和木质部削平,再用5波美度石硫合剂进行消毒,然后进行保护。常见的保护方法有涂抹铅油、油漆、稀泥、地膜包裹等,这些伤口保护方法均能防止伤口失水并进一步扩大,但是在促进伤口愈合方面不如涂抹伤口保护剂效果好,现在已有一些商品化的果树专用伤口保护剂,生产中可选择使用,也可以自己进行配制。

1. 液体接蜡 松香6份、动物油2份、酒精2份、松节油1份配制。先把松香和动物油同时加温化开、搅匀后离火降温,再慢慢地加入酒精、松节油,搅匀装瓶密封备用。

2. 松香清油合剂 用松香1份、清油(酚醛清漆)1份配制。先把清油加热至沸,再将松香粉加入拌匀即可。冬季使用应酌情多加清油;热天可适量多加松香。

3. 豆油铜素剂 用豆油、硫酸铜、熟石灰各1份配制。先把硫酸铜、熟石灰研成细粉,然后把豆油倒入锅内熬煮至沸,再把硫酸铜、熟石灰加入油内,充分搅拌,冷却后即可使用。

此外,石榴树常因载果量太大造成大枝自基部劈裂,对于这类伤害,应采用支棍进行撑扶,并及时刮平劈裂处,然后用塑料薄膜包裹,促使伤口愈合。劈裂的枝条可以不用紧密绑回原处,让其继续保持劈裂状态,伤口愈合往往较回复到原位置好。

九、软籽石榴的保护地栽培

（一）冬季防寒栽培

1. 保护地栽培的意义　软籽石榴由于其籽核角质化，口感基本无渣，咀嚼直接可食、品质优良、营养价值高、老少皆宜，深受消费者欢迎，近年来价高畅销，在适宜发展的石榴种植区，种植户取得了较高的经济效益，特别是在近年种植目前国内软籽石榴代表品种——突尼斯软籽石榴品种较集中的河南省荥阳市、巩义市等，每 667 米^2 效益在 3 万元以上。

据调查，突尼斯软籽石榴品种在淮河以北的河南、安徽，以及山东、陕西、山西、河北等地，冬季于大田里都不能安全越冬。该品种近年被国内许多产区引进种植，但在很多地区，即便是一些传统的老石榴产区都因冬季不能安全越冬、几乎每年地上部都要被冻死，根部不死，第二年在根茎部再萌发新枝条，因多年不见果，最终以失败告终，造成很大的经济损失。

在河南省的荥阳市、巩义市、平顶山市的郏县，山西省的临猗县，陕西省西安市的临潼区等产区，地理环境特殊，生长在丘陵区中上部、以及山前台地的石榴树不易受冻，而生长在丘陵区下部、以及山前台地下沿的石榴树在个别年份也受冻，一般 8～10 年要遭受冻害 1 次。

突尼斯软籽石榴品种在黄淮传统的石榴种植区，冬季都有可能出现冻害。

在淮河以北的河南省、安徽省，以及山东省、陕西省、山西省、河北省等传统石榴产区，或者冬季温度较低地区，要想发展价高畅销的突尼斯软籽石榴品种,最根本的解决办法是采用保护地栽培。

有条件的公司或者果农可以利用保护地的形式栽培软籽石榴,通过保护地栽培形式,运用科学的管理方式,保证石榴安全越冬。据调查,有采用保护地形式种植石榴的农户,石榴果品质量没有降低,每 667 米² 效益在 3 万元以上。说明采用保护地形式种植软籽石榴是切实可行的。

2. 保护地栽培种类 当前可用于石榴保护地设施栽培的种类主要有以下几种。

(1)**玻璃温室** 是目前创造人工气候较为优越的设备,它经久耐用,光照条件好,有加温、降温、灌溉设备条件,但其造价较昂贵,管理成本高,不适合大面积推广应用,作为石榴单一防寒栽培也没有必要。

(2)**塑料大棚** 国内已有多种定型产品,多用薄壁镀锌钢管作骨架,上覆塑料膜而成。其坚固结实,可多年使用,抗风能力强,但也存在造价高,塑料膜 1~3 年一换,易积灰尘,连续使用透光性差,棚内温度不稳定,不易保温等缺点。

(3)**薄膜日光温室** 这是目前国内果树保护地栽培广泛采用的一种保护地设施,它采光好,保温性能高,抗风能力强,特别是可以因地制宜,自己备料建造,规模可大可小,造价低,管理费用也少,是目前保护地果树栽培应用较多、比较理想的保护设施。

①墙壁为砖砌式 建造时,选背风向阳、地势高燥、东西南三面没有高大遮阳物、排灌方便的地块,在北东西三面用砖石结构建成中间空心的夹壁墙,中间填充珍珠岩等保温材料,在北墙上每隔 3 米留 1 个 50 厘米×50 厘米的通风窗,东、西墙各设一门,并建作业间。

②墙壁为土垛式 国内很多薄膜日光温室,北东西三面墙壁都是就地取土,用土堆垛而成。方法是先将棚地内的表土推到别处,利用下面的生土垛墙,下挖深度在 0.8~1.2 米,棚壁垛好后,

再将推到别处的表层熟土运回棚地内。该方法保证了棚内的熟土层,同时由于下挖,节约了搭棚架的用材。因为下挖,冬季可以充分利用地温提高棚内温度,有利于以后果树的生长。其上部每隔70~80厘米设双拱形花钢骨架(或竹片架),形成薄膜覆盖的半拱形不加温的温室。在低温期间夜间要在薄膜上加盖草苫或棉苫保温,所以其保温性能优于普通的塑料大棚。

为了棚内保温和较早地提高地温,在建造时,应在保护设施外围的东西南三面挖宽30~60厘米的防寒沟,内填锯末、树叶、干草、骡马粪等有机物,上面盖土压实,北墙外培土防寒,以减轻棚外土壤冻层对棚内的影响。

3. 保护地栽培的生态因子

(1)光照 保护地设施内的光照条件,因薄膜的新旧程度和污染情况有很大的差异,它与露地的光照条件相比,具有光亮减少、光照分布不匀、散射光增多等特点,在薄膜覆盖期间,其光照比露地减少20%~30%,光照条件不足,会影响枝叶的生长,光合强度降低,进而影响果品质量。因此,生产上解决此问题,一是增加棚高,要求棚脊高于5米,棚肩控制在3.5米左右,并选用透光性好的塑料薄膜;二是果实着色成熟期地面铺反光膜,充分利用反射光,增强树冠内膛受光率;三是限制枝量,控制背上枝旺长。

(2)温度 保护设施内的温度条件,具有升温快、降温也快的特点,不但一天内的变化大,而且棚内不同高度的温度也有较大差异,有时在一天之内因天气的阴晴雨雪变化,可从寒带温度(0℃以下)到热带温度(30℃以上)的反复变化,因此棚内的温度控制和调节是保护地石榴栽培的关键技术问题,只有根据所栽品种的生长发育阶段的不同要求,人为地控制和调节棚内温度,才能保证保护地石榴的正常生长和结果。

(3)湿度 保护设施内的相对湿度比露地高得多,且常与气温相配合,形成高温高湿的环境条件。棚内的相对湿度与棚内气温、树体蒸发量和通风情况的不同而有很大的差异。棚内相对湿度的控制和调节,应根据石榴的不同生育阶段进行。因当前利用设施栽培石榴的主要目的是冬季防冻,在适时扣棚后,冬季要在晴天中午适时揭膜通风,降低棚内温度和湿度,既保证石榴树不因低温而受冻害,也不能因为棚内不合理的温度升高而导致石榴树不合理的发芽生长。

4. 保护地栽培优点和存在的主要问题

(1)优　点

第一,利用保护地栽培主要是防止石榴树越冬冻害问题,冬季设施栽培能有效地利用太阳能,一般冬季不需要加温,不消耗能源。也不需要采取露地栽培所需要采取的各种防寒措施,即可以安全越冬。因此,不会因露地栽培所采用的种种防寒措施造成枝芽的损伤,并可节省所采用防寒措施耗费的人力物力。

第二,保护地栽培石榴,夏季可以不全撤膜,只局部撤膜,遇大风、冰雹、暴雨等自然灾害时可以及时盖膜保护,避免受灾;夏季晴天中午前后盖膜,可以避免强光直接照射,防止果面日灼的发生;因此,可间接地防止病虫害的发生,并能保护好果面,不受尘土等污染物污染。

保护地石榴栽培虽具上述优点,在冬季温度较低,有意愿栽培石榴的地区,有很好的发展前景,但毕竟是一项新兴的技术,还没有一套成熟完整的技术措施,也还存在不少问题,需要在实践应用中加以探讨总结,以便逐步完善提高。

(2)存在的主要问题

第一,棚内的温度不易保持稳定,地温上升慢,因而造成地下部分根系的生长跟不上地上部分枝条的生长需要。实践表明,早春如果棚内温湿度控制不善,植株的地上部分随着棚内气温的升高,依靠自身体内贮存的养分,有可能提早开始萌芽、展叶,直至新梢生长,而地下部分因地温达不到根系活动要求的温度(旬平均30厘米地温达到8.5℃左右,根系开始活动;旬平均30厘米地温达到14.8℃时,新根大量发生),仍未开始活动,这就容易造成地上部分前期生长所需要的养分得不到来自根系吸收的养分的补充,使植株的生长发育不正常。

第二,棚内温度难以均衡一致,植株的生长发育不易整齐。石榴采取保护地栽培的地区,冬季棚外的温度都较低,因而棚内靠近边缘的气温偏低,棚内中心部的气温高些,有时棚的上部和下部的气温也不一致,严重的时候,棚的上部已产生高温障碍,而棚的下部温度还没有达到要求,所以造成植株生长发育的差异。

第三,如果冬季棚内的温、湿度控制得不好,冬季棚内石榴树可能出现萌芽情况,或者在春季石榴萌芽后,可能出现植株的萌芽、新梢生长很不整齐,这是保护地栽培石榴要特别注意的问题,造成这种现象的原因很多,除棚内温度不一致外,还有以下几点要引起注意:①石榴是多年生植物,头一年枝条成熟好坏,对下一年芽眼萌发的早晚、萌发的整齐度都有直接关系。如果头一年树体培育不理想,枝条成熟不充分,第二年植株的生长发育就会有较大差异,因此秋季石榴树的正常成熟、落叶很重要,特别是"突尼斯软籽"石榴品种,后期容易形成旺长,控制后期正常生长、适时落叶,是提高树体防冻的重要措施。②树体的自然休眠尚未结束,虽然温度适宜芽也不萌发。石榴的芽到了冬季处于休眠状态,这种休眠状态的芽要经过一定的冬季低温才能解除,一般品种结束时间黄淮地区在1月下旬至2月中旬,在这之后,只要温度适合,任何时候芽都能萌发,而且萌芽快,萌芽整齐。如果休眠尚未解除就升温,芽就不易萌发,如果发芽也不整齐,发芽时间会延长。所以,在2月中旬以后升温的,其自然休眠已告结束,芽萌发快而整齐,如果在2月中旬前升温的,升温越早,芽萌发越不整齐。因此,冬季控制棚内温度,及时盖膜揭膜,保持棚内适宜温度是冬季保护栽培石榴管理的重中之重。

上述存在的问题都直接或间接地与棚内温度的控制有关,所以保护地栽培石榴一定要掌握好所栽品种生长发育所需要的最适宜温度,把越冬期间棚内温度调整好,这是成败的关键,虽然保护地栽培石榴管理费工,建棚增加了投资,实践证明,投资收益率还是较高的。在黄淮地区、城市郊区农业生态观光园可以考虑发展,前景很好。

5. 保护地栽培管理要点

(1)栽植密度 保护地栽培由于增加了保护设施部分,设施投资、棚内管理等生产成本比露地栽培成本有所提高,为充分利用保护地内土地,将生产分摊成本降低,保护地栽培石榴的栽植密度要求比露地要高,推荐密度行株距 2 米×1.5 米或 1.5 米×1 米。目的是促进单位面积早丰产,几年之后树体扩大,树枝交叉,出现郁闭时,再隔株间移出部分单株。

(2)树形及修剪

①树苗选择 目前生产上应用的突尼斯软籽石榴苗木有嫁接苗和扦插营养繁殖苗两种,大棚防寒栽培,采用扦插营养繁殖苗为好。

②树形 主要考虑保护地栽培石榴的实际情况,因是较高密度栽培,因此,树形区别于露地栽培,要求单干树形,树形修剪成圆柱形,地上部第一组侧枝距地面 40～50 厘米即可,每组侧枝上下间隔距离 30～40 厘米左右。侧枝不宜过长,以短结果枝为主,防止田间过早郁闭,充分利用棚内空间。

③修剪 原则上与一般露地石榴的修剪相同。但不完全按露地石榴的修剪方法。

冬剪。应将结果母枝剪的短一些,留枝数多一些,尽量把新梢生长的角度调整成圆柱形。所以,保护地石榴的修剪原则是:因树制宜,一般采用短截修剪,每个侧枝留 5～8 个结果枝,留枝数量适当增加。冬季修剪时间与露地栽培石榴的修剪时间相同,黄淮地区应在石榴落叶后进行修剪,结束时间最迟不应晚于 12 月中旬。冬前若没有修剪,可于翌年春的 2 月中旬后开始,至 3 月中旬结束。

夏季修剪。与露地修剪时间相同,修剪方法也相同,即主要以除萌芽为主,自4月中下旬开始,及时疏除生长位置不合适的多余萌枝,对生长位置合适、生长过快枝条,则采用掐头增加分枝的方法,避免其生长过快,影响树形。夏季除萌要不定时及时进行。

(3)温度管理 温度管理是保护地栽培石榴的关键,特别是严冬季节的棚内温度管理,是保护地栽培石榴温度管理的重中之重,此时不但要保证石榴不受低温的危害,而且还要保证石榴树能够正常通过低温休眠阶段,使之顺利完成低温休眠的发育过程。

①盖揭膜时间

盖膜时间:根据气象预报,冬前当夜间最低温度降至0℃以下时要盖膜。由于各地的气候条件不同,盖膜的时间有异,根据各地的经验,河南中部地区正常情况下12月上中旬前后盖膜为宜,但遇到特殊年份,则要提前盖膜。例如,2009年11月10日前后、2015年11月23日前后、2016年11月22日前后,黄淮地区大部普降中到大雪,极端最低气温降至−5℃以下,这三年因大范围降雪和雪后低温都对石榴树造成严重冻害,导致石榴树因冻害而大面积枯死。因此,保护地栽培石榴一定要适时关注气象预报,当天气发生变化时,提前盖膜防止冻害的发生。

揭膜时间:一般要在夜晚最低温度稳定回升至0℃以上时进行。具体时间,黄淮地区在3月上旬前后。

防霜冻:近年来,黄淮产区多有晚霜冻发生,时间可以延迟至4月上旬。大棚防寒栽培要特别关注此问题,揭膜后,天气预报有霜冻来临时,再行覆膜预防。

盖膜期间的管理:一定要根据天气情况和棚内温度变化,随时开窗或揭开部分塑料薄膜通风。一般晴天中午揭开部分塑料薄膜通风,防止棚内温度升高过快;下午日落前2小时至上午日出后2小时之间,以及阴雨雪天塑料薄膜要全覆盖增温。

②揭盖草、棉苫时间 目前采用的保护地栽培,拱棚顶部一

般都是覆盖的塑料薄膜,塑料薄膜上面再加盖稻草苫或棉布苫。根据气象预报,当夜间最低温度降到－3℃以下时,要在夜间放稻草苫或棉布苫保温,白天视情况是否揭苫,晴好天气不揭苫防温度升高过快;雨雪天气不揭苫,防温度降得过低;阴天和多云天气可以揭苫,一般日出后2小时揭苫,日落前2小时盖苫。

揭盖塑料薄膜和揭盖草、棉苫管理原则:一定要根据气象预报和当时的天气情况,尽量减小棚内温度高低剧烈变化,低温时覆盖增温防冻害,有温度升高条件的天气情况时,要控制温度升得过高,防止棚内处于休眠期的石榴树,提早打破休眠发芽而紊乱生长。

(4)土肥水管理 为提高经济效益,保护地石榴栽培多采用密植栽培,且行间多间作有其他作物。因此,棚内的土地利用率较高,要求土壤中的有机质含量要高,疏松肥沃,通气性好。

①施肥 石榴栽植前,开沟施入足量的基肥:每667米² 施优质有机肥5 000千克左右、氮磷钾复合肥100千克左右。每年在采果后,冬季管理时,每株施入优质有机肥20～30千克,并掺入氮磷钾复合肥每株0.5～1.0千克。

追肥。在石榴生长过程中,只要前期植株生长正常,没有出现叶小、叶色淡、新梢细弱、节间短等缺肥现象和叶片大、新梢粗长等徒长现象,可不施肥。正常的施肥原则同大田露地栽培。原则是施好:一是花前肥:时间在4月下旬至5月上旬,以速效氮肥为主,辅以磷肥。弱树、老树、土壤肥力差、基肥施的少,此次施肥量可大些。对树势强、基肥数量充足者可少施或不施,花前肥也可推迟到花后。二是盛花末和幼果膨大期肥:时间在6月下旬至7月上旬。此次追肥要氮、磷配合,适量施钾。三是果实膨大和着色期肥:时间在果实采收前的15～30天进行,以磷、钾肥为主,辅之以氮肥。

②浇水 要与石榴的生育时期相适应,总的原则同大田露地栽培。但要注意的是,冬季大棚内处于封闭环境,相对湿度较大,

因此,应尽量减少浇水。生长季节,如果棚膜全撤除,浇水原则同大田露地栽培;如果棚膜部分撤除,棚内容易造成高湿环境,一定注意灌水量和灌水次数,保护地栽培石榴,最好采用滴灌措施,避免大水漫灌,棚内湿度高,影响石榴开花结果,并易滋生病虫害。

(5)病虫害防治 保护地内的温度高、湿度大,易发生病虫害,因此,一定要注意及时通风,适时揭盖棚;避免大水漫灌,尽量创造与露地栽培相同的生态环境;合理施肥,培养健壮树势;科学修剪,创造适合保护地栽培的树形;喷药时,尽量不要有药液喷在棚顶薄膜上,以免因薄膜沾上药液影响透光率;必须施用农药时,最好利用烟雾剂农药,在夜间进行密封,熏蒸,以杀死病菌、害虫。

6. 保护地的综合利用

(1)间作 为了提高保护地的利用率,增加经济效益,在石榴树枝没有郁闭前,可充分利用行间种植草莓、蔬菜、中药材等生长期短的矮秆作物。

①间作草莓 移栽前,将行间施肥、翻耕并整细,做成45~50厘米宽的垄,并覆盖地膜,然后,将露地培养好的草莓苗,按15~20厘米的株距,于10月底带土坨移栽到保护地内,定植后浇透定根水,经短期缓苗即进入休眠。春季气温和地温升高,草莓便开始萌发,3月中旬开花,4月下旬即可开始采收上市。采收后,将草莓植株移到露地继续繁殖,秋后再移入温室栽培。

②间作蔬菜 应选用植株矮小、生长期短、经济价值较高的种类,根据各地的经验,以小青菜、生菜、菠菜等作物间作为好。

(2)养殖 冬季低温期盖棚后,可以利用保护地温度效应,于棚内养鸡、养鸭等;既可利用鸡、鸭消灭杂草,粪便可以培肥地力。

7. 全天候、全覆盖保护地栽培石榴的管理 前面主要说了单一为了解决冬季冻害问题,而采用的寒冷季节盖棚、春季气温回升后揭棚,其他管理措施同露地栽培相同的保护地栽培技术。如果采用全天候、全覆盖保护地栽培模式,即全年石榴生长都在保护地条件下,其管理技术与前面所讲内容,应该有很大的不同。

目前还缺乏完整系统的技术资料和管理经验,但存在以下问题应引起足够的重视:

(1)棚内温度调控 整个生长季节棚内的温、湿度调控及树形修剪调控都是重点,特别是花期温度的调控,黄淮石榴产区自然生长条件下,石榴开花期为5月中旬至7月中旬,而此期棚内温度比露地要高,如何调节棚内温度达到自然状态,保证正常开花结果需要的温度很重要。棚内温度的调控,夜间主要靠打开气窗通风降温;白天若是晴天需加盖草苫或棉被降低到适宜开花坐果的温度,白天若是阴天则要揭掉草苫或棚被提高温度,以达到适宜开花坐果的温度。

(2)棚内空气湿度调控 棚内空气相对湿度一般控制在55%~80%为宜,对授粉和果实发育有利。棚内空气湿度调控措施主要通过通风换气、覆盖地膜、控制灌溉等。

(3)土壤管理问题 推荐采用起垄栽培、滴灌方法,好处是既可保蓄土壤水分,提高地温,又可减少因大水漫灌而造成的棚内空气湿度过大问题。

(4)授粉问题 在保护地栽培条件下,一则因空气湿度大,往往造成花粉黏滞、扩散困难,靠风力授粉受到极大限制;二则因蜜蜂或野蜂量少,靠虫媒传粉的机会大大降低。为保证授粉良好,应适当增加授粉树的配置比例。花季要采取人工辅助授粉,并结合棚内放蜂、降低棚内空气湿度等其他措施。

(5)越夏问题 解决保护地栽培条件下石榴树的越夏问题,主要是做好保叶、养根、壮树、壮枝等工作。棚内温度高、湿度大,遇到的问题是老枝叶衰老与更新、新梢加速生长。特别是夏季,往往会导致枝条徒长,秋季延迟落叶,影响翌年果树产量和效益。解决石榴树越夏问题的关键:一是及时修剪,生长季节应将直立枝、徒长枝、病虫枝、枯死枝、背上枝一并疏除,及时喷施生长抑制剂等,控制枝条旺长,以形成饱满的花芽;二是坐果后夏季高温季节,特别是晴天中午防日灼的发生,遇到这种天气可以盖苫或草苦预防。

（6）果品质量问题　在保护地栽培条件下，要想提高果品质量，必须采用一些特殊的技术措施。例如，增加棚内光照、增施二氧化碳气肥、叶面喷施微肥和增施磷、钾肥等，并建立适宜保护栽培条件下的树冠，控制枝条旺长，加强扣棚后温、湿度调控等。

（二）保护地促成（提早成熟上市）栽培

石榴果实自开花至成熟时间较长，春季开花，秋季成熟，国内各产区花期、成熟期有较大差别，南方产区2月下旬开始开花至5月上中旬开花结束，果实于8月中下旬成熟；北方产区5月上中旬开始开花至7月上旬结束，果实于9月中下旬至10月上旬成熟。由于我国地域辽阔，现代流通环节畅通，石榴果品运输方便，保护地提早成熟上市果品投资大，管理成本高，作为一般上市果品出售效益不突出。但在大城市郊区发展生态观光采摘果园，石榴保护地促成（提早成熟上市）栽培前景看好。

1. 设施栽培的类型　可以采用玻璃温室、塑料大棚、薄膜日光温室等。

2. 扣棚盖膜与揭膜时间

（1）冬前扣棚盖膜、开花坐果期撤棚揭膜

①扣棚盖膜　与本章前述防寒栽培扣棚盖膜时间相同。冬季管理工作相同。

②撤棚揭膜　春季温度回升后不撤棚揭膜，继续覆盖至气温稳定、开花并进入稳定坐果期后撤棚揭膜（陕西、山西、河南沿黄产区时间一般在5月中旬前后）。

（2）春季扣棚盖膜、开花坐果期撤棚揭膜　陕西、山西、河南沿黄产区3月上旬扣棚盖膜增温，5月中旬气温稳定、开花进入稳定坐果期后撤棚。

3. 春季管理要点　春季温度变幅比较大，北方产区还经常出现倒春寒天气,因此扣棚盖膜后,要加强管理。晴天中午要注意通风降温,不要使棚内温度升得过高过快;阴雨天、有寒流侵袭的天气要注意盖棚保温。保持棚内相对较高而稳定的温度,促早发芽、开花、结果。肥水管理同大田栽培;因保护地栽培棚内温度高、湿度大,病虫害相对重,特别是病害易发生,要注意防治。

4. 保护地促成(提早成熟上市)栽培效果与效益 在河南、陕西等石榴产区试验,采用保护地促成栽培,比当地正常露地栽培提早成熟 15 天左右。如果种植稀有的或特有的优良品种,能够提早上市,经济效益也比较好。

(三)避雨栽培

在我国南方地区,石榴开花期的 4～5 月份,正是梅雨季节,往往因雨水多、授粉受精不良,影响坐果率;而后期的 8～9 月份着色成熟季节,又往往因秋雨连绵,而引起裂果、病害重、品质差等问题。因此,要发展软籽石榴,最好采用避雨栽培。

石榴避雨栽培在南、北方都可以采用,但更适合于多雨的南方地区。

避雨栽培,单纯以避雨为目的,于生长季节在果树顶上,搭架覆盖塑料薄膜,遮断雨水,不落在叶、果上的一种栽培方式。20 世纪 70 年代,日本已广泛应用。在我国,1985 年前后,南方葡萄产区首先进行了葡萄的避雨栽培试验,在葡萄栽培方面大面积应用后,逐渐推广应用至蔬菜、桃、枣、梨等其他果树树种。目前,石榴的避雨栽培处于研究探索阶段。

1. 优点与缺点

(1)优点 一是提高坐果率,减轻裂果、增进品质;二是降低园中土壤水分和空气湿度,湿度降低后,不利于病菌繁殖,可有效地减轻石榴病害的发生;三是减少喷药次数和用药量,既有利于生产无公害果品,又可节约农药、人工,降低生产成本。

（2）缺点　由于棚上覆膜,光照减弱（光照比露地减少 1/4～1/3）,闷热时棚内温度偏高,常导致枝条徒长,节间增长,叶片变薄,叶色较淡,制造养分能力减弱,营养积累较少,影响花芽分化,果实着色和推迟成熟,并影响品质。

2. 避雨棚的种类与建造　根据石榴栽植行距的宽窄和栽培的树形,一般可用以下两种:

（1）单行棚　棚宽根据栽植行距而定,以行为单元,每行一个棚,永久性支架棚高应在 3～4 米;可移动性支架以树高而定;棚长 50～100 米。

（2）宽棚　中间高、两边低的屋脊式棚,棚宽 8～12 米,棚中高 4.0～4.5 米,棚边高 3～3.5 米,棚长 50～80 米。

（3）支架　立柱用钢管、圆形或方形水泥桩,钢管和水泥桩基用水泥浆凝固或用木楔塞紧固定,横梁及四周用钢管、竹竿、木杆、塑料管等,其上每隔 50 厘米横搭一根竹竿或细钢筋,绑缚牢固,覆上加厚的塑料膜压紧即成。

3. 棚膜　覆膜:单纯以避雨为目的,4～5 月份雨季到来前覆膜。夏季伏旱期间可以暂时撤除棚膜。8～9 月份秋雨到来前再行覆膜。覆膜期间,不下雨时,应把棚膜卷起,使其多接受阳光照射和散去闷热,以增强光合作用,增加营养积累,增进果实着色和品质。但下雨前一定要覆盖还原。

揭膜时间:在石榴果实膨大着色期,雨水不太多的地区,可以提前揭膜,改善光照条件,促进品质提高;在石榴果实膨大着色期,雨水较多的地区,为防止因多雨引起的裂果和果实病害,安排在采收后揭膜;在雨水特别多的地区,采果后应继续覆膜一段时间,但不能过长,过长易使枝叶徒长和影响花芽分化。

4. 一般管理　单纯避雨栽培条件下,物候期与露地栽培基本一致,不需进行温度调控等操作,其他管理与保护地栽培基本相同。

（1）种植密度　比普通大田露地栽培应密度大些,株距 1.5～

2米,行距3~3.5米为宜。

(2)树形　单干柱状树形为宜。

(3)起垄种植。

(4)挖排水沟　在单行棚或宽棚的外沿滴水线挖排水沟,与石榴园外排水沟相通。

(5)抹芽除萌　石榴萌芽力特别强,避雨栽培条件下,棚下温度比露地高,石榴树基部萌蘖和树冠上萌芽会更多,要及时做好抹芽除萌工作,以减少无效生长,利于通风透光。

(6)常规管理　土壤、肥料、水分、整形修剪和病虫防治等常规管理,参照规范化露地栽培石榴园进行。

十、石榴果园生草栽培

果园生草栽培就是在果园株行间选留原生杂草,或种植非原生草类、绿肥作物等,并加以管理,使草类与果树协调共生的一种果树栽培方式,也是仿生栽培形式。这是较为先进的果园土壤管理方法,目前在世界果品生产发达国家如新西兰、日本、意大利、法国等国果园土壤管理大多采用生草栽培模式,并取得了良好的生态及经济效益。我国于 20 世纪 90 年代开始将果园生草技术作为绿色果品生产技术体系在全国推广,也取得了比较好的效果。果园生草栽培可以结合种植绿肥进行。

(一)果园生草栽培的优缺点

1. 果园生草与果园野生杂草的区别

(1)人工生草的种类 果园人工生草所用的大多为豆科牧草或经过仔细选留的原生杂草,是养地作物,它可以通过生物固氮等方式来培肥地力。而果园野生杂草多为耗地型的禾本科、苋科、藜科等作物,它们不仅不能培肥地力,反而要与果树争肥争水,消耗土壤中的大量养分。

(2)果园生草的特点 果园生草大多根系较浅,植株低矮,匍匐生长,草层多在 50 厘米以下,覆盖度大,保墒效果好,对果树无不良影响;而果园野生杂草大多根系较深,植株高大,直立生长,株高一般都在 60 厘米以上,对保持土壤水分作用不大,还要消耗土壤中大量水分和养分,并且对土壤深层的水分和养分吸收较多;而果树的根系较深,主要是吸收土壤深层的水分和养分,因此杂草易与果树生长发生矛盾。

2. 果园生草的优点

（1）改善果园土壤环境 果园生草后，植被的根系很发达，植物残体在微生物的作用下，形成有机质及有效态矿质元素，改良了土壤，促使土壤有机质和土壤氮、磷、钾含量的增加，降低了土壤容重、增加土壤渗水性和持水能力，有利于土壤团粒结构形成、有效孔隙和土壤容水能力的提高，减缓土壤水分蒸发，提高土壤肥力。

（2）优化果园小气候 果园生草后，可使土壤的温度昼夜变化或季节变化幅度减小，有利于果树的根系生长和对养分的吸收。雨季来临时，草地能够吸收和蒸发水分，缩减果树淹水时间，增加土壤排涝能力；高温干旱季节，生草区地表遮盖，显著降低土壤和果园空间温度，有利于果树生长发育，显著降低果实日灼的发生。

（3）促进果树生长发育，提高果实品质和产量 据研究，果园生草栽培，延长了果树的根系活动时间。春季能够提高地表温度，生草后的根系进入生长期比没有生草的园子早 15～30 天；夏季地表温度被降低了，促进果树根系的生长；秋季土壤温度被增加了，又延长了根系活动的时间，这对花芽的充实、增加树体储存的养分等方面有很好的作用；冬季可以减轻冻土层的厚度，提高地温，减轻和预防根系的冻害。

生草果园由于空气湿度增加，使果实着色率提高，特别是套纸袋的果园。果实摘袋后，影响最大的就是高温和气候干燥，这样果面易产生日灼和干裂纹，而果园生草后改善了果园的小气候环境，有助于提高果实的外观质量，以及果实的可溶性固形物和维生素 C 含量；果实贮藏性增强，贮藏过程中病害减轻。

（4）促进果园生态平衡 果园生草增加了植被多样化，为天敌提供了丰富的食物、良好的栖息场所，克服了天敌与害虫在发生时间上的脱节现象，使昆虫种类的多样性、富集性及自控作用得到提高，在一定程度上也增加了果园生态系统对农药的耐受性,扩大了生态容量。果园生草后优势天敌瓢虫、草蛉、食蚜蝇及肉食性螨类等数量明显增加,天敌发生量大,种群稳定,果园土壤及果园空间富含寄生菌,制约着害虫的蔓延,形成果园相对较为持久的生态系统,有利于果树病虫害的综合治理。

(5)促进观光农业的发展 观光果园、生态庄园以及农家乐果园通过果园生草技术的应用,改善了果园生态环境,提高了生态游的品位,促进了观光农业的发展。

3. 果园生草的弊端 果园间作或套种生草肯定会存在着养分与水分的竞争,果园生草必定会对果树生长有一定影响。生草最主要影响的是碳水化合物和氮素等营养物质在果树体内的运输和分配。在生草前期因为存在着营养物质的竞争,会影响果树的生长量。但据研究,生草后期对果品的产量影响很少,而品质会大大提高。因此,从长远角度来看,果园生草有利于果园综合经济效益的提高。

(二)果园生草草种选择

1. 草种选择的原则 一定要根据当地气候和土壤条件选用适宜的草种,不能盲目。选种原则是:多年生;植株矮秆或匍匐生,有一定的产草量和覆盖效果;根系以须根为主,浅生;与果树没有共同的病虫害,不是果树害虫和病菌的寄生场所;易于管理,耐践踏;适应性强,耐阴,耗水量较少,易越冬,生育期比较短。

2. 草种品种 当前国内外应用较多的适宜果园生草草种有豆科类的红白三叶草、紫花苜蓿、扁豆黄芪、田菁、匍匐箭筈豌豆、沙打旺、紫云英、苕子等;禾本科的有早熟禾、百喜草、多年生黑麦草等。果园人工生草,可以是单一的草种类,也可以是两种或多种草的混合。

（三）果园生草管理

1. 人工植草

（1）直播生草法　就是在果园行间直接撒播草种种子，这种方法简单，容易操作，但用种子量大，而且在草的幼苗期要人工除草，用工量也比较大。此法适合地势平坦、土壤墒情好的果园。草种播种时期根据选用的品种适时进行。具体的操作是：先整地施足基肥，然后浇水，在土壤墒情合适时播种。用沟播或撒播两种方式，沟播就是先开沟，播种后薄薄覆一层土；撒播是先撒种子，然后在种子的上面撒一层干土。出苗后要及时拔除杂草，这种方法费工，所以一般先在播种之前进行除草剂处理，一般选在土壤中降解比较快的和广谱性的除草剂，如百草枯在潮湿的土壤中 10～15 天就会失效，失效后就能种草了。也可在种前先浇水，杂草长出来后再用除草剂，10 天以后再有目的地种草。

（2）苗床育苗法　即先在苗床育好苗后，再移栽。一般用穴栽法，每穴 3～5 棵，穴距 15～40 厘米，豆科草的穴距可以大点，禾本科的穴距可小点，移栽后及时浇水。为抑制杂草产生，也可先在土壤表面喷洒除草剂，待除草剂的有效期过后再移栽。

2. 自然生草　果园在管理中保留果树行间自然生 1～2 年生杂草，清除多年生杂草、恶草，如葎草、莎草等。自然生草适宜我国大面积推广，是果园省力化管理的措施之一。

注意无论是人工植草或是自然生草栽培，草不能与果树生长争夺养分，生草是为果树更好生长服务的。一般幼龄果园，只在树行间生草，其草带应距树盘外沿 40 厘米左右；成年果园，可在行间和株间生草，而果树树干周围 60 厘米范围内不能生草。

3. 生草管理　种草是利用草的功能，改善果园环境，不能因为是草，种后不管，任其自由生长。

（1）苗期管理　出苗后要及时查苗补苗，达到全苗；如果密度过大应间苗,可适当多留苗;同时,及时清除杂草,尤其是恶性杂草;降雨或灌溉后松土保墒。

(2)控草旺长,及时刈割　多年生草,播后头一年,因苗弱根系小,不宜刈割或者用镰刀或便携式刈草机刈割 1～2 次,从第二年开始,每年可刈割 2～4 次;自然生长的杂草,草高超过 20 厘米时,适时进行刈割,一般 1 年刈割 2～4 次;豆科草要留茬 15 厘米以上,禾本科留茬 10 厘米左右。全园生草的,刈割下来的草就地撒开,或覆在果树周围,距离果树树干 20～30 厘米,以利保墒和腐肥。

(3)肥水养草,以草供碳(有机质),以碳养根　要求在草苗期每 667 米² 每次施尿素 4～5 千克提苗促长,每年 2～3 次;天旱时要及时浇水。园地草生长期每次割草后,每 667 米² 撒施氮肥 5～10 千克,补充土壤氮含量,为微生物提供分解覆草所需氮元素,微生物分解有机物变成腐殖质,腐殖质能够改变土壤环境,养壮果树根系,形成无机物→有机物→腐殖质→供养果树→提高果品质量的良性循环。

(4)避免踩踏　雨后或园地含水量大时避免园内踩踏,避免果园土壤板结而影响土壤的通透性。

(5)及时重播　生草 6～7 年后,草逐渐老化,应及时翻压,休闲 1～2 年后,重新播种。

采用果园生草法来代替清耕法,是土壤耕作制度的一次重大改革。果园生草栽培管理技术对于很多果农来说还不是很了解,生产实践中要因地因树因环境制宜,避免盲目,科学应用。

十一、软籽石榴的抗灾栽培

不良的气象因子和环境条件如高温、低温、干旱、水涝、大风、大雪、雨淞(雪淞)、霜冻、冰雹等,轻则对石榴的丰产形成障碍和不利,重则对石榴造成毁灭性的灾害。这些灾害性天气近年在我国不同石榴产区,都不同程度发生过,因此必须充分重视石榴的抗灾栽培。

(一)低温冻害及预防

导致石榴冻害发生的原因有寒流降温、雪、雪淞、雨淞、霜冻等,其中寒流降温是造成冻害的主要因子。石榴在休眠期、或在发芽期前后、或在落叶期前后遇到0℃以下的低温,都有发生冻害的可能。冻害是影响石榴引种及北方产区石榴生产的主要问题,轻则枝、干冻伤,重则整株树整园死亡,常造成毁灭性的灾害,给生产带来极大损失,因此北方石榴产区要特别重视冻害的发生及预防。

1. 冻害发生的频率　冬季不正常低温或极端性天气的发生,有一定的周期性,往往对石榴树造成冻害。长江以南地区,平均发生频率为10年左右1次;而沿黄地区发生冻害的频率一般7~8年1次。

2. 引起石榴冻害的原因

(1)温度　低温是造成石榴冻害的主要原因。在冬季正常降温条件下,旬最低温度平均值低于-7℃、极端最低温度低于-13℃出现冻害;旬最低温度平均值低于-9℃,极端最低温度低于-15℃出现毁灭性冻害。但在寒潮来临过早(沿黄产区11月中下旬），即非正常降温条件下，旬最低温度平均值－1℃、旬极端最低温度－9℃，也导致石榴冻害。例如，1987年11月下旬河南省石榴主产区的封丘、开封、巩义发生的石榴树冻害，其最低气温分别为－12.0℃、－9.1℃、－5.3℃。又如，2009年11月10日黄淮地区普降中到大雪，最低气温降至－8℃左右，持续3～4天，此后整个冬季气温接近常年平均值，降雪地区石榴树遭受毁灭性冻害。再如，2015年11月23日黄淮地区普降中到大雪，最低气温降至－8℃左右，持续3～4天，此后温度恢复至常年平均水平；2016年1月22～24日本地区又出现极端最低温天气，最低气温普遍降低至－10℃以下，山东省峄城石榴产区更降至－16℃～－17℃，降雪地区石榴树再次遭受毁灭性冻害。前一种冻害是在石榴休眠期发生的，石榴树体经过降温锻炼，抗寒性相应提高，只有较低的温度（－13℃～－15℃）才能造成冻害，严重发生的特点是地上部乃至整株树均受害，干枝死亡。而后一种则是成年石榴树刚落完叶、幼龄树部分落叶，石榴树尚未完全停止生长，没有经受低温锻炼，抗寒性较低时发生的，冻害的致害温度相对较高。这种冻害发生的典型特征是根茎部受害，木质部与韧皮部间形成层组织坏死，易产生离层。

（2）品种　不同品种抗寒遗传基础不同，对冻害的抗御能力也有差别，一般落叶晚的品种抗寒力弱；由于原产地自然条件的不同，形成了不同的遗传差异，抗寒性不同，生长在亚热带地区的石榴品种抗寒性明显低于暖温带地区石榴品种，我国石榴品种南树北引，石榴树极易因不耐冬季低温而受冻害。

（3）立地条件　立地条件不同，冻害发生程度不同：一般多风平原地区冻害重，丘陵地区次之，丘陵背风向阳处最轻；丘陵地区，阳坡的石榴树冻害轻于阴坡沟沿的石榴树。不同地形生长的石榴树遭受冻害的差异，实为温度效应差异（表11-1）。

表 11-1　强寒流降温造成石榴冻害情况调查

产　区	地　形	日平均气温 ≤0℃负积温	日最低气温 ≤0℃负积温	水浇地1年生 苗地上部冻死 （%）	健壮成年树 冻害指数 （%）
封　丘	平　原	−27.8	−59.2	100.0	26.88
开　封	平　原	−21.5	−52.7	99.2	20.00
荥　阳	丘陵上部	−14.2	−37.3	96.0	15.11
巩　义	丘陵下部 背风向阳处	−11.2	−30.3	86.1	10.77

在同一立地条件下，有防护林、地堰、高墙等屏障挡护的冻害轻；同一株树迎风面冻害重；空旷田野的石榴树冻害重，庭院石榴树冻害轻或无冻害。

（4）土壤水分　因土壤水分缺乏，导致土壤冻层加厚。据笔者 1997 年 1 月 8 日调查：连续 5 日气温在 −4℃～−9℃ 的情况下，适时冬灌的冻土层为 8 厘米，冬灌晚的冻土层为 9.9 厘米，而未冬灌的冻土层为 11 厘米，在冻害发生过程中，冻土层越厚，根系及地上部受冻害越重。当土壤水分适宜时也不宜发生"旱冻"和"抽条"现象。

（5）苗木来源　用不同繁殖方法获得的苗木，因其根群数量与质量的不同，冻害轻重也不一样：实生苗根群质量最好冻害最轻，根蘖苗次之，扦插苗最重。近年来各地在发展"突尼斯软籽"石榴品种时，大量采用本地抗寒性强的品种作砧木高接育苗，或大树高接换头，可以达到一定的抗寒栽培目的。

（6）树龄树势　树龄大小对冻害的抵抗能力不同，7 年生左右树抗寒性最强；低于 4 年生的幼树，树龄越小，抗寒性越弱；15 年生以上的成年树，因长势逐渐衰弱又易受冻害。

树势生长健壮无病虫危害冻害轻，反之冻害重。

3. 冻害的症状 受冻害较轻时受冻部位树皮表皮为灰褐色,第二年生长季节表皮块状开裂并逐渐脱落,裸露出内层青色树皮;严重的为黑色块状或黑色块状绕枝、干周形成黑环,在冬春季,树皮即开裂,深达木质部,甚至木质部开裂,黑环以上部分逐渐失水后造成抽条而干枯。从受冻部位的横纵切面来看,因受害程度不同而形成层受害为浅褐色、褐色或深褐色。植株受冻后,因冻害轻重及受冻部位不同,不一定表现出冻伤症状,受冻害严重时,春天根本不能发芽;受冻害轻时,特别是非正常降温引起的轻度冻害,春季也能萌芽,后逐渐死亡;树体受冻后,受冻部位形成伤疤,极易感病,有些树当年不死,以后也会因生长弱,慢慢死亡。

4. 冻害的预防

(1)选用抗寒品种 如河南省新育成的蜜露软籽、蜜宝软籽、豫石榴 1 号、豫石榴 2 号等,抗寒性强,适宜黄淮及以南地区种植。除选用抗寒品种外,还可以选用抗寒性较强的品种作砧木,在距地面 110 厘米以上处嫁接选定的优良品种。

(2)保持健壮的树势 采取综合管理措施使石榴树保持壮而不旺,健而不衰的健壮树势,从而提高其对低温的抵抗能力。

(3)控制后期生长,促使正常落叶 正常进入落叶期的果树,有较强的抗寒力。因此在果园肥水管理上,应做到"前促后控",对于旺长的石榴树,可在正常落叶前 30～40 天,喷施 40%乙烯利水剂 2 000～3 000 倍液,促其落叶,使之正常进入落叶休眠期。

(4)合理间作 石榴园间种其他作物应以防止石榴树秋季旺长保证正常落叶为前提,秋季不宜间作需肥水较多的白菜、萝卜等秋菜。而应间作春、夏季需肥水多的低秆作物,如花生、瓜类、豆类、绿肥等。

(5)早冬剪喷药保护 冬剪时间掌握在落叶后至严冬来临之前,沿黄石榴产区以 11 月中下旬至 12 月上旬为宜。

修剪时尽可能将病枝、虫枝、伤枝、死枝剪除,减少枝量相应减少了枝条水分消耗,可有效防止"抽干"和冻害,在干旱风大的地区,效果尤为明显。

对修剪造成的大的伤口,应用保护剂保护,如接蜡、凡士林、白漆等涂抹,防止伤口受冻。

冬剪之后及时用石硫合剂或波尔多液对全树喷雾,既防病防虫,又可为树体着一层药液保护膜而防冻。

有选择地使用果树防冻液,目前市场销售的果树防冻液,其防冻原理大概分两种类型:一类是在落叶前喷洒,增加树体养分积累、特别是提高细胞内糖分浓度,以提高树体抗寒防冻能力;另一类可在落叶后、严寒低温来前 10~15 天喷洒,在树体表面形成一层保护膜,达到防寒的目的。果树防冻液只起到辅助防寒作用,不能根本解决问题。

(6)根茎培土,树干保护 有研究表明:地面至地上 35 厘米处石榴树干,是细胞和水分最为特殊、敏感的部位,也是导致树体死亡的生命区。因地面温度变幅较大,以致根茎最易遭受冻害。定植 1~2 年的幼树尽量埋干防冻;大树不能埋干的,先用涂白剂涂白,或涂防冻剂,然后高培土,培成上尖下大的馒头形,高度 50~80 厘米;或者树干缠塑料条、捆草把、防水材料缠包等,这些缠包材料使用时,要注意避免冬季雨雪天气结冰造成二次伤害。

(7)早施基肥适时冬灌 冬施基肥结合浇越冬水适时进行,既起到稳定耕层土壤温度、降低冻层厚度作用,树体又可及时获得水分补充,防止枝条失水抽干造成干冻。冬灌时间以夜冻日消、日平均气温稳定在 2℃ 左右时为宜,沿黄地区冬灌时间为 11 月中下旬至 12 月上旬。

(8)设立风障,利用小气候 利用防护林、地堰、高墙等屏障保护,防护林在林高 20 倍的背风距离内可降低风速 34%~59%,春季林带保护范围内比旷野提高气温 0.6℃ 左右,所以在建园时应考虑在园地周围营造防护林;也可在树行间设立秸秆、挡风篱笆等;此外,还可以利用背风向阳的坡地、沟地、地堰、高墙等小气候适宜地区建园。

(9)园地树行间设置生物积温发酵槽　于秋季落叶后在树行间顺行向开深 50 厘米、宽 50～60 厘米的沟,将粉碎后的秸秆,掺入有机肥、微生物菌剂等平铺在沟内、厚度 10 厘米左右,然后将土覆盖表面。当秸秆开始发酵后地表温度会升高,有助于提高整个冬季全园地面温度,并形成气流隔寒。

(二)高温日灼及预防

在 6～8 月份,空气温度升高到某一界限温度以上时,对石榴树的生长和发育产生不良影响,致使石榴树体受到伤害。

据研究,当温度达到 40℃～50℃时,高温使酶类钝化、叶绿体结构遭破坏,光合作用几乎停止。而呼吸作用在一定的温度范围内,温度越高,呼吸作用增强,在超过 40℃的温度时,呼吸作用比光合作用强。这时果树制造的养分没有消耗的多。当持续高温,蒸腾作用增强,水分得不到及时补充,叶面气孔又不能正常闭合时,植物体内大量的水分通过气孔向大气逸出,使果树呈饥饿失水状态而发生萎蔫。此时,若高温伴有强烈的光照,有可能使石榴树和果实发生灼伤,以果实、叶片灼伤多见。

1. 果实日灼病的症状及不良影响　石榴果实、叶片被灼伤,又称为"日灼病",或叫"日烧病"。属于石榴生理病害。症状表现为:果皮初期光泽暗淡,并有浅褐色的油渍状斑点出现,进而变成褐色、赤褐色、黑褐色大块病斑;日灼病发生后期,病部出现轻微凹陷,脱水后病部变硬,病斑中部出现米粒大小的灰色瘤状突起,其内部果皮变褐、坏死,内部籽粒不发育或发育不全,红籽粒品种籽粒为白色不变色,或者籽粒部分凹陷上有褐色斑点;严重的致果实部分或整体腐烂掉。

石榴日灼病果容易被病原菌侵染而诱发其他病害,并影响外观,降低食用价值,最终影响产量和经济效益。

日灼病果症状:见彩图 11-1。

2. 果实日灼病的发生原因及相关因素 石榴果实日灼病发病的原因,是由果实局部温度过高造成的。一般认为:当果面温度达到 40℃以上并持续一定时间时,易对果实组织造成灼伤,而果实局部高温,则是在太阳辐射强度大或强日光直接照射下形成的。

(1)果实日灼病发生的时间与气象因素 据调查,石榴果实灼伤发生的季节和月份,一般在夏、秋季节的 6~8 月份,以 7 月份发生率较高。在一天中发生灼伤的时间多在下午 1~3 时,以下午 2 时前后为多。除温度外,发生日灼与当时的其他气象因素也有关系。如风的有无,有风时,可以加速器官和组织蒸腾作用的进行,同时风的运动可以降低大气和果面温度,避免日灼的发生,而无风时日灼易于发生;无云或少云天气易发生日灼,有云或多云天气日灼不易发生;干旱使果面组织因蒸腾作用水分大量缺失,温度升高形成日灼,适当的空气湿度和土壤墒情,则可减轻日灼的发生;高温、高湿、强光照条件下,也易造成果实组织短时间内水分过多过快地丢失,导致日灼病的发生。

(2)果实日灼病发生与栽培因素 据调查,不同的立地条件、土壤质地、肥力水平、树体形状、修剪程度等因素与日灼病的发生有一定的关系。湿润平坦和背阴的丘陵坡地不易发生,而干旱向阳的丘陵坡地易于发生;壤土和黏壤土质、肥力高的果园不易发生,而沙土和沙壤土质、肥力差的果园易于发生;纺锤形和分层形的树形不易发生日灼病,而开心形日灼病易于发生;修剪量大、修剪重的日灼病重,而修剪量适中的日灼病轻。

(3)果实日灼病发生的生物学因素与部位 石榴果实日灼病的发生与果实着生的部位、着生姿势、果枝长短、主枝角度、树体长势等因素有关。树冠南部和偏西南部日灼发生率较高,而其他方位较低;果实萼筒向下的"下垂果"发生率偏低;长果枝果实因枝长果实下垂其上有叶片遮阴而日灼发病率低,而短果枝果实因其上遮阴的叶片少则发生率高;主枝角度大的日灼病重,主枝角度合适的日灼病轻;树体长势强壮、叶片繁密发生日灼病轻,而树势衰弱、叶片稀小发生日灼病重。从果面上看,日灼病发生的部位,一般在果实的中上部、南方或偏南方向,与其向阳面的角度和当时太阳高度角有关。

3.果实日灼病的预防

(1)选择合适的园址 选择适宜石榴生长的壤土、轻黏壤土或轻沙壤土质、山前台地或丘陵坡地的中上部、肥力较高、灌排方便的土地建园,从根本上解决问题。

(2)选用抗病品种 据观察,表皮组织粗糙的石榴品种抗日灼病较强,而表皮质地细嫩的品种抗日灼病较差。生产上应选择适宜当地条件的抗日灼性强的品种。

(3)选择合适的树形 选择自然纺锤形、改良纺锤形进行整形,少用开心形整形,因开心形无中干,光照直射内膛,易使暴露在叶外的果实受灼伤。

(4)合理修剪,注意分枝角度 每年的修剪量要适度,修剪过轻则易造成前期冠内郁闭,果实着色不良,后期枝条衰弱,结果率下降;修剪过重,则易造成冠内出现大"窟隆",使下部果实造成灼伤,特别是疏除或回疏树冠南部和偏南方向的多年生辅养枝时应注意。

因石榴树枝条比较柔软,在整形拉枝和载果量大时撑顶绑缚结果枝时,应注意其处理角度,一般应掌握在拉枝时不大于60°,撑顶时不大于70°。

(5)合理密植,注意通风透光 建园时应综合考虑合适的密度,不可盲目密植,以免在成园后造成果园郁闭,通风透光不良,树冠上部发生日灼,下部又影响果面着色。

(6)合理选定果 在选定果时,应多留下垂果、叶下果,少留出叶的"朝天果",疏去过晚的7月果和细长枝梢的顶端果。

(7)果实套袋 果实套袋是预防日灼病和病虫害、保持果面干净、提高果实商品质量的有效措施。目前各产区套袋选用的有果实专用白色木浆纸袋、双层纸袋、塑料薄膜袋、白色无纺布袋等多种,笔者研究表明,以选用白色木浆纸袋、白色无纺布袋效果最好。

方法是在果实发育初期、尾部膨大发青、生理落果后,经过防病虫处理,将石榴果实套袋,在果实成熟采摘前 10～15 天,于晴天下午 4 时后、阴天全天先撕开袋下部,2～3 天后再去掉袋。

(8)降低温度,增加湿度　在干旱时,可采取园地浇水或高温时段叶面喷水等措施,适当增加土壤湿度,降低果面温度;有条件的果园可采用生草栽培法,保持果园温度相对稳定,减轻日灼发生。

(三)雪灾及预防

据调查和多年实践经验,我国黄淮石榴产区,冬季中雪量级的降雪,加之持续 1 周以上的低温就有可能对石榴树造成冻害。

1. 大雪对石榴树危害的成因

(1)重力压折　大雪因重力作用致石榴树枝干压折受害。

(2)融雪受冻　雪在融化时从周围、包括从树干内吸收热量,导致局部空气温度降低,使树体受冻;雪后转晴,白天温度回升时雪融化一部分,晚上温度降低雪水成冰,枝干上形成冰层,使枝、干弹性降低,刮风时容易折断或枝干皮层受机械创伤;另外,枝、干结冰后渗透压高于枝、干组织细胞内的渗透压,迫使水分外渗,造成组织伤害。

(3)主干皮层受冻　当地表被雪覆盖时,相当于原来地面的雪层表面温度较低,且变幅较大,特别是在雪后晴天和辐射降温的夜间,雪层表面以上气温比裸露地面气温低 3℃～7℃,极易对雪层表面以上的主干皮层造成冻害。

(4)根系窒息受害　大雪使地面覆盖了一层厚厚的积雪,积雪时间越长,积雪层越厚,沉降的作用越强,积雪的密度就越大,导致积雪层下土壤氧气减少,易使石榴根系呼吸作用受到影响,直至窒息死亡。

2. 雪害的预防

(1)及时清除积雪　雪住后,晃动枝干,抖落枝条上的积雪,避免对枝干的压折,还可以防止融雪时雪水在枝条上结冰冻伤枝条。同时,要及时清除树冠下的积雪,至少距树干 60 厘米范围内的积雪要铲除,减轻因融冰降温而冻伤石榴树。

(2)采用物理方法　积雪层较薄时,可用草木灰、炭黑或水等撒在雪层表面,促其融化,以减轻冻害的发生。

(3)搞好防冻措施　我国北方石榴产区,冬前全面做好防冻措施。

(四)雨凇及预防

雨凇又叫冻雨。是由过冷却水滴与地面、地上物体接触后即刻冻结成冰的一种天气现象。雨凇在我国各石榴产区、特别是高海拔地区的云南、贵州等地区,从深秋至翌年初春都可能发生,开始期多为 12 月份,早则 11 月份,结束期多在 3 月份,以 1～3 月份多见。在黄淮地区雨凇发生的频率约 1.5 年 1 次。

1. 雨凇对石榴树的危害

(1)重力压折　雨凇的密度较大,为 0.8～0.9 克/厘米^3,雨凇使全树布满粗细不一的冰棒,成为一株银装素裹的"玉树",所增加的重量,可达植株自重的 5～20 倍以上,可使石榴遭受到枝干压折、倒干等危害。

(2)枝干覆冰窒息受害

(3)枝干皮层机械损伤　枝干覆冰后,弹性降低,风吹摆动易使枝干皮层机械扭伤。

(4)融冰降温受冻　1 克 0℃的冰,融化成 0℃的水需吸收

334.994 焦耳的热量,雨凇融化时需吸收大量水分,致使枝干受冻。

(5)植物细胞受害　植物组织细胞外结冰,水分外渗,生理失水受害。

2. 凇害的预防

(1)避免在迎风处建园　据研究,雨凇在山脊迎风处危害重,黄淮地区雨凇时常伴有北风或偏北风。故宜选择南坡建园或在果园北面营建防护林,以减轻雨凇的危害。

(2)人工除冰　及时敲打凇冰减轻压折、倒伏及冻害。

(3)人工加固　对压折的枝干,在折断处绑缚加固,争取枝干恢复生长,对损伤严重枝干,予以截除,伤口大的涂保护剂保护。

(五)霜冻及预防

霜是秋季至春季由平流或辐射降温,使水汽在地面和近地面物体上凝集而成的白色松脆的小冰晶,或由露冻结而成的冰珠。能看见的霜称之为"白霜",而只看见植物叶片被冻坏呈黑色状,没有白色凝结物出现的霜称之为"黑霜"或叫"枯霜"。霜发生时因低温使果树遭受冻害叫霜冻。发生霜冻时当时近地面空气中,水汽达到饱和状态时,易出现"白霜",水汽不足时,易出现"黑霜",而"黑霜"对果树和农作物的危害往往比"白霜"严重。

1. 霜冻发生的时间及危害原理　在秋季第一次出现的霜冻称为"初霜冻";在春季发生的最后一次霜冻称为"终霜冻"。初霜冻后到终霜冻的持续日数称"霜冻期"。终霜冻后到初霜冻的持续日数称"无霜期"。我国石榴分布范围较广,南北纬度跨度大,各产区遭受初、终霜冻影响的时间不同。

初霜冻出现的日期:10月初,沈阳、承德、榆林、岷县、昌都、拉萨一线初霜开始;11月初,霜冻线南移达烟台、临沂、郑州、西安经青藏高原东坡到滇西北一线;12月份东部北纬 30°左右、西部汉水、云南北纬 25°左右以南开始初霜;1 月初霜冻线南进到东部北纬 25°左右和西部云南最南部;四川盆地内 12 月中下旬以后才有霜冻,比东部同纬度平原地区晚 30~40 天之久;我国无霜冻区为西双版纳、河口地区、台湾大部、雷州半岛以南的海南岛和南海诸岛等地区。

终霜冻日期的分布形势与初霜冻日期相反。即初霜最早的地区,其终霜最晚。四川盆地大部、东部北纬 27°~28°以南地区 3 月初一般不再见霜;秦岭、淮河以南大约 3 月底至 4 月初终霜;临沂、枣庄、开封、郑州、洛阳一线以南大约 4 月 10 日前后终霜;济南、安阳、西安一线以南大约 4 月 20 日前后终霜;沈阳、承德、太原、甘肃平凉直至滇西北线以东南地区 5 月初终霜。

各石榴产区要根据本地霜冻出现日期,提前做好预防工作。

霜冻的危害,实质是冻害。

2. 霜冻的预防

(1)慎选园址　霜冻发生时,由于冷空气密度大,容易向低洼的地方沉积,温度比平地低 4℃~5℃,故低洼地易受霜害,而丘陵坡地较轻;就坡向而言,南坡霜害轻,北坡霜害重;在有湖、河水域面积大的地方,因水的热容量大,降温慢,冻害发生轻。所以,应选择有天然屏障的山前台地和向阳的南坡坡地或水域附近建园。

(2)营造防护林　抵御寒流,减轻危害。

(3)园地浇水　浇水后土壤的热物理性状得以改善,温度比干旱地可提高 2℃左右,可有效地提高石榴树抗御霜冻能力。根据天气预报在霜冻前 1~2 天浇水,效果较好。

(4)树冠喷水　根据天气预报于霜冻来前 1 天树冠喷水,以增加枝条的含水量避免干冻,同时水在冻害发生时还会释放出一定的热量减轻霜冻危害。

(5)地面覆盖　地面覆盖秸秆或地膜,可以减少地面有效辐射,提高地温 1℃~2℃,从而降低霜冻危害程度。

(6)熏烟或生火　霜冻发生前,在石榴园内及周围按照一定的密度,均匀堆积杂草、树叶、秸秆等,有条件的可加入无毒的发烟剂如红磷、硫磺等,在温度下降至近0℃时点燃,让其只冒烟,不起明火,使近地面笼罩一层烟幕,防止地面热量的散失。同时,在制烟过程中,也会产生大量热量,这样烟雾覆盖与点火增温可使近地面气温升高1℃～2℃。近年来,我国冬、春季雾霾现象较重,为减轻空气污染,国家明令禁止焚烧秸秆及柴草。可在霜冻来临前,根据温度降低程度,在果园内不同点均匀点燃煤球炉,生火增温防霜冻,一般温度降至近0℃时,每667米² 点燃15个煤球炉;温度降至−2℃左右时,每667米² 点燃30个煤球炉。

(六)冰雹及预防

冰雹,也叫冷子。是从发展强盛的积雨云(也叫冰雹云)中降落的大小不等的冰块或冰球,是一种灾害性天气现象。

1. 降雹的分布和出现时间

(1)降雹地理分布特点与季节变化 在亚热带向暖温带过渡地带,境内自然环境复杂,气流活动频繁,都有可能形成降雹的条件。地理分布方面:在黄淮地区山地多于平原,北部多于南部,相对集中于山地和平原的交界地区;季节方面:全年各月都有可能降雹,但各月出现次数悬殊,以2～9月份较多。亚热带地区2～6月份较多,个别年份冬季也可能降雹,暖温带地区6～7月份较多;不同气候区均以春末和夏季出现机会较多。

(2)降雹持续时间和日变化 用降雹的持续时间和冰雹直径表示降雹强度,黄淮流域降雹持续时间一般在30分钟之内,多为5～15分钟。冰雹直径一般在0.5～3厘米,大的直径超过25厘米;重量多为0.5～5克,但也有特殊情况,如1970年7月9日下午,河南省嵩县降雹3分钟,其中最大的冰雹重量达1 750克;再如2015年8月28日、30日,河南省荥阳市广武镇接连遭遇大风、冰雹天气,特别是30日傍晚,降下的冰雹有鸡蛋大小,降雨、降雹持续时间超过 30 分钟,使当地包括石榴在内的多种果树和农作物损失惨重,几近绝收。

一日之内降雹多集中于下午 1~6 时,南北差异不明显。一般降雹在白天,而亚热带地区也有夜间降雹现象。

2. 冰雹对石榴的危害 冰雹对石榴的危害主要是重力创伤,冰雹从数千米的高空降落冲击力是其重量的数倍,而一般降雹天气常伴有大雨大风,所以雹灾轻则造成叶片残破不全,影响光合作用,果实受伤,斑痕累累,降低商品价值。重则造成枝条皮层受伤,枝条折断,叶果脱落,颗粒无收。受冰雹袭击重灾后,树体伤口极易遭受病菌侵染,引发病害,组织坏死,导致树势早衰。

3. 雹灾的预防和补救措施

(1)植树造林 大面积树木可以改变小区气候,使之不易产生强烈的上升气流,这是防雹的根本办法。

(2)科学选择园地 "雹过一条线,年年旧路串",这说明冰雹的活动路线有一定的规律性。在建园时,要了解掌握冰雹在本地的活动规律,将石榴园建在冰雹移动路径以外的地方。

(3)高炮或火箭防雹 根据预报在降雹前,用高炮或火箭轰击冰雹云,使炮弹或火箭在冰雹云中爆炸,利用其产生的冲击波,改变空气在云中的流动规律,破坏上升气流,促进云内外空气的交换。冲击波导致小冰粒数量增加,减少冰雹体积增大机会,而大的冰雹在冲击波的作用下,也会被破坏变成小冰雹。

(4)药物催化 降雹前,用高炮或小火箭将顶部装有氯化物(氯化钠、氯化钙)或碘化物(碘化银、碘化铅)或干冰的弹头发射到积雨云中,弹头爆炸,化学物质分散。据研究,1 克碘化银能产生 1 万亿计的冰晶核,这些人造冰晶核,可迅速吸收积雨云中的过冷却水,限制冰雹的增长,或在其到达地面前即自行融化为雨滴降落。

(5)雹后补救 雹后及时喷洒杀虫杀菌剂防止病虫害的发生;剪去伤残枝条,加强肥水管理,使树势尽快复壮。

(七)大风及预防

风速每秒≥20.7米,风力8级以上称为大风。8级以上大风可使树木枝条折断,10级阵风可使树木连根拔起,建筑物损坏严重。

1. 大风对石榴的危害 多风地区一年四季均可造成危害,春季使土壤和树体水分缺乏造成干旱,影响正常的发芽抽枝;新芽期易造成叶缘枯焦,叶片失水,气孔关闭,光合作用下降甚至叶片脱落;开花期大风限制了昆虫活动影响传粉,同时大风导致花朵脱落,花粉粒失水,生活力下降,受精不良,坐果率降低;夏、秋季吹落果实,擦伤果皮,扭伤枝干等;冬季大风,往往造成寒流降温,土壤冻层加深,冻害加重,盐碱地还易引起返碱。生长期多风的果园,增加了树体、果实擦伤、果枝扭伤等机械损伤的机会,对病菌的传播、侵染十分有利,影响果树的正常生长。

2. 对大风的预防

(1)营造防护林 据研究,防护林在树高0～30倍的距离,紧密结构林可降低风速75%～35%;疏透结构林可降低风速74%～43%;通风结构林可降低风速51%～46%。有条件的果园、大型果园、特别是多风地区,营造不同结构的防护林,是防风、冬季防冻的重要措施。

(2)选择背风处建园 根据当地大风的主要风向避开风口,选择背风处建园,既可以防止风害,又可以防止冬、春季大风寒流强降温造成的冻害。

(3)浇水 风后及时浇水,补充树体水分亏缺,矫正大风引起的生理失常,尽快恢复树体的正常生长发育。

(4)降低主干高度 多风地区主干高度比正常情况降低20厘米左右,使树冠重心下移可提高抗倒能力。

(5)选择适宜的树形 改单干型为多干型,分散树冠对单干的压力,增强抗倒能力。

(6)绑缚加固　果实生长期,及时进行疏花疏果,保持合适载果量,并对结果主枝、主干,用杆、棍绑缚加固,以防大风折坏。

(7)风后保护　大风后,应用杀菌剂或其他保护剂对树体进行喷雾,防止病害发生。

(八)干旱及预防

干旱是制约石榴丰产的主要障碍因子之一。据笔者1997年调查,在石榴果实膨大期水量减少47.41%、果实迅速膨大期水量减少61.89%时,丘陵旱地石榴减产19.04%~30.95%。

1. 干旱发生的区域和季节　我国地域广阔,各地气候特点、降水量差别较大,干旱发生的区域和季节不同。东北和华北地区春季干旱较多;秦岭、淮河以北地区,春旱或春夏连旱居多,个别年份春、夏、秋连旱;秦岭、淮河以南到广东、广西北部,夏秋旱较多而春旱较少;华南南部多发生秋冬旱或冬春旱,有些年份有秋、冬、春连旱现象;川西北常有春夏旱;川东有伏秋旱。整体上,我国各地由于受大陆和海域的影响不同,故干旱发生的区域是东部沿海轻,西部陆地重;南部沿海轻,而北部陆地重。

黄淮石榴主产区,近年来旱情有加重趋势。

2. 干旱的危害　干旱使植物体得不到及时的水分补充,导致生理生化发生反常现象。

生长季节为了抵御干旱减少水分蒸腾散失,植物体气孔关闭,影响了二氧化碳的摄入,叶绿体合成受抑制,减弱了光合作用的进行;由于植物体内水分缺乏,易造成落蕾、落花、落果;干旱缺水常导致叶片脱落,降低了光合面积,养分积累减少,影响花芽分化和翌年的产量;夏季高温干旱还易导致植物体温升高、代谢紊乱,叶、果组织被灼伤;秋季干旱,易导致树体提前落叶,生长期缩短,组织发育不充实,冬季遭遇低温时树体易受冻;生长季节久旱而雨,树体内部组织的剧烈异常变化,还可能导致植株死亡,特别是果实成熟前期,久旱遇雨,极易造成裂果。

3. 干旱的预防

(1)植树造林,改善生态环境　这是从根本上解决干旱问题的关键。

(2)改善灌溉条件　可用井灌、提灌、喷灌、滴灌、渗灌等方式改善和提高果园灌溉条件,彻底解除干旱对果园的威胁。

(3)整修梯田,防止水土流失　山地、丘陵、坡地,按等高线修梯田建园,坡度太大时挖半圆形鱼鳞坑栽树。质量高的梯田,可拦蓄 70%~80% 的降水量,其效果较鱼鳞坑好,同时石榴树的发育和产量也较好。

(4)深翻改土　土壤含水量与土层厚度、土壤的理化性状、有机质含量相关。土壤肥沃,土层深厚,土壤持水能力提高。据测定,经深翻改土的土壤孔隙度提高 12.66%,土壤含水量提高 7.6%,而深翻改土的石榴根系较未深翻改土的深 20 厘米,根量增加 184.35%,根系密度(条/米^2)增加 106.71%,根量和根系密度的增加,有利于对水分的吸收,提高了石榴的抗旱能力。

(5)园地覆盖　据研究,覆盖塑料地膜的土壤含水量较不覆盖地膜的提高 35.63%~87.5%;覆盖秸秆的土壤含水量较不覆盖秸秆的提高 29.89%~75%。覆盖的效果还表现在高温期可以降低地温。覆盖地膜的较不覆盖地膜的降低地温 0℃~2.7℃,降温幅度为 8.26%,覆盖秸秆的较不覆盖秸秆的降低地温 2.2℃~4.7℃,降温幅度为 8.3%~14.37%。覆盖使干旱高温季节地温降低,减轻了对根系的伤害。从降温、保温、增加土壤有机质、改善土壤结构等综合因素考虑,提倡秸秆覆盖。覆盖材料可选择黑白色塑料薄膜、可降解的黑白色无纺布膜、作物秸秆、经处理过的树叶等。有条件的可以采用生草栽培,提高果园抗旱能力和夏季降低果园温度。

(6)使用抗旱抑制剂　目前,果树生产中应用的抗旱抑制剂有黄腐酸(抗旱剂 1 号)、阿司匹林等。据报道,用 0.05%～0.1%阿司匹林水溶液喷洒果树,能减少因干旱引起的落花落果,增加产量。此外,在土壤中使用土壤保水剂,对提高土壤含水量,增强石榴树抗旱能力有作用。

(九)冻旱(抽条)及预防

在华北及西北内陆地区石榴栽培往往不能安全越冬,常见的是过冬后的幼树枝条自上而下干枯,这种现象称为"抽条"。抽条严重的植株地上部分全部枯死,比较轻的则 1 年生枝条枯死或多半死。抽条的幼树根系一般不死,能从基部萌出新枝,由于根系发达,长出新枝比较旺,对于旺枝,翌年冬季还会抽条,形成连年抽条,树形紊乱,严重影响石榴的生长和结果。

1. 石榴产生抽条的原因 冻旱引起的生理干旱是石榴产生抽条的主要原因。以前认为抽条是一种冬季发生的冻害,由于低温使枝条冻死,而后失水干枯形成抽条。实际上从观察抽条产生的时期来看,1 月份枝条没有抽条,至 2 月中旬,枝条发生纵向裂皮,并且从枝条上部向下部发展,形成枝条由上而下的死亡。因此,从抽条发生的时期来看,不是在冬季最冷时期而是在冬末春初,尤以早春为严重,当早春天气干旱,加之常有干燥的西北风,抽条就严重。反之,抽条则轻。说明发生抽条不是冻害引起的。

真正产生抽条的原因是因为生理"冻旱"引起。北方地区冬季寒冷,在冬天和早春,地下土壤冻结,幼树的根系很浅,大都处于冻土层,不能吸收水分或很少吸收水分,而早春气温回升很快,同时风大空气干燥,枝条水分蒸腾量很大,根系不能吸收足够的水分来补充枝条的失水,造成明显的水分失调,入不敷出,引起枝条生理干旱,从而使枝条由上而下抽干。

2. 防止抽条的措施 了解产生抽条的原因,防止抽条的方法也应该从地上、地下两方面来进行。

(1)秋季控制树体生长,做好病虫害防治　北方夏末秋初降水多,秋梢生长量大,枝条发育不充实,尤其晚秋气温较高时,如果不控制肥水,氮肥施用过多,易造成秋季落叶延迟,并延迟停止生长,在初冬寒潮突然来临时气温骤然下降,在树体营养未能充分回流、枝条越冬锻炼不足时,被强制休眠,在春季多风少雨,空气干燥时,必然发生抽条。此外,介壳虫类等虫害严重发生时造成树体早期落叶,影响枝条的正常生长,发育不充实,也会加重抽条的发生。

因此,秋季应适度控水控肥,并加强病虫害的防治,生长后期不施氮肥,多施磷、钾肥,以利枝条的健壮,及早停止生长,增强幼树的越冬抗逆能力。当初秋枝条依然生长较旺盛时,可通过掐尖、喷施生长抑制剂等,抑制枝条生长。全株喷施适当浓度多效唑,可起到良好的控旺促壮效果。

(2)涂抹保护剂　对于2年生以下的幼树可以涂抹保护剂。常见的保护剂有动物油脂、甲基纤维素、凡士林及其他复配的防抽油等。这些防护剂往往含有机油成分及其他低分子的油类,渗透性强,对芽及伤口嫩皮有一定的伤害作用,因此一定要注意不要涂抹过厚,以免春季融化后造成枝条和芽的伤害。涂抹时间以12月份气温较低时进行,选择晴天温暖的中午前后,先将防护剂均匀搓在手套或布上,然后抓住枝条,自下而上进行涂抹。涂时要求涂抹均匀而薄,在芽上不能堆积防护剂。

(3)根茎培土,树干保护　定植1~2年生的幼树尽量埋干防抽干;大树不能埋干的,先用涂白剂涂白、或涂抹保护剂,然后高培土,培成上尖下大的馒头形,高度50~80厘米;或者树干缠塑料布条、捆草把、防水材料缠包等减少枝干失水,这些缠包材料使用时,要注意避免冬季雨雪天气结冰造成二次伤害。

(4)地膜覆盖　秋冬施肥浇水后,在幼树的两边各辅一条宽约1米的地膜,对于防止抽条具有很好的效果。冬季进行地膜覆盖不但可以保持土壤水分,特别是可以提高地温,在华北内陆地区,地膜下的土基本不冻结,在枝条水分蒸腾量很大的早春,阳光好时,地膜下的温度可达 10℃以上,根系已经能活动,吸收水分,补充地上部分水分的消耗,从而有效地解决地上、地下部水分失调的问题,达到防治抽条的目的。

北方地区石榴防止抽条要进行 2~3 年,4 年生以上的树一般不会再发生抽条。应该注意的是所有的防护措施都是建立在良好的栽培管理基础上的,尤其秋季的栽培管理,对于防止抽条具有重要的意义,一定要十分重视。

(十)水涝及预防

指较长时间降雨或短时间的强降雨,在低洼地方由于排水不畅形成积水,淹没土地或植物,发生田间渍害;丘陵山区易形成局部地面径流,冲走地表土壤,重则将石榴树连根拔起,对石榴树造成不可逆伤害。据调查,石榴园地面积水 10 天以上,2 年生石榴树淹死率 16.7%左右,3 年生石榴树淹死率 5.5%左右,根部、根茎部发生病变株率 30%左右,3 年生石榴树裂果率7.3%~28.6%。

1. 水涝发生的特点　我国石榴分布范围较广,跨越不同气候带,各地年降雨量差别较大。黄淮产区一般以夏涝为主;淮河以南地区多出现春涝和秋涝;就强度而言,以夏涝为重,秋涝次之,春涝较轻;平原低洼地带、盆地、河滩地、土壤黏重地点易发生积水形成渍害。丘陵山区易发生洪水灾害。涝灾发生的频率,不同地区、不同立地条件差别较大,黄淮石榴产区平均 2~4 年一遇。

2. 水涝对石榴的危害

(1)根系受害　积水后的土壤水多气少,由于缺少供根系活动足够的氧气,致使根系生长受限,重则根系因缺氧而腐烂坏死,坏死的根系不具有正常的生理活性,不能从土壤里正常吸收水分和各种植物体所需的养分,导致地上部生长不良,轻则叶片发黄、脱落、抗病性差、结果性差;重则地上部逐渐枯死。

(2)整株毁灭 丘陵山区洪水冲垮堤岸,将树连根冲起,造成不可逆伤害。

(3)病虫害加重 长时间积水,植株生长衰弱,植物本身抵抗不良环境的能力降低,地上、地下各种病害加重。同时,也加重了虫害的发生。

3. 水涝的防治对策

(1)适地建园 根据当地历年水文资料,避开低洼易涝地,选择排灌方便的高燥处建园。

(2)及时排水清淤 出现水涝后,及时挖沟排水,并将树干基部周围的淤泥清出树盘。如幼树被淹,应设法清洗叶片上的淤泥,恢复叶片光合功能。

(3)人工培植 对被洪水冲倒的树,如能扶起的要及时扶正,扶正后用木杆或竹竿支撑,并加强根部及地上树冠管护。

(4)深翻松土,晾墒换气 在清淤的同时,用三齿抓钩或犁,深刨或深耕园地,深度在 20 厘米以上。

(5)施肥 对水淹过的石榴树及时施肥,一般分两步进行:在水退去以后,园地无法挖沟施肥前先行叶面施肥,可用 0.2%尿素溶液或 0.2%磷酸二氢钾溶液,也可用尿素和磷酸二氢钾混合液叶面喷洒,及时补充养分,恢复树势。能够土壤施肥时,按照挖沟施基肥的方法进行土壤施肥。

(6)防治根部病害 用 40%腈菌唑可湿性粉剂,每株树100～200 克,掺净土 40～50 份,施于根部,防治根部病害效果很好。发现坏根时,先将坏根剪掉,然后用 1%～2%硫酸铜溶液,或 70%甲基硫菌灵可湿性粉剂 500 倍液,或 50%多菌灵可湿性粉剂 500 倍液,或 50%代森铵可湿性粉剂 400 倍液,或 2.5%硫酸亚铁溶液灌根,并及时防治其他病虫害。

(十一)鸟害及预防

石榴裂果后籽粒外露,如不及时采收,很容易遭鸟类啄食。石榴园中主要的鸟类有喜鹊、灰喜鹊、麻雀等,这些鸟类生性警觉,飞翔能力强。为了减少危害,应注意对鸟害加以防范。

我国果农多采用挂草人、敲锣、放鞭炮等方法防治鸟害,这些方法费力而且效果不好。

目前国外有一些新的方法,对于防治鸟害具有不错的效果。在美国,常采用播放惨叫或鸟类天敌鸣叫的录音来驱赶害鸟,或用高频率警报装置,干扰鸟的听觉系统。这些装置有专门的商品出售,生产中可根据当地危害最多的鸟类,选择适合的声音进行播放,能够取得很好的防鸟效果。

(十二)鼠害及预防

果园害鼠主要有根田鼠、小家鼠、普通田鼠、小林姬鼠、鼢鼠等。石榴成熟季节,害鼠顺着树干或下垂枝爬上树,啃食石榴,致石榴失去商品价值;或在冬、春季节,杂草枯死,害鼠缺少食物,就啃食树皮、根系,使石榴树生长严重受阻,甚至枯死。管理不善、荒芜果园,果园有废弃窝棚、废弃看护房的果园易遭鼠害。

1. 农业防治　采用单干整形技术,尽量避免多干倾斜生长树干,修剪时尽量剪除下垂枝;果实套袋;果实成熟前将树冠下拖地或接近地面的下垂枝提离地面;鼠害严重的地方,果园内不间作花生、红薯等易招引鼠害的作物;清除果园田间路旁的杂草、石块,减少害鼠栖息环境,断绝鼠害来源;秋季结合施有机肥,深翻扩穴,恶化鼠类栖息的环境,捣毁鼠洞;黄淮地区于12月上中旬,夜冻日消期充分浇足封冻水,淹没鼠洞,溺死幼鼠;冬季降雪后及时清理果树周围积雪,既防果树树干受冻,又防止害鼠在雪下根系危害。

2. 器械捕杀 用捕鼠拍（夹）、捕鼠笼、电猫（电子捕鼠器）等捕杀。

用捕鼠拍、捕鼠笼捕鼠，每捕住一只鼠后，应用清水冲洗干净，以免留下异味，影响捕鼠效果；用电子捕鼠器捕鼠，应注意人、畜安全。

3. 天敌灭鼠 家猫、野猫、蛇、猫头鹰等是鼠类的天敌，应注意保护利用。在进行化学灭鼠和日常的田间管理中，应对这些天敌予以保护，利用天敌对鼠类进行捕灭和抑制。果园养狗，稍加训练的狗，一夜可捕3～4只鼠。

4. 树干保护 一是果实成熟前树干裹缠塑料布，或裹缠黄色黏虫板，或用透明胶布粘接数个地方，胶布宽40～60厘米，防鼠顺树干上爬。二是树干涂驱避剂。可用50％福美双可湿性粉剂10倍液涂干，对啃食主干皮层的害鼠有驱避作用。三是越冬前树干涂白，既防鼠害又防冻。

5. 化学（毒饵）防治 掌握在2～4月份、10月下旬至11月底，此时果园没有果实可用毒饵防治，果实生长期不用此法，以防人、畜中毒。

十二、石榴病虫害防治

(一)病害防治

1. 石榴干腐病 在国内各产区均有发生,除危害干枝外,也危害花器、果实,是石榴的主要病害,常造成整枝、整株死亡。

(1)症状与发生 干枝发病初期皮层呈浅黄褐色,表皮无症状。以后皮层变为深褐色,表皮失水干裂,变得粗糙不平,与健部区别明显。条件适合发病部位扩展迅速,形状不规则,后期病部皮层失水干缩,凹陷,病皮开裂,呈块状翘起,易剥离,病症渐深达木质部,直至变为黑褐色,终使全树或全枝逐渐干枯死亡。而花果期于5月上旬开始侵染花蕾,以后蔓延至花冠和果实,直至1年生新梢。在蕾期、花期发病,花冠变褐,花萼产生黑褐色椭圆形凹陷小斑。幼果发病首先在表面发生豆粒状大小不规则浅褐色病斑,逐渐扩为中间深褐、边缘浅褐的凹陷病斑,再深入果内,直至整个果实变褐腐烂。在花期和幼果期严重受害后造成早期落花落果;果实膨大期至初熟期,则不再落果,而干缩成僵果悬挂在枝梢。僵果果面及隔膜、籽粒上着生许多颗粒状的病原菌体。石榴干腐病的发生与树势、品种、管理水平、气候条件有关,树势健壮、管理水平高的果园发病轻;高温高湿、密度大的果园易发病;河南省产区蜜露软籽、蜜宝软籽抗病性较好。

见彩图12-1干腐病果。

(2)病原菌 属半知菌球壳孢目。主要以菌丝体或分生孢子在病果、果台、枝条内越冬,其中果皮、果台、籽粒的带菌率最高。翌年4月中旬前后,越冬僵果及果台的菌丝产生分生孢子是当年病菌的主要传播源,发病季节病原菌随雨水从寄主伤口或皮孔处侵入。温度决定发病的早晚,发病温度为 12.5℃～35℃,最适温度为 24℃～28℃。雨水和空气湿度加速了病原菌的传播危害速度,空气相对湿度 95% 以上时孢子萌发率 99%;空气相对湿度在 90% 时萌发率不减,但萌发速度变慢;空气相对湿度小于 90% 时几乎不萌发。7～8 月份在高温多雨及蛀果或蛀干害虫的作用下,加速了病情的发展。

(3)防治方法　石榴干腐病是果实的主要病害,应实行防重于治、早防治的原则。

①选育和发展抗病品种,如蜜露软籽、蜜宝软籽、青皮软籽等。

②冬、春季节结合消灭桃蛀螟越冬虫蛹,收集树上、树下干僵病果烧毁或深埋,辅以刮树皮、石灰水涂干等措施减少越冬病原,还可起到树体防寒作用。

③坐果后套袋和及时防治桃蛀螟,可减轻该病害发生。

④药剂防治:从 3 月下旬至采收前 15 天,喷洒 1:1:160 波尔多液或 40% 多菌灵胶悬剂 500 倍液,或 50% 甲基硫菌灵可湿性粉剂 800～1 000 倍液 4～5 次,防治率可达 63%～76%。黄淮地区以 6 月 25 日至 7 月 15 日的幼果膨大期防治果实干腐病效果最好。休眠期喷洒 3～5 波美度石硫合剂。

2. 石榴褐斑病　在石榴产区均有发生。主要危害果实和叶片,重病果园的病叶率达 90%～100%,8～9 月份大量落叶,树势衰弱,产量锐减。尤其严重影响果实外观,从而降低了商品价值。其危害程度与品种、土肥水管理、树体通风透光条件和年降水量等有密切关系。

(1)症状与发生　叶片感染初期为黑褐色细小斑点,逐步扩大呈圆形、方形、多角形不规则的 1～2 毫米小斑块。果实上的病斑形状与叶片的相似,但大小不等,有细小斑点和直径 1～2 厘米的大斑块,重者覆盖 1/3～1/2 的果面。在青皮类品种上病斑呈黑色,微凹状,有色品种上病斑边缘呈浅黄色。

见彩图 12-2 褐斑病果。

(2)病原菌 属半知菌类的石榴尾孢霉菌。菌丝丛灰黑色,在 25℃时生长良好。于 4 月下旬开始产生分生孢子,靠气流传播。5 月下旬开始发病,侵染新叶和花器。黄淮地区 7 月上旬至 8 月末为降水量集中的雨季是发病的高峰期,秋季继续侵染,但病情减弱,10 月下旬叶片进入枯黄季节则停止侵染蔓延,11 月上旬随落叶进入休眠期。

(3)防治方法 在落叶后至翌年 3 月份清除园内落叶,摘除树上病果、僵果、枯叶深埋或烧毁,达到清除越冬病原的目的。药物防治同石榴干腐病。

3. 石榴果腐病 在国内各石榴产区均有发生,一般发病率 20%~30%,尤以采收后、贮运期间病害的持续发生造成的损失重。

(1)症状与发生 由褐腐病菌侵染造成的果腐,多在石榴近成熟期发生。初在果皮上生淡褐色水浸状斑,迅速扩大,以后病部出现灰褐色霉层,内部籽粒随之腐坏。病果常干缩成深褐色至黑色的僵果悬挂于树上不脱落。病株枝条上可形成溃疡斑。

由酵母菌侵染造成的发酵果也在石榴近成熟期出现,贮运期可进一步发生。病果初期外观无明显症状,仅局部果皮微现淡红色。剥开带淡红色部位可见果瓤变红,籽粒开始腐败,后期整果内部腐坏并充满红褐色带浓香味浆汁。用浆汁涂片镜检可见大量酵母菌。病果常迅速脱落。

自然裂果或果皮伤口处受多种杂菌(主要是青霉和绿霉)的侵染,由裂口部位开始腐烂,直至全果,阴雨天气尤为严重。

果腐病的突出症状除一部分干缩成僵果悬挂于树上不脱落外,多数果皮糟软,果肉籽粒及隔膜腐烂,对果皮稍加挤压,就可流出黄褐色汁液,至整果烂掉,失去食用价值。

褐腐病病菌以菌丝及分生孢子在僵果上或枝干溃疡处越冬,

翌年雨季靠气流传播侵染。病果多在温暖高湿气候下发生严重。酵母菌形成的发酵果主要与榴绒粉蚧有关。凡病果均受过榴绒粉蚧的危害,特别是在果嘴残留花丝部位均可找到榴绒粉蚧。酵母菌通过粉蚧的刺吸伤口侵入石榴果实。榴绒粉蚧常在6～7月份少雨适温年份发生猖獗,石榴发酵果也因此发生严重。

裂果严重的果腐病相对发生也重。

见彩图12-3果腐病果。

(2)病原菌 石榴果腐病原菌有3种:褐腐病菌,占果腐数的29%左右;酵母菌,占果腐数的55%左右;杂菌(主要是青霉和绿霉),占果腐数的16%左右。

(3)防治方法

①防治褐腐病 于发病初期用40%多菌灵可湿性粉剂600倍液喷雾,7～10天1次,连用3次,防效95%以上。

②防治发酵果 关键是杀灭榴绒粉蚧和其他介壳虫如康氏粉蚧、日本龟蜡蚧等,于5月下旬和6月上旬2次喷洒25%噻嗪酮可湿性粉剂800～1 000倍液。

③防治生理裂果 用50毫克/升赤霉素于幼果膨大期喷布果面,7～10天1次,连续3次,防裂果率达47%。

4. 石榴蒂腐病 在国内各石榴产区均有发生,主要危害果实。

(1)症状与发生 果实蒂部腐烂,病部变褐呈水渍状软腐,后期病部生出黑色小粒点,即病原菌分生孢子器。病菌以菌丝或分生孢子器在病部或随病残叶留在地面或土壤中越冬,翌年条件适宜时,在分生孢子器中产生大量分生孢子,从分生孢子器孔口逸出,借风雨传播,进行初侵染和多次再侵染。一般进入雨季、空气湿度大易发病。

见彩图12-4蒂腐病果。

(2)病原菌 属半知菌类真菌,石榴拟茎点霉菌。

（3）防治方法

①加强石榴园管理　施用充分腐熟的有机肥或生物肥，合理浇水保持石榴树生长健壮，雨后及时排水，防止湿气滞留，减少发病。

②药剂防治　发病初期喷洒 27％春雷·王铜可湿性粉剂 700 倍液、75％百菌清可湿性粉剂 600 倍液、50％硫磺·百菌清悬浮剂 600 倍液等，10 天左右 1 次，防治 2～3 次。

5. 石榴焦腐病　在高海拔地区及修剪不合理、日灼发生重的石榴园发病重。

（1）症状与发生　果面或蒂部初生水渍状褐斑，后逐渐扩大变黑，后期产生很多黑色小粒点，及病原菌的分生孢子器。病菌以分生孢子器或子囊在病部或树皮内越冬，条件适宜时产生分生孢子和子囊孢子，借风雨传播，该菌系弱寄生菌，常腐生一段时间后引起果实焦腐或枝枯。

见彩图 12-5 焦腐病果。

（2）病原菌　属子囊菌门，柑橘葡萄座腔菌。子囊果近圆形，暗褐色。子囊棍棒状，子囊孢子 8 个，椭圆形，单胞无色。春天产生分生孢子器，分生孢子初单胞无色，成熟时双胞褐色。

（3）防治方法

①加强管理　科学防病治虫、浇水施肥，增强树体抗病力。

②药剂防治　发病初期喷洒 1∶1∶160 波尔多液或 40％百菌清悬浮剂 500 倍液、50％甲基硫菌灵可湿性粉剂 1 000 倍液等。

6. 石榴疮痂病　多雨及管理不善、日灼发生重的果园发病重。

（1）症状与发生　主要危害果实和花萼，病斑初呈水渍状，渐变为红褐色、紫褐色直至黑褐色，单个病斑圆形至椭圆形，直径 2～5 毫米，后期多个病斑融合成不规则疮痂状，粗糙，严重的龟裂，直径 10～30 毫米或更大。湿度大时，病斑内产生淡红色粉状物，即病原菌的分生孢子盘和分生孢子。病菌以菌丝体在病组织中越冬,花果期气温高于 15℃,多雨湿度大,病部产生分生孢子,借风雨或昆虫传播,经几天潜育形成新的病斑,又产生分生孢子进行再侵染。气温高于 25℃病害趋于停滞,秋季阴雨连绵此病还会发生或流行。

见彩图 12-6 疮痂病果。

(2)病原菌　属半知菌类真菌,石榴痂圆孢菌。分生孢子盘暗褐色,近圆形,略凸起。分生孢子盘上着生排列紧密的分生孢子梗,无色透明,瓶梗形。分生孢子顶生,卵形至椭圆形,单胞无色,透明,两端各生 1 个透明油点。

(3)防治方法

①发现病果及时摘除,减少初侵染源。

②调入苗木或接穗时要严格检疫。

③发病前对重病树喷洒 10％硫酸亚铁溶液。

④药剂防治:花后及幼果期喷洒 1∶1∶160 波尔多液或 84.1％王铜可湿性粉剂 800 倍液、70％代森锰锌可湿性粉剂 500 倍液等。

7. 石榴麻皮病　病因较复杂,全国各石榴产区都有发生。

(1)症状与发生　果皮粗糙,失去原品种颜色和光泽,影响外观,轻者降低商品价值,重者烂果。南方果实生长期处于多雨的夏季及庭院石榴通风透光不良,石榴果实易遭受多种病虫害的侵袭,而在高海拔的山地果园因干旱和强日照易发生日灼。多种原因导致石榴果皮上发生的病变统称为"麻皮病"。引起果皮变麻的主要原因有以下几方面。

①疮痂病　南方产区该病发病高峰期为 5 月中旬至 6 月上旬,与这一时期降雨量有较大关系,降雨多的年份发病较重,6 月下旬至 7 月上旬,管理差的果园,病果率可达 90％以上。

②干腐病　该病初发期为 6 月上旬,盛发期为 6 月下旬至 7 月上旬,以树龄较大的老果园、密度大修剪不合理郁闭严重果园及树冠中下部的果实发病较多。

③日灼病 在高海拔的山地果园,由于日照强,树冠顶部和外围的石榴果实的向阳面,处于夏季烈日的长期直射下,尤其在石榴生长后期7～8月份伏旱严重时,日灼病发生尤为严重。

④蓟马危害 危害石榴的主要是烟蓟马和茶黄蓟马,以幼果期危害较重。南方产区危害的高峰期为5月中旬至6月中旬,北方果区危害至6月下旬。因蓟马危害的石榴可达85%～95%,由于蓟马虫体小,危害隐蔽,不易被发现,常被误认为是缺素或是病害。

彩图12-7麻皮病果。

(2)病原菌 石榴麻皮病是一种重要的综合性病害,重病园病果率可达95%以上。病因复杂,主要由疮痂病、干腐病、日灼病、蓟马危害等所致。

(3)防治方法 石榴的麻皮危害是不可逆的,一旦造成危害,损失无法挽回,生产上应针对不同的原因采取相应的综合防治措施。

①做好冬季清园,清灭越冬病虫 冬季落叶后,结合冬季修剪,清除病虫枝、病虫果、病叶进行集中销毁,对树体喷洒4～5波美度石硫合剂。

②药剂防治 春季石榴萌芽展叶后,用80%代森锌可湿性粉剂600倍液或20%丙环唑乳油3 000倍液消灭潜伏危害的病菌。

③幼果期防治 幼果期是防治石榴麻皮病的关键时期,主要防治好蚜虫、蓟马、绿盲蝽、疮痂病、干腐病等。

④果实套袋和遮光防治日灼病 对树冠顶部和外围的石榴果实用白色木浆纸袋进行套袋,套袋前先喷洒杀虫杀菌混合药剂,既防其他病虫,也可有效防治日灼病,于采果前10～15天去袋。

8. 石榴煤污病 衰老树和蚜虫、介壳虫类危害严重及低洼积水和田间郁闭通风不良的果园易发病。该病影响光合作用,使果实失去商品价值。

(1)症状与发生　病部为棕褐色或黑褐色的污斑,边缘不明显,像煤斑。病斑有 4 种型:分枝型、裂缝型、小点型及煤污型。菌丝层极薄,一擦即去。

见彩图 12-8 煤污病果。

(2)病原菌　属半知菌类,病原菌在石榴叶、果表皮上形成一个菌丝层,菌丝错综分枝,有许多厚壁的褐色细胞,有时菌丝体团结成小粒体,以后可发展为分生孢子器,但很少产生分生孢子。

(3)防治方法

①合理修剪创造良好的果园生态条件,并及时做好排水清淤工作,以降低果园湿度,减少发病条件。

②搞好蚜虫及介壳虫类的防治工作,杜绝病原。

③药剂防治。在发病的 6 月中旬到 9 月份,喷洒 1∶1∶180 波尔多液或 70%丙森锌可湿性粉剂 600～800 倍液等 2～3 次,防效很好。

9. 石榴黑霉病

(1)症状与发生　石榴果实初生褐色斑,后逐渐扩大,略凹陷,边缘稍凸起,湿度大时病斑上长出绿褐色霉层,即病原菌的分生孢子梗和分生孢子。温室越冬的盆栽石榴多发生此病,影响观赏。另从广东、福建等地北运的石榴,在贮运条件下,持续时间长也易发生黑霉病。病菌以菌丝体和分生孢子在病果上或随病残体进入土壤中越冬,翌年产生分生孢子,借风雨、粉虱传播蔓延,湿度大、粉虱多易发病。

见彩图 12-9 黑霉病果。

(2)病原菌　属半知菌类真菌,枝孢黑霉菌。

(3)防治方法

①调节石榴园小气候,及时灌排水,通风透光,防湿气滞留。

②及时防治蚜虫、粉虱及介壳虫类。

③药剂防治:点片发生阶段,及时喷洒 80%代森锰锌可湿性粉剂 600 倍液或 65%福美锌可湿性粉剂 500 倍液、50%多菌灵可

湿性粉剂 1 000 倍液、40%多菌灵胶悬剂 600 倍液、65%甲硫·乙霉威可湿性粉剂 1 500 倍液等,15 天左右 1 次,防治 2～3 次。

④果实贮运途中保证通风,最好在装车前喷洒上述杀菌剂预防。

10. 石榴茎基枯病 成年树 1～2 年生枝条基部及幼树(2～4 年生)茎基部发生病变,导致整枝或整株死亡。

(1)症状与发生 枝条或主茎基部产生圆形或椭圆形病斑,树皮翘裂,树皮表面分布点状突起孢子堆。病斑处木质部由外及内、由小到大逐渐变黑干枯,输导组织失去功能。病菌孢子随气流和雨水传播。

见彩图 12-10 茎基枯病干。

(2)病原菌 为半知菌类大茎点属。

(3)防治方法

①刮树皮剪除病弱枝。

②药剂防治:结合冬管或早春喷洒 75%百菌清可湿性粉剂 700 倍液或 40%多菌灵胶悬剂 500 倍液或冬季刮树皮石灰水涂干。生长季节喷洒 50%百菌清·福美双可湿性粉剂 800 倍液或 1∶1∶200 波尔多液或 50%甲基硫菌灵可湿性粉剂 800 倍液等。

11. 石榴枝枯病 苗木幼茎及 1～2 年生枝条发生病变,导致茎、枝死亡。

(1)症状与发生 苗木幼茎及嫩枝条,基部呈圆周状干缩,树皮变灰褐。病重树春季不能正常发芽,或推迟发芽;有些春季发芽后,叶片逐渐凋萎死亡,不易脱落,病枝木质部髓腔变黑褐色,输导功能丧失。

见彩图 12-11 枝枯病枝。

(2)病原菌 病原菌有两种:一种是石榴白孔壳蕉菌,另一种是石榴枝生单毛孢菌。

(3)防治方法 同茎基枯病。

（二）虫害防治

1. 桃蛀螟 又名桃蛀野螟、桃实螟、桃蛀心虫等。属鳞翅目，螟蛾科。

（1）**分布与危害** 桃蛀螟在我国各石榴产区均有分布是石榴的第一大害虫。据河南省石榴产区调查，一般发生年份虫果率为70%左右，较轻年份也有40%～50%，严重年份可达90%或几乎一果不收。在群众中流传着"十果九蛀"的说法。被害果实腐烂并造成落果或干果挂在树上，失去食用价值。

（2）**形态特征** 见彩图12-12桃蛀螟幼虫，彩图12-13桃蛀螟幼虫危害状。

①成虫 体长10～12毫米，翅展24～26毫米，全体黄色。胸部、腹部及翅上都具有黑色斑点。前翅有黑斑27～29个，后翅14～20个，但个体间有变异。触角丝状，长达前翅的一半。复眼发达，黑色，近圆球形。腹部第一和第三至第六节背面有3个黑点，第七节有时只有1个黑点，第二、第八节无黑点。雌蛾腹部末节呈圆锥形；雄蛾腹部末端有黑色毛丛。

②卵 椭圆形，长0.6～0.7毫米；初产时乳白色，2～3天后变为橘红色，孵化前呈红褐色。

③幼虫 成熟幼虫体长22～25毫米，头部暗黑色；胸部颜色多变，暗红色或淡灰色或浅灰蓝色，腹面多为淡绿色。前胸背板深褐色；中、后胸及1～8腹节各有大小毛片8个，排列成2列，即前列6个，后列2个。

④蛹 褐色或淡褐色，体长约13毫米，翅芽发达。第六至第七腹节背面前、后缘各有深褐色的突起线；上有小齿1列，末端有卷曲的刺6根。

（3）**生活史与习性** 桃蛀螟在黄淮地区一般1年发生4代。4月上旬越冬幼虫化蛹，下旬成虫羽化产卵；5月中旬发生第一代;7月上旬发生第二代,8月上旬发生第三代;9月上旬为第四代,而后以老熟幼虫或蛹进入越冬休眠期。越冬场所主要为残留在果园内的僵果中,及树皮裂缝、堆果场所和其他残枝败叶中。

成虫羽化集中在晚上8时至翌日凌晨2时。成虫昼伏夜出飞翔取食、交尾、产卵,羽化后1天交尾,2天产卵,卵散产15~62粒。产卵期为2~7天。产卵场所一般为石榴果实萼筒内,其次是两果相并处和枝叶遮盖的果面或梗洼上。成虫对黑光灯趋性强,对糖醋液也有趋性。卵7天左右开始孵化。

幼虫世代重叠严重,尤以第一、第二代重叠常见。在石榴园内,从6月上旬到9月中旬都有幼虫的发生和危害,时间长达3~4个月,但主要以第二代危害重。

钻蛀部位:幼虫从花或果的萼筒处蛀入的占60%~70%,从果与果、果与叶、果与枝的接触处蛀入的占30%~40%。

(4)防治方法

①消灭越冬幼虫及蛹 在冬、春季节结合管理收集树上、树下虫果僵果及园内枯枝落叶和刮除翘裂的树皮,清除果园周围的玉米、高粱、向日葵、蓖麻等遗株进行深埋或烧毁,消灭越冬幼虫及蛹。

②果实套袋 在生理落果后、果实子房膨大时用白色木浆纸袋、或白色无纺布袋、或塑料薄膜袋套袋。套袋前喷洒1次杀虫、杀菌剂,以消灭早期桃蛀螟产的卵及有害病原菌。待果实成熟采收前10~15天拆袋。套袋的好果率可达97%以上。

③人工除虫 捡拾落果,摘除虫果,消灭果内幼虫。

④诱杀成虫 在石榴园内放置黑光灯、频振式杀虫灯或放置糖醋液盆诱杀成虫。

⑤种植诱集作物诱杀 根据桃蛀螟对玉米、高粱、向日葵趋性强的特性,在石榴园内或四周种植诱集作物,集中诱杀。一般每667米^{2}种植玉米、高粱或向日葵20~30株。

⑥果筒塞药棉或药泥 药棉和药泥的配制方法:把脱脂棉

（废棉）揉成直径 1～1.5 厘米的棉团,在 1.2％烟·碱乳油 500 倍
液或 0.2％苦参碱水剂 1000 倍液等药液中浸一下,即成药棉。用
上述药液加适量黏土调至黏稠糊状即成药泥。在石榴花凋谢后
子房开始膨大时,将药棉(挤干药液)或药泥塞入(或抹入)萼筒即
成。其防治率分别达 95.6％和 83.2％。

⑦药剂防治　掌握在桃蛀螟第一、第二代成虫产卵高峰期喷
药,沿黄地区时间在 6 月上旬至 7 月下旬,关键时期是 6 月 20 日
至 7 月 30 日,施药次数 3～5 次。

⑧有效药剂　5％氟啶脲乳油 1000～2000 倍液,或 20％醚
菊酯乳油 1000 倍液,或 2.5％溴氰菊酯乳油 1000 倍液,或 50％
杀螟丹可溶性粉剂 1500 倍液等。

2. 金毛虫　又名桑毒蛾、黄尾毒蛾等。属鳞翅目,毒蛾科。
系盗毒蛾的生态亚种,形态与盗毒蛾极相似。

(1)分布与危害　分布于河南、河北、山东、安徽、江苏、上海、
浙江、江西、福建、广东、广西、湖南、湖北、四川、云南、贵州等地石
榴产区。北方盗毒蛾比较多,南方金毛虫居多。初孵幼虫群集在
叶背面取食叶肉,叶面表现为成块透明斑,三龄后分散危害,将叶
片吃成大的缺刻,重者仅剩叶脉;啃食果皮,至果皮严重缺损。

(2)形态特征　见彩图 12-14 金毛虫幼虫啃食石榴果皮。

①成虫　雌体长 14～18 毫米,翅展 36～40 毫米;雄体长
12～14 毫米,翅展 28～32 毫米。全体白色。复眼黑色,触角双栉
齿状,淡褐色,雄蛾更为发达。雌蛾前翅近臀角处有褐色斑纹,雄
蛾前翅除此斑外,在内缘近基角处还有 1 个褐色斑纹。而盗毒蛾
的上述斑纹则为黑褐色。雌蛾腹部末端具较长黄色毛丛,而雄蛾
自第三腹节以后即生毛丛,末端毛丛短小。足白色。

②卵　直径 0.6～0.7 毫米,灰白色,扁圆形,卵块长条形,上
覆黄色体毛。

③幼虫　体长 26～40 毫米,头黑褐色,体黄色,而盗毒蛾幼
虫体多为黑色。背线红色,亚背线、气门上线和气门线黑褐色,均

断续不连;前胸背板具 2 条黑色纵纹;体背面有一橙黄色带,在第一、第二、第八腹节中断,带中央贯穿一红褐色间断的线;气门下线红黄色;前胸背面两侧各有一向前突出的红色瘤,瘤上生黑色长毛束和白褐色短毛,其余各节背瘤黑色,生黑褐色长毛和白色羽状毛,第五、第六复节瘤橙红色,生有黑褐色长毛;腹部第一、第二背面各有 1 对愈合的黑色瘤,上生白色羽状毛和黑褐色长毛。前胸的 1 对大毛瘤和各节气门下线及第九腹节的毛瘤为红色,其余各节背面的毛瘤为黑色绒球状。

④蛹　长 9～11.5 毫米。

⑤茧　长 13～18 毫米,椭圆形,淡褐色,附少量黑色长毛。

(3)生活史与习性　辽宁、山西等省 1 年发生 2 代,华东、华中年发生 3～4 代,贵州省 1 年发生 4 代,珠江三角洲 1 年发生 6 代,主要以三龄或四龄幼虫在枯叶、树杈、树干缝隙及落叶中结茧越冬。二代区翌年 4 月份开始活动。危害春芽及叶片。一、二、三代幼虫危害高峰期主要在 6 月中旬、8 月上中旬和 9 月上中旬,10 月上旬前后开始结茧越冬。成虫白天潜伏在中下部叶背,傍晚飞出活动、交尾、产卵,把卵产在叶背,形成长条形卵块。成虫寿命 7～17 天。每雌产卵 149～681 粒,卵期 4～7 天。幼虫 5～7 龄,历期 20～37 天,越冬代长达 250 天。初孵幼虫喜群集在叶背啃食危害,三、四龄后分散危害叶片,有假死性,老熟后多卷叶或在叶背树干缝隙或近地面土缝中结茧化蛹,蛹期 7～12 天。天敌主要有黑卵蜂、大角啮小蜂、矮饰苔寄蝇、桑毛虫绒茧蜂等。

(4)防治方法

①冬、春季结合修剪刮刷老树皮,清除园内及四周枯叶杂草,消灭越冬幼虫。

②人工摘除卵块,及时摘除"窝头毛虫",即在低龄幼虫集中危害一叶时,连续摘除 2～3 次,可收事半功倍之效。

③掌握在二龄幼虫高峰期,喷洒多角体病毒,每毫升含 15 000 颗粒的悬浮液,每 667 米² 喷洒 20 升的药液。

④药剂防治:幼虫分散危害前,及时喷洒 2.5％溴氰菊酯乳油或 20％氰戊菊酯乳油 3 000 倍液、10％联苯菊酯乳油 4 000～5 000 倍液、52.25％蜱·氯乳油 2 000 倍液、90％晶体敌百虫 1 000 倍液、50％辛硫磷乳油 1 000 倍液、48％毒死蜱乳油 1 500 倍液或 10％吡虫啉可湿性粉剂 2 500 倍液等。

3. 棉蚜 又名蜜虫、腻虫、雨旱。属同翅目,蚜虫科。

(1)分布与危害 在全国各石榴产区均有分布。危害嫩芽、叶,花蕾。

(2)形态特征 见彩图 12-15 棉蚜危害石榴花蕾。

①无翅雌蚜 夏季大多黄绿色,春、秋季大多深绿色、黑色或棕色,全体被有蜡粉。

②有翅雌蚜 体黄色、浅绿色或深绿色,腹部两侧有 3～4 对黑斑。

(3)生活史与习性 1 年发生 20～30 代。以卵在石榴、花椒、木槿枝条上越冬。翌年 4 月份开始孵化,群集幼芽、嫩叶及花蕾吸食危害,致使枝叶卷曲,花器官萎缩,并排出大量黏液玷污叶面,易引发煤污病,影响生长和坐果。5 月下旬后迁至花生、棉花上继续繁殖危害;至 10 月上旬又迁回石榴、花椒等木本植物上,繁殖危害一个时期后产生性蚜,交尾产卵于枝条上越冬。棉蚜在石榴树上危害时间主要在 4～5 月份及 10 月份,6～9 月份主要危害农作物。

(4)防治方法

①人工防治 在秋末冬初刮除翘裂树皮,清除园内枯枝落叶及杂草,消灭越冬场所。

②保护和利用天敌 在蚜虫发生危害期间,瓢虫等天敌对蚜虫有一定的控制作用,施药防治要注意保护天敌。当瓢蚜比为 1∶100～200,或蝇蚜(食蚜)比为 1∶100～150 时可不施药,充分利用天敌的自然控制作用。

③药剂防治 在石榴树休眠期和生长期内均可进行药剂防

治。发芽前的 3 月末 4 月初,以防治越冬有性蚜和卵为主,以降低当年越冬基数。在树木生长期内的防治关键时间为 4 月中旬至 5 月下旬;其中 4 月 25 日和 5 月 10 日两个发生高峰前后施药尤为重要,有效药剂为:20%氰戊菊酯乳油、2.5%溴氰菊酯乳油、5%氟氯氰菊酯乳油、10%氯氰菊酯乳油等,浓度均为 2 000～3 000 倍液;或 50%抗蚜威可湿性粉剂 1 000～1 500 倍液、或 25%杀虫双水剂 500 倍液等喷雾。

4. 绿盲蝽 又名棉青盲蝽、花叶虫等。属半翅目,盲蝽科。

(1)分布与危害 全国各石榴产区均有分布。以成虫、若虫刺吸枝、叶、果皮汁液,受害初期叶面呈现黄白色斑点,渐扩大成片,成黑色枯死斑,造成大量破孔,皱缩不平的"破叶疯"。孔边有一圈黑纹,叶缘残缺破烂,叶卷缩畸形,叶早落。严重时腋芽、生长点受害,造成腋芽丛生。花、果期危害,随着果实生长发育,果面出现大量"麻点",果皮粗糙,失去原品种颜色和光泽。

(2)形态特征 见彩图 12-16 绿盲蝽成虫危害石榴花药。

①成虫 体长 5 毫米,宽 2.2 毫米,绿色,密被短毛。头部三角形,黄绿色,复眼黑色突出,无单眼,触角 4 节丝状,较短,约为体长的 2/3,第二节长等于三、四节之和,向端部颜色渐深,第一节黄绿色,第四节黑褐色。前胸背板黄绿色,布许多小黑点,前缘宽。小盾片三角形微突,黄绿色,中央具 1 个浅纵纹。前翅膜片半透明暗灰色,余绿色。足黄绿色,胫节末端、跗节色较深,后足腿节末端具褐色环斑,雌虫后足腿节较雄虫短,不超腹部末端,跗节 3 节,末端黑色。

②卵 长 1 毫米,黄绿色,长口袋形,卵盖奶黄色,中央凹陷,两端突起,边缘无附属物。

③若虫 共 5 龄,与成虫相似。初孵时绿色,复眼桃红色;二龄黄褐色;三龄出现翅芽;四龄翅芽超过第一腹节;五龄后全体鲜绿色,密被黑色细毛,触角淡黄色,端部色渐深。

(3)生活史与习性 北方地区 1 年发生 3～5 代,山西省运城

4 代,陕西、河南等省 1 年发生 5 代,江西省 1 年发生 6～7 代,以卵在树皮裂缝、树洞、枝杈处及近树干土中越冬。翌年春 3～4 月份,旬平均气温高于 10℃或连续日均气温达 11℃,空气相对湿度高于 70%时,卵开始孵化。成虫寿命长,产卵期 30～40 天,发生期不整齐。成虫飞行力强,喜食花蜜,羽化后 6～7 天开始产卵。非越冬代卵多散产在嫩叶、茎、叶柄、叶脉、嫩蕾等组织内,外露黄色卵盖,卵期 7～9 天。以春、秋两季受害重。主要天敌有寄生蜂、草蛉、捕食性蜘蛛等。

(4)防治方法

①冬春清理园中枯枝落叶和杂草,刮刷树皮、树洞,消除寄主上的越冬卵。

②树上药剂防治:于 3 月下旬至 4 月上旬越冬卵孵化期,4 月中下旬若虫盛发期及 5 月上中旬初花期 3 个关键期喷洒 20%氰戊菊酯乳油 2 500 倍液或 48%哒嗪硫磷乳油 1 500 倍液、52.25%氯氰•毒死蜱乳油 2 000 倍液等。

5. 麻皮蝽 又名黄斑蝽、麻皮蝽象、臭屁虫。属半翅目,蝽科。

(1)分布与危害 分布于全国各石榴产区。以成虫、若虫刺吸石榴树体的嫩茎、嫩叶和果实汁液。叶片和嫩茎被害后,出现黄褐色斑点,叶脉变黑,叶肉组织颜色变暗,严重者导致叶片提早脱落、嫩茎枯死。

(2)形态特征 见彩图 12-17 麻皮蝽成虫。

①成虫 体长 18～24.5 毫米,宽 8～11.5 毫米,体稍宽大,密布黑色点刻,背部棕褐色,由头端至小盾片中部具 1 条黄白色或黄色细纵脊;前胸背板、小盾片、前翅革质部布有不规则细碎黄色凸起斑纹;前翅膜质部黑色。头部稍狭长,前尖,侧叶和中叶近等长,头两侧有黄白色细脊边。复眼黑色。触角 5 节,黑色,丝状,第五节基部 1/3 淡黄白或黄色。喙 4 节,淡黄色,末端黑色,喙缝暗褐色。足基节间褐黑色,跗节端部黑褐色,具 1 对爪。

②卵　近鼓状,顶端具盖,周缘有齿,白色,不规则块状,数粒或数十粒黏在一起。

③若虫　初龄若虫胸、腹背面有许多红、黄、黑相间的横纹。二龄若虫腹背前面有 6 个红黄色斑点,后面中间有一椭圆形凸起斑。老熟若虫与成虫相似,体红褐或黑褐色,头端至小盾片具 1 条黄色或微现黄红色细纵线。触角 4 节,黑色,第四节基部黄白色。前胸背板、小盾片、翅芽暗黑褐色。前胸背板中部具 4 个横排淡红色斑点,内侧 2 个稍大,小盾片两侧角各具淡红色稍大斑点 1 个,与前胸背板内侧的 2 个排成梯形。足黑色。腹部背面中央具纵裂暗色大斑 3 个,每个斑上有横排淡红色臭腺孔 2 个。

(3)生活史与习性　1 年发生 1 代,以成虫于草丛或树洞、树皮裂缝及枯枝落叶下、墙缝、屋檐下越冬。翌年春果树发芽后开始活动,5～7 月份交配产卵,卵多产于叶背,卵期为 10 多天,5 月中旬可见初孵若虫,7～8 月份羽化为成虫危害至深秋,10 月份开始越冬。成虫飞行力强,喜在树体上部活动,有假死性,受惊时分泌臭液。

(4)防治方法

①秋冬清除园地枯叶杂草,集中烧毁或深埋。

②成虫、若虫危害期,清晨震落捕杀,要在成虫产卵前进行。

③药剂防治:在成虫产卵期和若虫期喷洒 25% 溴氰菊酯乳油 2 000 倍液、10% 氯菊酯乳油 1 000～1 500 倍液、30% 杀螟硫磷 600～1 000 倍液、20% 氰戊菊酯乳油 800～1 000 倍液等。

6. 蓟马　又名棉蓟马、葱蓟马、瓜蓟马。属缨翅目,蓟马科。

(1)分布与危害　分布于全国各石榴产区。另在长江以南地区危害石榴的还有茶黄蓟马(又名茶黄硬蓟马、茶叶蓟马)。以成虫、若虫在叶背吸食汁液,使叶面出现灰白色细密斑点或局部枯死,影响生长发育。同时,危害花蕾和幼果,常导致蕾、果脱落。果实不脱落的,被害部果皮因被食害掉,果实表面木栓化、皱裂,留下大的伤疤,严重影响商品外观,南方产区称之为"麻皮病"。

(2)形态特征　见彩图12-18蓟马危害石榴枝嫩芽。

①成虫　体长1.2~1.4毫米,分黄褐色和暗褐色两种体色。触角第一节色浅;第二节和第6~7节灰褐色;第3~5节淡黄褐色,但四、五节末端色较深。前翅淡黄色。腹部第2~8背板较暗,前缘线暗褐色。头宽大于长,单眼间鬃较短,位于前单眼之后、单眼三角连线外缘。触角7节,第3~4节上具叉状感觉锥。前胸稍长于头,后角有2对长鬃。中胸腹板内叉骨有刺,后胸腹板内叉骨无刺。前翅基鬃7~8根,端鬃4~6根;后脉鬃15~16根。第八背板后缘梳完整。各背侧板和腹板无附属鬃。

②卵　初期肾形,乳白色,后期卵圆形,直径0.29毫米左右,黄白色,可见红色眼点。

③若虫　共4龄。一至四龄各龄体长为0.3~0.6毫米、0.6~0.8毫米、1.2~1.4毫米、1.2~1.6毫米。体淡黄色,触角6节,第四节具3排微毛,胸、腹部各节有微细褐点,点上生粗毛。四龄翅芽明显,不取食,但可活动,称伪蛹。

(3)生活史与习性　华北地区每年发生3~4代,山东省、河南省每年发生6~10代,华南地区每年发生20代以上。在25℃~28℃下,卵期5~7天,若虫期(一至二龄)6~7天,前蛹期2天,"蛹期"3~5天,成虫寿命8~10天。雌虫可行孤雌生殖,每雌产卵21~178粒,卵产于叶片组织中。二龄若虫后期,常转向地下,在表土中经历"前蛹"及"蛹"期。以成虫越冬为主,也有若虫在葱、蒜叶鞘内侧、土块下、土缝内或枯枝落叶中越冬,还有少数以"蛹"在土中越冬。在华南无越冬现象。成虫极活跃,善飞,怕阳光,早、晚或阴天取食强。初孵若虫集中在叶基部危害,稍大即分散。在25℃和空气相对湿度60%以下时,利于蓟马发生,高温高湿则不利,暴风雨可降低发生数量。一年中以4~5月份危害最重。

(4)防治方法

①清除园地周围杂草及枯枝落叶,以减少虫源。

②药剂防治:若虫初期可喷洒50%辛硫磷乳油1 000倍液、10%吡虫啉可湿性粉剂2 000倍液、5%氟虫脲乳油1 500倍液、1.8%阿维菌素乳剂3 000倍液、15%%哒螨灵乳油2 000倍液等。10天左右1次,防治2～3次。

7. 石榴巾夜蛾 属鳞翅目,夜蛾科。

(1)分布与危害 在全国各石榴产区均有分布,以幼虫食害石榴嫩芽及叶片,轻则食叶仅残留叶片主脉,重则吃光叶片及嫩芽。

(2)形态特征 见彩图12-19石榴巾夜蛾幼虫。

①成虫 体长18～20毫米,头、胸、腹部褐色;前翅中部有一灰白色带,中带以内黑棕色,中带至外线黑棕色,外线黑色,顶角有2个黑斑。后翅棕赭色,中部有一白带。

②卵 馒头形,灰绿色。

③幼虫 老熟幼虫体长43～60毫米,第一、第二腹节常弯曲成桥状。头部灰褐色。体背面茶褐色,满布黑褐色不规则斑点。体腹面淡赭色。胸足3对,紫红色。第一对腹足很小,第二对发达,第3～4对较小,臀足发达。腹外侧茶褐色,有黑斑点,腹足内侧暗红色。

④蛹 体长24毫米左右,黑褐色。茧褐色。

(3)生活史与习性 1年发生4～5代,以蛹在土中越冬。翌年4月份石榴发芽时越冬蛹羽化为成虫,交尾产卵。卵多散产在树干上,每头雌虫平均产卵90粒左右,卵期4～8天,孵化率90%以上。幼虫体色与石榴树皮近似,白天虫体伸直紧伏在枝条背阴处不易发现,夜间活动取食幼芽和叶片,老熟幼虫化蛹于枝干交叉或枯枝等处。9月末10月初老熟幼虫下树,在树干附近土中化蛹越冬。

(4)防治方法

①落叶至萌芽前的11月份至翌年3月份,在树干周围挖捡越冬虫蛹。幼虫发生期人工捕捉幼虫喂食家禽。

②药剂防治:在幼虫发生期喷洒 25% 甲萘威可湿性粉剂 500 倍液,或 25% 灭幼脲悬浮剂 600~800 倍液或 2.5% 溴氰菊酯乳油 2 000 倍液等。

8. 榴绒粉蚧 又叫紫薇绒蚧、石榴绒蚧、石榴毡蚧,属同翅目,粉蚧科。

(1)分布与危害 全国各石榴产区均有发生,主要危害石榴和紫薇。以成虫和若虫吸食幼芽、嫩枝和果实、叶片汁液,削弱树势,绒蚧分泌的大量蜜露会诱发煤污病,使叶片变黑脱落、枯死,严重影响产量。

(2)形态特征 见彩图 12-20 榴绒粉蚧及危害状。

①成虫 成熟期雌成虫体外具白色卵圆形伪介壳,由毡绒状蜡毛织成,其背面纵向隆起,介壳下虫体棕红色,卵圆形,体背隆起,体长 1.8~2.2 毫米。雄成虫紫褐至红色,体长约 1.0 毫米,前翅半透明,后翅呈小棍棒状,腹末有性刺及 2 条细长的白色蜡质尾丝。

②卵 卵初产时为淡粉红色,近孵化时呈紫红色,椭圆形,长约 0.3 毫米。

③若虫 椭圆形,体扁平,长约 0.4 毫米,初孵淡黄褐色,后变成淡紫色。

④蛹 预蛹长椭圆形,长 1 毫米左右,紫红色,包于白色毡绒状伪介壳中。

(3)生活史与习性 在黄淮产区每年发生 3 代,以第三代一至三龄若虫于 11 月上旬进入越冬状态。越冬场所为寄主枝干皮缝、翘皮下及枝杈等处。翌年 4 月上中旬越冬若虫开始雌雄明显分化,5 月上旬雌成虫开始产卵,每头雌成虫产卵量为 100~150 粒,卵产于伪介壳内,卵期 10~20 天,孵化后从介壳中爬出,寻找适宜地方危害。第一代若虫发生在 6 月上中旬;第 2~3 代若虫分别发生在 7 月中旬和 8 月下旬,并发生世代重叠。环境条件影响该虫的发生:冬季低温、夏季的 7~8 月份降雨大而急、阴雨天多、天敌数量大都不利此虫的发生。

（4）防治方法

①冬、春季细刮树皮，或用硬毛刷子刷除越冬若虫，集中烧毁或深埋。

②有条件地区可人工饲养和释放天敌红点唇瓢虫、跳小蜂和姬小蜂等防治。

③冬前落叶后或 2 月下旬前后树体喷布 3～5 波美度石硫合剂杀灭越冬虫态。

④药剂防治：于各代若虫发生高峰期叶面喷洒 25％噻嗪酮可湿性粉剂 1 500～2 000 倍液、40％杀扑磷乳油 2 000 倍液、5％顺式氰戊菊酯乳油 1 500 倍液、20％甲氰菊酯乳油 3 000 倍液等，防效很好。

9. 黄刺蛾 俗称洋辣子、斑鸠罐、八角等。属鳞翅目，刺蛾科。

（1）分布与危害 在全国各石榴产区都有发生。幼虫食叶，低龄幼虫群集叶背面啃食叶肉，只留透明的上表皮，稍大把叶食成网状，随虫龄增大则分散取食，将叶片吃成缺刻，仅留叶柄和叶脉，严重时吃光叶片。

（2）形态特征 见彩图 12-21 黄刺蛾幼虫。

①成虫 体长 13～16 毫米，翅展 30～34 毫米。头和胸部黄色，腹背黄褐色。前翅内半部黄色，外半部为褐色，有 2 条暗褐色斜线，在翅尖上汇合于一点，呈倒"V"形，内面 1 条伸到中室下角，为黄色与褐色的分界线。

②卵 扁平，椭圆形，黄绿色。

③幼虫 老熟幼虫体长 25 毫米左右。头小，淡褐色。胸腹部肥大，黄绿色。体背有一两端粗中间细的哑铃形紫褐色大斑，和许多突起枝刺。以腹部第一节的最大，依次为腹部第七节，胸部第三节，腹部第八节。腹部第 2～6 节的突起枝刺小。

④蛹 椭圆形，体长 12 毫米左右，黄褐色。茧灰白色，质地

坚硬,表面光滑,茧壳上有几道褐色长短不一的纵纹,形似雀蛋。

(3)生活史与习性 在黄淮地区,1年发生2代。以老熟幼虫在小枝杈处,主、侧枝及树干的粗皮上结茧越冬。翌年5月上旬开始化蛹,5月中下旬至6月上旬羽化,产卵于叶背面,数十粒连成一片,也有单粒散产的。成虫趋光性强。6月中下旬幼虫孵化群集叶背面啃食,随虫龄增大则分散取食。6月下旬至7月上中旬幼虫老熟后,固贴在枝条上,体硬化形成茧,在其中化蛹。7月下旬开始出现第二代幼虫。这代幼虫危害至9月初结茧越冬。

(4)防治方法

①农业和生物防治 冬、春季节结合修剪,剪除冬茧集中烧毁,防治越冬幼虫。摘除冬茧时,识别青蜂(冬茧上端有一被寄生蜂产卵时留下的小孔)选出保存,翌年放入果园自然繁殖寄杀虫茧。黄刺蛾的天敌主要有上海青蜂和黑小蜂,上海青蜂的寄生率很高,防治效果显著。

②药剂防治 在幼虫危害期间喷洒25%虫酰肼悬浮剂1 000~2 000倍液、5%氟虫脲乳油800~1 000倍液、2.5%溴氰菊酯乳油3 000倍液等防治效果好。

10. 扁刺蛾 又名黑点刺蛾、黑刺蛾。属鳞翅目,刺蛾科。

(1)分布与危害 我国各石榴产区均有分布。二龄幼虫开始取食叶肉,三龄后咬食叶表皮成穿孔。随虫龄增大,食量增大,大量蚕食叶片成空洞和缺刻,重者食光叶片。

(2)形态特征 见彩图12-22扁刺蛾幼虫。

①成虫 成虫体长13~18毫米,翅展28~35毫米。体暗灰褐色,腹面及足色较深。触角雌蛾丝状,基部10多节栉齿状,雄蛾羽状。前翅灰褐稍带紫色,中室外侧有1条明显的暗斜纹,自前缘近顶角处向后缘斜伸;雄蛾中室上角有1个黑点(雌蛾不明显)。后翅暗灰褐色。

②卵 扁平光滑,椭圆形,长1.1毫米左右,初为淡黄绿色,孵化前呈灰褐色。

③幼虫 老熟幼虫体长 21～26 毫米,宽 16 毫米左右,体扁,椭圆形,背部稍隆起,形似龟背。全体绿色、黄绿色或淡黄色,背线白色。体边缘有 10 个瘤状突起,其上生有刺毛,每一节背面生有 2 丛小刺毛,第四节背面两侧各有 1 个红点。

④茧 椭圆形,长 12～16 毫米,紫褐色,似鸟蛋。

⑤蛹 体长 10～15 毫米,前端肥大,后端稍削,近椭圆形,初为乳白色,后渐变黄,近羽化时转为黄褐色。

(3)生活史与习性 华北地区 1 年多数发生 1 代,长江下游地区 1 年发生 2 代,少数 3 代。均以老熟幼虫在树下 3～6 厘米土层内结茧以前蛹越冬。一代区 5 月中旬化蛹,6 月上旬开始羽化、产卵,发生期不整齐,6 月中旬至 9 月上中旬为幼虫危害期,8 月下旬开始陆续老熟入土结茧越冬。2～3 代区 4 月中旬开始化蛹,5 月中旬至 6 月上旬羽化;第一代幼虫发生期为 5 月下旬至 7 月中旬;第二代幼虫发生期为 7 月下旬至 9 月中旬;第三代幼虫发生期为 9 月上旬至 10 月份,以末代老熟幼虫入土结茧越冬。成虫多集中在下午 6～8 时羽化,成虫羽化后,即行交尾产卵,卵多散产于叶片上。卵期 7 天左右。初孵化的幼虫停息在卵壳附近,并不取食,蜕过第一次皮后,先取食卵壳,再啃食叶肉,留下透明的表皮。幼虫昼夜取食。自六龄起,取食全叶,虫量多时,常从枝的下部叶片吃至上部,每枝仅存顶端几片嫩叶。幼虫期共 8 龄,老熟后即下树入土结茧,下树时间多在晚上 8 时至翌晨 6 时止,而以凌晨 2～4 时下树的数量最多。黏土地结茧位置浅而距树干远,也比较分散,而腐殖质多的土壤及沙壤地结茧位置较深,距树干近,且比较密集。

(4)防治方法

①诱杀幼虫 在幼虫下树结茧之前,疏松树干周围的土壤,以引诱幼虫集中结茧,然后收集消灭之。

②生物防治 喷洒青虫菌 6 号悬浮剂 1 000 倍液,杀虫保叶。

③药剂防治 卵孵化盛期和低龄幼虫期喷洒 50% 仲丁威乳

油或45%马拉硫磷乳油1 000～1 500倍液、5%顺式氰戊菊酯乳油2 000倍液等。

11. 大袋蛾 又称蓑衣蛾、大蓑蛾、避债蛾、布袋蛾。属鳞翅目,袋蛾科。

(1)分布与危害 在全国各石榴产区都有发生。幼虫吐丝缀叶成囊,隐藏其中,头伸出囊外取食叶片及嫩芽,啃食叶肉留下表皮,重者成孔洞、缺刻,重则吃光叶片并啃食果皮。

(2)形态特征 见彩图12-23大袋蛾囊。

①成虫 雌蛾无翅,体长12～16毫米,蛆状,头甚小,褐色,胸腹部黄白色;胸部弯曲,各节背部有背板,腹部大,在第4～7腹节周围有黄色茸毛。雄蛾有翅,体长11～15毫米,翅展22～30毫米,体和翅深褐色,胸部和腹部密被鳞毛;触角羽状;前翅翅脉两侧色深,在近翅尖处沿外缘有近方形透明斑1个,外缘近中央处又有长方形透明斑1个。

②卵 椭圆形,长约0.8毫米,豆黄色。

③幼虫 老熟幼虫体长16～26毫米。头黄褐色,具黑褐色斑纹,胸腹部肉黄色,背面中央色较深,略带紫褐色。胸部背面有褐色纵纹2条,每节纵纹两侧各有褐斑1个。腹部各节背面有黑色突起4个,排列成"八"字形。

④蛹 雌蛹体长14～18毫米,纺锤形,褐色;雄蛹体长约13毫米,褐色,腹末稍弯曲。

⑤护囊 枯枝色,橄榄形,成长幼虫的护囊,雌虫囊长约30毫米,雄虫囊长约25毫米,囊系以丝缀结叶片、枝皮碎片及长短不一的枝梗而成,枝梗不整齐地纵列于囊的最外层。

(3)生活史与习性 黄淮地区每年发生1代,以幼虫在护囊内悬挂于枝上越冬。4月20日至5月25日前后为越冬幼虫化蛹高峰,5月30日至6月3日为成虫羽化盛期,从成虫羽化到产卵一般2～3天,卵历期15～18天,卵孵化盛期在6月20～25日。幼虫孵化后从旧囊内爬出,再结新囊,爬行时护囊挂在腹部末端,头胸露在外取食,直至越冬。

(4)防治方法

①人工防治 秋末落叶后至翌年春季发芽前摘除虫袋,深埋或烧毁。

②生物防治 应用大袋蛾多角体病毒(NPV)和苏云金杆菌(Bt)喷洒防治,30 天内累计死亡率分别达 77.6%～96.7% 及 82.7%～91%。保护天敌大腿小蜂、脊腿姬蜂和寄生蝇等。

③药剂防治 在 7 月 5～20 日前后,幼虫二至三龄期,虫囊长度 1 厘米左右,采用 50% 马拉硫磷乳油 800～1 000 倍液、5% 氟虫脲乳油 1 000～1 500 倍液,或 20% 醚菊酯乳油 1 500 倍液喷雾,防治效果达 95% 以上。

12. 茶蓑蛾 又名小窠蓑蛾、小蓑蛾、小袋蛾、茶袋蛾、避债蛾。属鳞翅目,蓑蛾科。

(1)分布与危害 在全国各石榴产区都有发生。以幼虫在护囊中咬食叶片、嫩梢或剥食枝干、果实皮层,造成局部光秃。该虫喜集中危害。

(2)形态特征 见彩图 12-24 茶蓑蛾囊。

①成虫 雌蛾体长 12～16 毫米,足退化,无翅,蛆状,体乳白色。头小,褐色。腹部肥大,体壁薄,能看见腹内卵粒。后胸、第 4～7 腹节具浅黄色茸毛。雄蛾体长 11～15 毫米,翅展 22～30 毫米,体翅暗褐色。触角呈双栉状。胸部、腹部具鳞毛。前翅翅脉两侧色略深,外缘中前方具近正方形透明斑 2 个。

②卵 长 0.8 毫米左右,宽 0.6 毫米,椭圆形,浅黄色。

③幼虫 体长 16～28 毫米,体肥大,头黄褐色,两侧有暗褐色斑纹。胸部背板灰黄白色,背侧具褐色纵纹 2 条,胸节背面两侧各具浅褐色斑 1 个。腹部棕黄色,各节背面均有"八"字形黑色小突起 4 个。

④蛹 雌蛹纺锤形,长 14～18 毫米,深褐色,无翅芽和触角。雄蛹深褐色,长 13 毫米。

⑤护囊　纺锤形,枯枝色,成长幼虫的护囊,雌囊长约30毫米,雄囊约25毫米。囊系以丝缀结叶片、枝条碎片及长短不一的枝梗而成,枝梗整齐地纵裂于囊的最外层。

(3)生活史与习性　贵州每年发生1代,安徽、浙江、江苏、湖南等地每年发生1~2代,江西2代,台湾2~3代。多以三至四龄幼虫,个别以老熟幼虫在枝叶上的护囊内越冬。安徽、浙江等省一带2~3月间,气温10℃左右,越冬幼虫开始活动和取食。由于此时虫龄高,食量大,成为灌木早春的主要害虫之一。5月中下旬后幼虫陆续化蛹,6月上旬至7月中旬成虫羽化并产卵,当年第一代幼虫于6~8月份发生,7~8月份危害最重。第二代的越冬幼虫在9月间出现,冬前危害较轻,雌蛾寿命12~15天,雄蛾2~5天,卵期12~17天,幼虫期50~60天,越冬代幼虫240多天,雌蛹期10~22天,雄蛹期8~14天。成虫多在下午羽化,雄蛾喜在傍晚或清晨活动,靠性引诱物质寻找雌蛾,雌蛾羽化翌日即可交尾,交尾后1~2天产卵,每雌平均产卵676粒,个别高达3000粒,雌虫产卵后干缩死亡。幼虫多在孵化1~2天后的下午先取食卵壳,后爬上枝叶或飘至附近枝叶上,吐丝黏缀碎叶营造新护囊并开始取食。幼虫老熟后在护囊里倒转虫体化蛹在其中。天敌有蓑蛾疣姬蜂、松毛虫疣姬蜂、桑蟥疣姬蜂、大腿蜂、小蜂等。

(4)防治方法

①发现虫囊及时摘除,集中烧毁。

②注意保护利用寄生蜂等天敌昆虫。

③生物防治:提倡喷洒每克含1亿活孢子的杀螟杆菌或青虫菌6号悬浮剂进行生物防治。

④药剂防治:掌握在幼虫低龄盛期喷洒24%虫酰肼悬浮剂1000~2000倍液或20%氰戊菊酯乳油1500~2000倍液、50%杀螟硫磷乳油1000倍液、2.5%溴氰菊酯乳油2000倍液等。

13. 白囊蓑蛾　又名白囊袋蛾、白蓑蛾、白袋蛾、白避债蛾、棉条蓑蛾、橘白蓑蛾。属鳞翅目,蓑蛾科。

（1）分布与危害　在河南、江苏、安徽、上海、浙江、江西、福建、台湾、广东、广西、湖南、湖北、贵州、四川、云南等地石榴产区分布危害。以幼虫在护囊中咬食叶片、嫩梢或剥食枝干、果实皮层，造成寄主植物光秃。

（2）形态特征　见彩图12-25白囊蓑蛾囊。

①成虫　雌体长9～16毫米，蛆状，足、翅退化，体黄白色至浅黄褐色微带紫色。头部小，暗黄褐色。触角小，突出；复眼黑色。各胸节及第1～2腹节背面具有光泽的硬皮板，其中央具褐色纵线，体腹面至第七腹节各节中央皆具紫色圆点1个，第三腹节后各节有浅褐色丛毛，腹部肥大，尾端瘦小似锥状。雄体长6～11毫米，翅展18～21毫米，浅褐色，密被白长毛，尾端褐色，头浅褐色，复眼黑褐色球形，触角暗褐色羽状；翅白色透明，后翅基部有白色长毛。

②卵　椭圆形，长0.8毫米，浅黄色至鲜黄色。

③幼虫　体长25～30毫米，黄白色，头部橙黄色至褐色，上具暗褐色至黑色云状点纹；胸节背面硬皮板褐色，中、后胸分成2块，上有黑色点纹；第8～9腹节背面具褐色大斑，臀板褐色。有胸足和腹足。

④蛹　黄褐色，雌体长12～16毫米，雄体长8～11毫米。

⑤蓑囊　灰白色，长圆锥形，长27～32毫米，丝质紧密，上具纵隆线9条，表面无枝叶附着。

（3）生活史与习性　1年发生1代，以低龄幼虫于蓑囊内在枝干上越冬。翌年春寄主发芽展叶期幼虫开始危害，6月份老熟化蛹。蛹期15～20天。6月下旬至7月份羽化，雌虫仍在蓑囊里，雄虫飞来交配，产卵在蓑囊内，每雌产卵千余粒。卵期12～13天。幼虫孵化后爬出蓑囊，爬行或吐丝下垂分散传播，在枝叶上吐丝结蓑囊，常数头在叶上群居食害叶肉，随幼虫生长，蓑囊渐大，幼虫活动时携囊而行，取食时头胸部伸出囊外，受惊扰时缩回囊内，经一段时间取食便转至枝干上越冬。天敌有寄生蝇、姬蜂、白僵菌等。

（4）防治方法

①结合果园管理及时摘除蓑囊，并注意保护利用天敌。

②幼虫危害期及时药剂防治：具体参见大袋蛾。

14. 核桃瘤蛾 又名核桃毛虫。属鳞翅目，瘤蛾科。

（1）分布与危害 分布于河南、河北、山东、山西、陕西等省石榴产区。主要危害核桃、石榴。暴食性害虫，以幼虫食害核桃和石榴叶片，7～8月份危害最重，几天内可将全株树叶片吃光，致使二次发芽，导致树势衰弱。

（2）形态特征 见彩图12-26核桃瘤蛾幼虫。

①成虫 雌虫体长9～11毫米，翅展21～24毫米；雄虫体长8～9毫米，翅展19～23毫米。全体灰褐色，前翅前缘基部及中部有3个隆起的鳞簇，基部的1个色较浅，中部的2个色较深，组成了两块明显的黑斑。从前缘至后缘有3条由黑色鳞片组成的波状纹，后缘中部有一褐色斑纹。

②卵 直径0.4～0.5毫米，扁圆形，中央顶部略呈凹陷，四周有细刻纹。

③幼虫 多为7龄，体长12～15毫米。四龄前体色黄褐，体毛短，四龄后体色灰褐色，体毛明显增长。老熟时背面棕黑色，腹面淡黄褐色，体形短粗而扁，气门黑色。

④蛹 体长8～10毫米，黄褐色，椭圆形，腹部末端半球形，光滑无臀棘。越冬茧长圆形，丝质细密，浅黄色。

（3）生活史与习性 1年发生2代，以蛹在石堰缝隙处、树皮裂缝及树干周围杂草落叶中越冬，在有石堰的地方，石堰缝隙中多达97％以上。越冬代成虫羽化时间为5月下旬至7月中旬，盛期在6月上旬末。成虫多在傍晚6～8时羽化，白天不活动，晚10时前后最活跃，对黑光灯光趋性强，对一般灯光无趋性。羽化两天后于清晨4～6时交尾，第二天产卵，散产在叶背、叶腋处，每处产卵1粒；第一代雌蛾单雌产卵264粒左右，越冬代70多粒；第一代卵盛期在 6 月中旬,卵期 6～7 天,第二代卵盛期为 8 月上旬末,卵期 5～6 天;一至二代两代卵发生时间几乎相连,共达 100 多天。幼虫三龄前在叶背及叶腋处取食,食量少;三龄后常转移危害,把网状脉吃掉,夜间取食最烈,外围及上部受害重;幼虫期 18～27 天。幼虫老熟后顺树干下树结茧化蛹,第一代幼虫于 7 月下旬老熟下树,有少数不下树在树皮裂缝中及枝杈处结茧化蛹,蛹期 9～10 天;第二代幼虫老熟盛期在 9 月上中旬,全部下树化蛹越冬,越冬蛹期 9 个月左右。

(4)防治方法

①灯光诱杀　用黑光灯大面积联防诱杀。

②束草诱杀　利用老熟幼虫顺树干下地化蛹的习性在树干绑草诱杀,麦秸绳效果最好,青草效果差。

③药剂防治　在幼虫危害期,喷洒 30%杀虫双水剂 800 倍液或 50%杀螟硫磷乳油 1 000～1 500 倍液,或 5.7%氟氯氰菊酯乳油 3 000 倍液等杀虫。

15. 樗蚕蛾　又名樗蚕、柏蚕、乌桕樗蚕蛾。属鳞翅目,大蚕蛾科。

(1)分布与危害　分布于华东、华南、华中及云、贵、川等石榴产区。以幼虫食叶和嫩芽,轻者食叶成缺刻或孔洞,严重时把叶片吃光。

(2)形态特征　见彩图 12-27 樗蚕蛾幼虫。

①成虫　体长 25～30 毫米,翅展 110～130 毫米。体青褐色。头部四周、颈板前端、前胸后缘、腹部背面、侧线及末端都为白色。腹部背面各节有白色斑纹 6 对,其中间有断续的白纵线。前翅褐色,前翅顶角后缘呈钝钩状,顶角圆而突出,粉紫色,具有黑色眼状斑,斑的上边为白色弧形。前后翅中央各有 1 个较大的新月形斑,新月形斑上缘深褐色,中间半透明,下缘土黄色;外侧具 1 条纵贯全翅的宽带,宽带中间粉红色。外侧白色、内侧深褐色,基角褐色,其边缘有 1 条白色曲纹。

②卵　灰白色或淡黄白色,上布暗斑点,扁椭圆形,长约 1.5 毫米。

③幼虫　幼龄幼虫淡黄色,有黑色斑点。中龄后全体被白粉,青绿色。老熟幼虫体长 55～75 毫米,体粗大,头部、前胸、中胸对称蓝绿色棘状突起,此突起略向后倾斜;亚背线上的比其他两排更大,突起之间有黑色小点;气门筛淡黄色,围气门片黑色;胸足黄色,腹足青绿色,端部黄色。

④茧　呈口袋状或橄榄形,长约 50 毫米,上端开口,用丝缀叶而成,土黄色或灰白色。茧柄长 40～130 毫米,常以一张寄主的叶包着半边茧。

⑤蛹　棕褐色椭圆形,长 26～30 毫米,宽 14 毫米,体上多横皱纹。

(3)生活史与习性　北方 1 年发生 1～2 代,南方 1 年发生 2～3 代,以蛹越冬。在四川越冬蛹于 4 月下旬开始羽化为成虫,成虫有趋光性,并有远距离飞行能力,飞行可达 3 000 米以上。成虫羽化后即进行交配。雌蛾性引诱力甚强。成虫寿命 5～10 天。卵产在寄主的叶背和叶面上,聚集成堆或块状,每雌产卵 300 粒左右,卵历期 10～15 天。初孵幼虫有群集习性,三至四龄后逐渐分散危害。在枝叶上由下而上,昼夜取食,并可迁移。第一代幼虫在 5 月份危害,幼虫历期 30 天左右。幼虫蜕皮后常将所蜕之皮食尽或仅留少许。幼虫老熟后即在树上缀叶结茧,树上无叶时,则下树在地被物上结褐色粗茧化蛹。第二代茧期约 50 天。7 月底至 8 月初是第一代成虫羽化产卵时间。9～11 月份为第二代幼虫危害期,以后陆续结茧化蛹越冬,第二代越冬茧,长达 5～6 个月,蛹藏于厚茧中。

(4)防治方法

①人工捕捉　成虫产卵或幼虫结茧后,人力摘除或直接捕杀,摘下的茧可用于巢丝。

②灯光诱杀　掌握好各代成虫的羽化期,用黑光灯、频振式

杀虫灯进行诱杀。

③生物防治　樗蚕幼虫的天敌有绒茧蜂和喜马拉雅姬蜂、稻苞虫黑瘤姬蜂、樗蚕黑点瘤姬蜂等,注意保护和利用。

④药剂防治　幼虫危害初期,喷洒 50% 辛硫磷乳油 600 倍液、5% 氯氰菊酯乳油 2 000 倍液、2.5% 溴氰菊酯乳油 2 000 倍液、20% 氰戊菊酯乳油 1 000 倍液、5% 氟啶脲乳油 1 000 倍液等,施药后 24 小时,其防治效果均为 100%。还可用氯菊酯或鱼藤酮等进行防治。

16. 绿尾大蚕蛾　又名燕尾水青蛾、水青蛾、长尾月蛾、绿翅天蚕蛾。属鳞翅目,大蚕蛾科。

(1)分布与危害　除新疆、西藏、甘肃等地未见报道外,其他各石榴产区均有分布。以幼虫食叶,低龄幼虫食叶成缺刻或空洞,稍大吃光全叶仅留叶柄。由于虫体大,食量大,发生严重时,吃光全树叶片。

(2)形态特征　见彩图 12-28 绿尾大蚕蛾幼虫。

①成虫　雄成虫体长 35～40 毫米,翅展 100～110 毫米;雌成虫体长 40～45 毫米,翅展 120～130 毫米。体粗大,体被浓厚白色绒毛呈白色;体腹面色浅近褐色。头部、胸部、肩板基部前缘有暗紫色横切带。触角黄色羽状。复眼大,球形黑色。雌翅粉绿色,雄翅色较浅,泛米黄色,基部有白色绒毛;前翅前缘具白、紫、棕黑三色组成的纵带 1 条,与胸部紫色横带相接,混杂有白色鳞毛;翅的外缘黄褐色;前后翅中室末端各具椭圆形眼斑 1 个,斑中部有一透明横带,从斑内侧向透明带依次由黑、白、红、黄 4 色构成;翅脉较明显,灰黄色。后翅臀角长尾状突出,长 40 毫米左右。足紫红色。

②卵　球形稍扁,直径约 2 毫米。灰白色,上有胶状物将卵黏成堆,近孵化时紫褐色。每堆有卵少者几粒,多者 20～30 粒。

③幼虫　一至二龄幼虫黑色,第 2～3 胸节及第 5～6 腹节橘黄色。三龄幼虫全体橘黄色。四龄开始渐变嫩绿色。老熟幼虫

体长 80~110 毫米,头部绿褐色,头较小,宽约 8 毫米;体绿色粗壮,近结茧化蛹时体变为茶褐色。体节近六角形,着生肉状突毛瘤,前胸 5 个,中、后胸各 8 个,腹部每节 6 个,毛瘤上具白色刚毛和褐色短刺;中、后胸及第八腹节背毛瘤大,顶黄基黑,其他处毛瘤端部红色基部棕黑色。气门线以下至腹面浓绿色,腹面黑色。胸足褐色,腹足棕褐色。

④茧　灰白色,丝质粗糙;长卵圆形,长径 50~55 毫米,短径 25~30 毫米,茧外常有寄主叶裹着。

⑤蛹　长 45~50 毫米,紫褐色,额区有 1 个浅黄色三角斑。

(3)生活史与习性　在辽宁、河北、河南、山东等北方果产区 1 年发生 2 代,在江西南昌 1 年发生 3 代,在广东、广西、云南 1 年发生 4 代,在树上做茧化蛹越冬。北方果产区越冬蛹 4 月中旬至 5 月上旬羽化并产卵,卵历期 10~15 天。第一代幼虫 5 月上中旬孵化;幼虫共 5 龄,历期 36~44 天;老熟幼虫 6 月上旬开始化蛹,中旬达盛期,蛹历期 15~20 天。第一代成虫 6 月下旬至 7 月初羽化产卵,卵历期 8~9 天。第二代幼虫 7 月上旬孵化,至 9 月底老熟幼虫结茧化蛹,越冬蛹期 6 个月。成虫昼伏夜出,有趋光性,一般中午前后至傍晚羽化,羽化前分泌棕色液体溶解茧丝,然后从上端钻出,当天晚上 8~9 时至翌日 2~3 时交尾,交尾历时 2~3 小时。翌日夜晚开始产卵,产卵历期 6~9 天。单雌产卵 260 粒左右。雄成虫寿命平均 6~7 天,雌成虫 10~12 天,虫体大笨拙,但飞翔力强。一、二龄幼虫有集群性,较活跃;三龄以后逐渐分散,食量增大,行动迟钝。幼虫老熟后贴枝吐丝缀结多片叶在其内结茧化蛹。第一代茧多数在树枝上结茧,少数在树干下部;而越冬茧基本在树干下部分叉处。天敌有赤眼蜂等,主要寄生卵。

(4)防治方法

①人工防治　冬春季清除果园枯枝落叶和杂草,摘除越冬虫茧销毁;生长季节人工捕杀幼虫、设置黑光灯诱杀成虫。

②生物防治　保护利用天敌,赤眼蜂在室内对卵的寄生率达

$84\%\sim88\%$。

③药剂防治 幼虫三龄前喷药防治效果好,四龄后由于虫体增大用药效果差。常用杀虫剂有50%杀螟硫磷乳油1 500倍液、50%仲丁威乳油1 500～2 000倍液、25%除虫脲胶悬剂1 000倍液等喷雾。

17. 石榴小爪螨 又名石榴红蜘蛛、石榴叶螨。属真螨目(蜱螨目),叶螨科。

(1)分布与危害 分布于河南、浙江、四川、海南、江西、广西等石榴产区。此螨在叶背面栖息危害,主要聚集在主叶脉两侧;卵壳往往在这些部位呈现一层银白色蜡粉。被害叶上的螨量,由数头至数百头不等。叶片先出现褪绿的斑点,进而扩大成斑块,叶片黄化,质变脆,提早落叶。

(2)形态特征 见彩图12-29石榴小爪螨及危害状。

成螨 雌成螨卵圆形,长410～430微米,宽290～320微米,紫红色,体侧往往有褐斑。须肢跗节的端感器发达,长宽略等;背感器与端感器近等长,小枝状。口针鞘前缘中央微凹陷。气门沟细长,无端膝,末端膨大呈小球状。背毛刚毛状,不着生在疣突上,长度超过其列距,共13对;内外腰毛和内外骶毛几乎等长。足1胫节刚毛8根;跗节双刚毛的后方有近侧刚毛4根;爪为条状,各具黏毛1对;爪间突为爪状,其腹刺为4对。雄螨体菱形,长380～410微米,宽220～250微米。红褐色。腹部末端略尖。须肢跗节端感器长略大于宽,顶端较尖;背感器长于端感器。阳茎钩部短而粗壮,几乎成直角向下弯曲;无端锤;末端较尖。

(3)生活史与习性 石榴小爪螨主营两性生殖,在没有雄性个体的情况下,也能营产雄孤雌生殖,并能与亲代回交,又恢复两性生殖。早春和初冬以雌性为主,其雌、雄比为10～15∶1。石榴小爪螨在江西弋阳属兼性滞育,属于长日照型,即在短日照和低温条件下,能产生部分滞育卵;另一部分为非滞育卵,继续生长发育,形成局部世代。卵一旦滞育,就变成紫红色;如立即置于

22℃、每天 16 小时光照条件下,经 21 天这些滞育卵仍不孵化,必须在较低温度下完成其滞育发展过程后,再给予适宜环境条件,卵色才逐渐变浅,并很快孵化。形成滞育卵和非滞育卵的比例在同一短光照下取决于温度,低温能促进光周期反应,滞育卵比例增高;反之,在较高温度下能抑制其光周期反应,滞育卵比例下降。每天 12 小时光照,6℃～10℃条件下发育成的雌螨,所产滞育卵占 75%～90%;22℃下,滞育卵仅占 32%。滞育卵多数产在叶背边缘和主脉两侧。

温度与石榴小爪螨生长发育的关系甚为密切,在 15℃～30℃范围内呈直线关系。生长发育起始温度为 7.9℃,雌性完成 1 代的有效积温为 205.5℃。平均变温温度 20.7℃和 28℃对其卵的孵化率和产卵前期无影响,而对各种虫态的发育历期、成螨寿命、产卵期和产卵量均有明显差异。天敌有食螨瓢虫和钝绥螨。连续暴雨导致螨量急剧下降。

(4)防治方法

①保护和引放天敌　食螨瓢虫和捕食螨可以有效抑制害螨的发生。害螨达到每叶平均 2 头以下的石榴树上,每株释放捕食性钝绥螨 200～400 头,释放后 1 个半月可控制其危害。当捕食螨与石榴小爪螨虫口达到 1:25 左右时,在无喷药伤害的情况下,有效控制期在半年以上。

②药剂防治。　害螨发生初期叶面喷洒 20%双甲脒可湿性粉剂 1000～2000 倍液或 20%哒螨灵可湿性粉剂 2000～3000 倍液、1.2%苦参碱乳油或 1.2%烟·参碱乳油 800～1000 倍液等。冬、春季节用 3～5 波美度石硫合剂,洗衣粉 200～300 倍液等喷洒树冠,铲除越冬虫态。

18. 枣龟蜡蚧　又名日本蜡蚧、龟甲蜡蚧,俗称枣虱子。属同翅目,蜡蚧科。

(1)分布与危害　在黄淮石榴产区发生。若虫固贴在叶片或果面上吸食汁液,排泄物布满枝叶和果面,7～8 月份雨季时引起大量煤污菌寄生,使叶、枝条、果实布满黑霉,影响光合作用和果实生长。

(2)形态特征 见彩图 12-30 枣龟蜡蚧雌虫和雄虫介壳。

①雌成虫 虫体椭圆形,紫红色,背覆白蜡质介壳,表面有龟状凹纹。体长约 3 毫米,宽 2~2.5 毫米。

②雄成虫 体长 1.3 毫米,翅展 2.2 毫米,体棕褐色,头及前胸背板色深,触角鞭状;翅透明,具 2 条明显脉纹,基部分离。

③卵 椭圆形,纵径约 0.3 毫米,初产时为浅橙黄色,近孵化时为紫红色。

④若虫 体扁平,椭圆形,长 0.5 毫米,后期虫体周围出现白色蜡壳。

⑤蛹 仅雄虫在介壳下化为裸蛹,梭形,棕褐色。

(3)生活史与习性 1 年发生 1 代,以受精雌虫密集在 1~2 年生小枝上越冬。在黄淮地区,越冬雌虫 4 月初开始取食,4 月中下旬虫体迅速增大,5 月底至 6 月初开始产卵,6 月中旬是产卵盛期,7 月中旬为产卵末期。每头雌成虫产卵 1 500~2 500 粒。6 月中下旬开始孵化,6 月下旬至 7 月上旬孵化盛期。雄性若虫 8 月下旬化蛹,9 月上旬为化蛹盛期,8 月中旬开始羽化,9 月下旬为羽化盛期,雄成虫在叶上危害,8 月中下旬开始回枝,9 月中旬为回枝盛期,11 月中旬进入越冬期。

卵及孵化期间,雨水多,空气湿度大,气温正常,卵的孵化率和若虫成活率高达 100%,当年危害重;反之,卵和孵化若虫干死在壳下,当年危害轻。

(4)防治方法 防治有利时期是雌虫越冬期和夏季若虫前期。

①人工防治 从 11 月份至翌年 3 月份用铁刷子刮刷老树皮,消灭在树皮裂缝中越冬的雌成虫,配合修剪剪除虫枝。严冬季节如遇雨雪天气,枝条上结有较厚的冰凌时,及时敲打树枝震落冰凌,可将越冬雌虫随冰凌震落。

②生物防治 利用天敌长盾金小蜂、姬小蜂、瓢虫等防治。

③药剂防治 于各代若虫发生高峰期叶面喷洒 25%噻嗪酮可湿性粉剂 1 500～2 000 倍液、40%杀扑磷乳油 2 000 倍液、5%顺式氰戊菊酯乳油 1 500 倍液、20%甲氰菊酯乳油 3 000 倍液等防效很好。秋后或早春喷洒 5%柴油乳剂,由于柴油能溶解蜡壳,又能杀虫,防治效果均很好。

19. 石榴茎窗蛾 又名花窗蛾。属鳞翅目,窗蛾科。

(1)分布与危害 茎窗蛾是石榴的主要害虫之一,在我国石榴产区均有分布危害。幼虫钻蛀石榴干枝,严重地破坏了树形结构,是丰产、稳产的主要障碍因子之一。重灾果园危害株率达 96.4%,危害枝率 3%以上。

(2)形态特征 见彩图 12-31 石榴茎窗蛾幼虫。

①成虫 雄蛾瘦小,体长 15 毫米,翅展 32 毫米。雌蛾体肥大,圆柱形,体长 15～18 毫米,翅展 37～40 毫米。翅面白色,略有紫色反光。前翅前缘有数条茶褐色短斜线;前翅顶角有一不规则的深茶褐色斑块,下方内陷弯曲呈钩状;臀角有深茶褐色斑块,近后缘有数条短横纹。后翅白色,肩角有不规则的深茶褐色斑块,后缘有 4 条茶褐色横带。腹部白色,各节背面有茶褐色横带。

②卵 长×宽为 0.6～0.65 毫米×0.3 毫米,初产淡黄色,后变为棕褐色,瓶形,有 13 条纵直线,数条横纹,顶端有 13 个突起。

③幼虫 幼龄虫淡青黄色,老熟幼虫黄褐色。体长 32～35 毫米,长圆柱形念珠状,头黑褐色。体节 11 节:胸节 3 节,前胸背板发达,后缘有一深褐色月牙形斑;胸足 3 对,黑褐色;腹节 8 节,前 7 节两侧各有气孔 1 个;腹足 4 对于 3～6 节上,腹部末节坚硬深褐色,有棕色刚毛 20 根,背面向下斜截,末端分叉。

④蛹 长圆形,长 15～18 毫米,化蛹后由米黄色转变为褐色。

(3)生活史与习性 石榴茎窗蛾在河南省沿黄产区每年发生 1 代,以幼虫在枝干内越冬。越冬幼虫一般在 3 月末 4 月初恢复活动蛀食危害,5月下旬幼虫老熟化蛹,幼虫老熟时,爬至倒数1～2个排粪孔处(一般第一个),加大孔径至4～8毫米,形成长椭圆形羽化孔。头向上在羽化孔下方端末隧道内化蛹。6月中旬开始羽化,7月上中旬为羽化盛期,8月上旬羽化结束。成虫白天隐藏在石榴枝干或叶背处,夜间飞出活动。雌成虫交尾后1～2天开始产卵,连续产卵2～3天,其寿命为3～6天。产卵部位多在嫩梢顶端2～3片叶芽腋处,单粒散产或2～3粒产在一起。卵期13～15天。从7月上旬开始孵化,孵化幼虫3～4天后自芽腋处蛀入嫩梢,沿髓心向下蛀纵直隧道;3～5天被害枝梢枯萎死亡,极易发现。随着虫龄增大,排粪孔径和孔间距离向下逐渐增大;一般排粪孔径变化在0.02～0.2厘米,孔间距离为0.7～3.7厘米不等。一个世代周期掘排粪孔13～15个。一个枝条蛀生1～3头幼虫,一般1头;一个世代蛀食枝干达50～70厘米。蛀入1～3年生幼树或苗木可达根部,致使植株死亡;成年树达3～4年生枝,破坏树形,影响产量。当年在茎内蛀食危害至初冬,在茎内休眠越冬。翌年3月下旬恢复活动,继续向下危害,直至化蛹完成一个世代周期。

(4)防治方法

①在7月初每隔2～3天检查树枝1次,发现枯萎新梢及时剪除烧毁,消灭初蛀入幼虫。

②春季石榴树萌芽后,剪除未萌芽的枝条(50～80厘米)集中烧毁,以消灭越冬幼虫。

③药剂防治:在卵孵化盛期,可喷洒10%氯菊酯乳油1 000～1 500倍液或20%醚菊酯乳油1 500～2 000倍液或20%氰戊·马拉硫磷乳油1 000～1 500倍液等,触杀卵和毒杀初孵幼虫。

对蛀入2～3年生枝干内幼虫,用注射器从最下一个排粪孔处注入阿维菌素500倍液,或5%氟苯脲乳油500倍液,然后用泥封口毒杀,防治率可达100%。

20. 豹纹木蠹蛾 又名黑咖啡、黑点蠹蛾。属鳞翅目,木蠹蛾科。

(1)分布与危害　在江苏、浙江、安徽、河南、山东等省石榴产区发生危害。幼虫钻蛀枝干,造成枯枝、断枝,严重影响生长。

(2)形态特征　见彩图12-32豹纹木蠹蛾幼虫。

①成虫　体长28～32毫米,翅展40～45毫米。通体灰白色,胸部背面有3对蓝青色斑点,前翅散生大小不等的青蓝色斑点。腹部各节背面有3条蓝黑色纵带,两侧各有一圆斑。

②卵　长圆形,近孵化时棕褐色。

③幼虫　体长30毫米左右,赤褐色,上生白色细毛。头淡赤褐色,前胸背板基部有一黑褐色斑,后缘具有锯齿状黑色小刺。臀板及第二节基半部黑褐色。

④蛹　赤褐色,长筒形。体长25～28毫米,2～7节背面各有2列刺突。

(3)生活史与习性　沿黄产区1年发生1代,以幼虫在枝干内越冬。翌年春季枝条萌发后,再转移到新梢继续蛀食危害。多从枝干基部蛀入,蛀入后先在皮层与木质部间围绕枝条环状咬蛀,然后沿髓部向上蛀纵直隧道,隔不远处向外开一圆形排粪孔,并经常把粪便排出孔外;被害枝梢上部不久枯萎,并可多次转移危害。5～6月份,老熟幼虫在隧道内吐丝缀连碎屑,堵塞两端,并向外开一羽化孔,即行化蛹。成虫羽化后,蛹壳一半露出孔外,长久不掉。成虫产卵于嫩枝、芽腋或叶上,单粒散产或数粒一起。幼虫孵化后,多从新梢上部叶腋蛀入,沿髓部向上蛀隧道,并在不远处向外开一排粪孔;被害新梢3～5天内即枯萎,这时幼虫钻出再向下移不远处重新蛀入,这样经过多次转移蛀食,当年新抽梢可全部枯死。幼虫危害至秋末冬初,在被害枝基部隧道内越冬。

(4)防治方法

①结合修剪,及时剪除初害枝条集中烧毁。

②用细钢丝从最上一个排粪孔向上捅,然后在孔内塞入蘸有5%除虫脲乳油100倍液的棉球或药泥堵杀幼虫。

③药剂防治：成虫产卵和卵孵化期喷洒 20％氰戊菊酯乳油 2 000 倍液或 50％丙硫磷乳油 1 000 倍液、2％氟丙菊酯乳油 1 500～2 000 倍液等，消灭卵和幼虫。

21. 黑蝉 又名蚱蝉。俗名 蚂吱嘹、知了、蜘蟟。属同翅目，蝉科。

(1)分布与危害 全国各地均有分布。成虫刺吸枝条汁液，并产卵于 1 年生枝条木质部内，造成枝条枯萎而死。若虫生活在土中，刺吸根部汁液，削弱树势。

(2)形态特征 见彩图 12-33 黑蝉成虫。

①成虫 体长 45 毫米左右。体黑色有光泽，具金色细毛。头中央及颊的上方有红、黄色斑纹。中胸背板宽大，中间高并具有"×"形隆起。翅透明，基部烟黑色。雄虫作"吱"声长鸣。雌虫不能鸣叫，腹部刀状产卵器很明显。

②卵 长椭圆形，白色腹面略弯，长约 2.5 毫米。

③若虫 体黄褐色，体长 30～37 毫米，头、胸部粗大，与腹部宽几乎相等，仅有翅芽，能爬行，俗称"爬蚕"。

(3)生活史与习性 4 年发生 1 代，以卵在枝条内或以若虫于土壤中越冬。每年 7～8 月份若虫出土羽化，羽化盛期为 7 月份。每天夜间若虫出土高峰时间为 8～12 时。若虫出土孔圆形，直径 10～15 毫米；出土后爬行寻找树干和草茎，上爬高度 1～3 米处不食不动，2～3 小时后蜕皮羽化为成虫。成虫寿命 2 个多月，每只雌虫产卵 500～1 000 粒。产卵于新嫩梢木质部内，产卵带长达 30 厘米左右，呈不规则螺旋状排列，每枝产卵约数百粒。产卵伤口深及木质部干缩翘裂，受害枝条 3～5 天后枯萎；卵期 10 个多月，第二年 6 月份若虫孵化落地，入土层吸食根液危害达数年，秋后转入深土层中越冬，春暖转至耕作层危害，若虫在土层中分布深度为 50～80 厘米，最深者可达 2 米，若虫刺吸式口器刺入根系皮层内吸食根液，多年危害树木。经数年老熟若虫再出土、羽化、产卵完成一个世代周期。

（4）防治方法

①在雌虫产卵期，及时剪除产卵萎蔫枝梢，集中烧毁。

②利用成虫趋光习性，在成虫发生期于夜间在园内或园周围或防护林内堆草点火，同时摇动树干诱使成虫扑火自焚。

③利用若虫出土附在树干上羽化的习性和若虫可食的特点，发动群众于夜晚捕捉食用。

④药剂防治：产卵后入土前，喷洒 40％辛硫磷乳油 1 000 倍液、25％甲萘威可湿性粉剂 600～800 倍液，或 20％氰戊菊酯乳油 2 000 倍液等药剂防治。

十三、采收、贮藏、加工及综合利用

(一)采收时间与技术

石榴果实适时采收,是果园后期管理的重要环节,合理的采收不仅保证了当年产量及果实品质,提高贮藏效果,增加经济效益,同时由于树体得到合理的休闲,又为翌年丰产打下良好基础。

1. 采前准备 采前准备主要包括3个方面:一是采摘工具如剪、篓、筐、篮等,包装箱订作及贮藏库的维修、消毒准备等。二是市场调查,特别是果园面积较大,可销售果品量较多时,此项工作更重要,只有做好市场调查预测,才能保证丰产丰收,取得高效益。三是合理组织劳力,做好采收计划、根据石榴成熟期不同的特点及市场销售情况、分期分批采收。

2. 采收期的确定 采收期的早晚对果实的产量、品质及贮藏效果有很大影响。采收过早,产量低、品质差,由于温度还较高,果实呼吸率高而耐藏性也差,采收越早,损失越大;过晚采收,容易裂果,贮运期易烂果,商品价值降低,且由于果实生长期延长,养分耗损增多,减少了树体储藏养分的积累,降低树体越冬能力,影响翌年结果。因品种不同,以籽粒、色泽达到本品种成熟标志,确定适宜的采收期,黄淮地区,早熟品种一般8月下旬、9月上旬成熟,晚熟品种可至10月中下旬。

另以调节市场供应、贮藏、运输和加工的需要、劳动力的安排、栽培管理水平、树种品种特性及气候条件来确定适宜的采收期。我国人民有中秋节走亲访友送石榴的习惯,无论成熟与否,一般中秋节前石榴都大量上市;石榴是连续坐果树种,成熟期不一致,要考虑分期采收,分批销售;树体衰弱、管理粗放和病虫危害而落叶较早的单株,亦需提前采收,以免影响枝芽充实而减弱越冬能力;果品用于贮藏要适当早采收,果实在贮藏期有一个后熟过程,可以延长贮藏期;准备立即投放市场的,随销随采,关键是色泽要好。久旱雨后要及时采收,减少裂果,雨天禁止采收防果内积水,引起贮藏期烂果。

3. 采收技术 采收过程中应防止一切机械伤害,如指甲伤、碰伤、压伤、刺伤等。果实有了伤口,微生物极易侵入,增强呼吸作用,增加烂果机会,降低贮运性和商品价值。石榴果实即使充分成熟也不会自然脱落,采摘时一般一手拿石榴一手持剪枝剪将果实从果柄处剪断,剪下后将果实轻轻放入内衬有蒲包或麻袋片等软物的篓、篮、筐内,切忌远处投掷,果柄要尽量剪短些,防止刺伤果。当时上市的果实,个别果柄可留长些,并带几片叶,增加果品观赏性。转换筐(篓)、装箱等要轻拿轻放,防止碰掉萼片。运输过程中要防止挤、压、抛、碰、撞。

采果时还要防止折断果枝,碰掉花、叶芽,以免影响翌年产量。

(二)分级、包装

1. 分级 果实采摘下树后,要置于阴凉通风处,避免太阳暴晒和雨淋,来不及运出果园的,存放果实的筐上要盖麻袋或布单遮阴。利用运到选果场倒筐之机进行初选,将病虫果、严重伤果、裂果挑出。对初选合格的果实再进行分级包装,分级是规范包装、提高果实商品价值的重要措施。石榴分级国内尚无统一标准,往往随品种、地区和销售而有不同。各地制定的分级标准一般以果实大小、色泽(果皮、籽粒)、果面光洁度、品质(籽粒风味)为依据。河南省对石榴果实分级定为特、一、二、三等 4 个级别(DB 41/T 488—2006)(表 13-1)。

表 13-1   河南省石榴果实分级标准

等 级	果　重（克）	果 形	果　面	口 感	萼 片	残 伤
特 级	本品种平均果重的 130％以上	丰 满	光洁；90％以上果面呈现本品种成熟色泽	好	完 整	无
一 级	本品种平均果重的 110％以上	丰 满	光洁；70％以上果面呈现本品种成熟色泽	好	完 整	无
二　级	本品种平均果重的 90％～110％	丰 满	光洁，有点状果锈；50％以上果面呈现本品种成熟色泽	良 好	不完整	无
三 级	本品种平均果重的 70％以上	丰 满	有块状果锈；30％以上果面呈现本品种成熟色泽	一 般	不完整	无

2. 包　装　石榴妥善包装，是保证石榴果实完好，提高商品价值的重要环节。为便于贮藏和运输，减少损失，一般包装分两种。

（1）用竹或藤条编成的筐、篓包装　规格大小不一，每篓、筐装果 20～30 千克。筐为四方体或长方体形，篓为底小口大的柱体形，篓盖呈锅底形。装果前篓筐内壁先铺好蒲包，或柔软的干草，为了达到保温、保湿、调节篓内气体的目的，可于蒲包内衬一适当容积的果品保鲜袋，然后将用柔软白纸或泡沫材料网袋包紧的石榴分层、挤紧、摆好，摆放时注意将萼筒侧向一边，以免损伤降低品级，篓筐装满后，将蒲包折叠覆盖顶部，加盖后用铁丝或细绳扎紧。筐内外悬挂写有重量、品种、级别、产地的标签。

（2）纸箱包装　包装箱规格有 50 厘米×30 厘米×30 厘米、40 厘米×30 厘米×25 厘米、30 厘米×25 厘米×20 厘米和 35 厘米×25 厘米×17 厘米等，箱装果重量分别为 20 千克、10 千克、5

千克和4.5千克,根据需要确定包装规格。装箱时,先在箱底铺垫一层纸板,后将纸格放入展开,将用柔软白纸或泡沫材料网袋裹紧的石榴放入每一格内,萼筒侧向一边,以防损伤。装满一层后,盖上一张硬纸板,再放入一个纸格装第二层。依次装满箱后,盖上一层硬纸板、盖好箱盖、胶带纸封箱,打包带扎紧。箱上说明品种、产地、级别、重量等。石榴包装要注意分品种、分级别进行,不破箱、不漏装、果实相互靠紧、整齐美观。减少长途运输挤压、摩擦,保证质量。

(3)礼品式精品包装 有多种包装规格,适合不同的消费人群,可以开发各种人性化设计。

(三)贮 藏

石榴为中秋之际时令佳果,搞好贮藏保鲜,是调剂市场,延长供应时间,利用季节差价,提高经济价值,直至远距离运销的重要手段。

1. 贮藏条件 影响石榴保鲜贮藏的关键因素是贮藏场所的温度、湿度和气体成分。

(1)温度 石榴果实贮藏的适宜温度为$1℃\sim4.5℃$。石榴是对低温伤害敏感的果实,在$-1℃$出现低温伤害症状,故果实不应在此温度条件下贮藏。在安全贮藏温度条件下贮藏的,在解除贮藏后果实立即消费。不同品种的石榴果实,含水率、耐贮性等方面存在较大差异,每个品种贮藏的适宜温度不同,含水率高的品种,贮藏温度适当高些。

(2)湿度 在环境温度适宜时,石榴贮藏环境的相对湿度应保持在$80\%\sim85\%$为宜。相对湿度的调节,应根据不同品种果实果皮含水率而定。果皮含水率相对较低的品种,环境相对湿度应大些;而果皮含水率相对较高的品种,环境相对湿度应小些。

(3)气体 有贮藏实验认为,石榴果实是无呼吸高峰的果实,贮藏期间产生少量的乙烯,而且对各种外加乙烯处理无反应。果实产生的二氧化碳和乙烯两者的浓度均随温度的升高而增加。在 3℃条件下贮藏时,空气中氧的合适浓度为 2%,二氧化碳的适宜浓度为 12%。

2. 贮前准备

(1)选择耐贮品种　品种不同,耐贮性不同,用于贮藏的品种,必须品质优良、适于长期存放。如河南的蜜宝软籽、蜜露软籽,陕西临潼的临选 1 号,安徽的淮北软籽 1 号,山西的江石榴,四川会理的青皮软籽等品种。

(2)适期采收　石榴由于花期不集中、导致果实成熟期不一致。用于贮藏的果实,可以采收成熟度在 90% 左右的果实,果实在贮藏期有一个后熟过程,适当早采果可以延长贮藏期。

(3)场所器具准备　在果实采收前,根据生产量的多少,决定贮藏量和贮藏方法,对贮藏场所和器具提前做好物质准备和消毒处理。常用消毒杀菌剂有多菌灵、代森锌、甲基硫菌灵等。

(4)果实处理　将采下准备贮藏的果实,经过严格挑选,剔除病、虫果和损伤果,堆置于避光通风的空地 2～3 天,经发汗、降温、果皮水分稍散后,用药剂做防腐处理。常用药剂品种有 25% 多菌灵可湿性粉剂 500 倍液,或 40% 甲基硫菌灵可湿性粉剂 600 倍液,或 60% 代森锌可湿性粉剂 500 倍液等,再加入适宜的水果防腐保鲜剂,浸果 1 分钟后捞出阴干,然后根据计划存放。

3. 贮藏保鲜方法

(1)室内堆藏法　选择通风冷凉的空屋,打扫清洁,适当洒水,然后消毒。将已消毒的稻草在地面铺 5～6 厘米厚。其上按一层石榴(最好是塑料袋单果包装)、一层松针堆放,堆 5～6 层为限。最后在堆上及四周用松针全部覆盖,在贮藏期间每隔 15～20 天检查 1 次,随用随取。此法可保鲜 2～3 个月。

(2)井窖贮藏　选择地势高、地下水位深的地方,挖成直径 100 厘米、深 200～300 厘米的干井,然后于底部向四周取土掏洞,洞的大小以保证不塌方及贮量而定。贮藏方法是在窖底先铺一层消毒的干草,然后在其上面摆放 3～6 层石榴,最后将井口封闭。封闭方法是在井口上面覆盖木杆或秫秸,中间竖一秫秸把以利通风,上面覆土封严。此法可保鲜至翌年春。井窖保护妥当时,可连续使用多年。

(3)坛罐贮藏　选坛罐之类容器冲洗干净,然后在底部铺上一层含水 5% 的湿沙,厚 5～6 厘米,中央竖一秫秸把子或竹编制的圆筒,以利换气。在秫秸把子或竹编制的圆筒四周装放石榴,直至装到离罐口 5～6 厘米时,再用湿沙盖严封口。

(4)袋装沟藏

①挖沟　选地势平坦、阴凉、清洁处挖深 80 厘米、宽 70 厘米的贮藏沟,长度根据贮藏数量而定。于果实采收前 3～5 天,白天用草苫将沟口盖严、夜间揭开、使沟内温度降至和夜间低温基本相同时,再采收,装袋入沟。

②装袋　将处理过的果实(用 100 倍 D7 保鲜剂浸泡 10 分钟,或用其他保鲜剂)装入厚 0.04 毫米、宽 50 厘米、长 60 厘米的无毒塑料袋,每袋装 20 千克,装袋后将袋口折叠,放入内衬蒲包的果筐或果箱内、盖上筐盖或者箱盖、不封闭。入沟贮藏。

③管理　贮藏前期,白天用草苫覆盖沟口,夜间揭开,使贮藏沟内的温度控制在 2℃～3℃ 为宜。贮藏中期,随自然温度不断降低,当贮藏沟内温度降至 1℃ 以上时,把塑料袋口扎紧,筐箱封盖,并用 2～3 层草苫将贮藏沟盖严,呈封闭状态,每个月检查 1 次。贮藏后期,3 月上中旬气温回升,沟内贮藏温度升至 3℃ 以上时,再恢复贮藏前期的管理,利用夜间的自然降温,降低贮藏沟内的温度。利用此法果实贮藏到翌年 4 月份,好果率仍达 90% 以上。

(5)土窑洞贮藏　适于黄土丘陵地区群众有利用窑洞生活的石榴产区采用。一般选取坐南朝北方向,窑身宽 3 米、高 3 米、洞深 10～20 米,窑顶为拱形,窑地面从外向内渐次升高或缓坡形,以利于窑内热空气从门的上方逸出。窑门分前、后两道,第一道为铁网或栅栏门,第二道为木板门,门的规格为宽0.9米左右,高2.0米左右,两道门距3米左右,作用为缓冲段,以保持贮藏窑洞条件稳定。在窑内末端向上垂直打一通风口,通风孔下口直径0.7米左右,上口直径0.4米左右,出地面后再砌高2~3米。

窑洞地面铺厚约5厘米的湿沙,将药剂处理过的果实塑料袋单果包装好后散堆于湿沙上4~5层;或者用小塑料袋单果包装后装筐,也可加套塑料果网后每15千克装一袋(塑料袋或简易气调袋)置于湿沙上,码放1~2层。

果实贮藏初期将窑门和通气孔打开通风降温。12月中旬后,外界温度低于窑温时,要关闭通气孔和窑门,门上挂棉苫或草苫御寒,并注意经常调节室内温度与湿度。贮藏初期要经常检查,入库后每15~20天检查1次,随时拣出腐烂、霉变果实,以防扩大污染。窑洞贮藏要注意防鼠害。

(6)冷库贮藏　利用不同类型机械制冷库贮藏石榴,可以科学地控制库内温度和湿度,是解决大批量石榴果实保鲜的先进技术。目前更先进的是气调保鲜,除具有控温、控湿外,还可以控制库内氧气和二氧化碳气体浓度。有条件的地区可以利用。

(四)加　工

1. 石榴的营养成分　石榴果实营养丰富,籽粒中含有丰富的糖类、有机酸、蛋白质、脂肪、矿物质、多种维生素等多种人体所需的营养成分。据分析,石榴果实中含碳水化合物17%,水分70%~79%,石榴籽粒出汁率一般为87%~91%,果汁中可溶性固形物含量15%~19%,含糖量10.11%~12.49%;果实中含有苹果酸和枸橼酸,含量因品种而不同,一般品种为0.16%~0.40%,而酸石榴品种为2.14%~5.30%。每100克鲜汁含维生素C 11~24.7毫克及以上,比苹果高1~2倍,磷8.9~10毫克,钾216~249.1毫克,镁6.5~6.76毫克,钙11~13毫克,铁

0.4～1.6毫克,单宁59.8％～73.4％,脂肪0.6～1.6毫克,蛋白质0.6～1.5毫克,还含有人体所必需的天门冬氨酸等16种氨基酸(表13-2)。除鲜食外,破壳取汁,可加工成甜酸适口、风味独特的石榴酒、石榴汁、石榴露、石榴醋等饮品,酸石榴品种以加工为主,而软籽类品种,由于其核软加工方便,更适合作加工型品种。

表13-2　酸石榴氨基酸含量分析

氨基酸类别	含　量 (毫克/100克)	氨基酸类别	含　量 (毫克/100克)
天门冬氨酸	14.3	亮氨酸	6.2
苏氨酸	3.9	酪氨酸	1.3
丝氨酸	8.6	苯氨酸	11.7
谷氨酸	35.1	赖氨酸	6.7
甘氨酸	7.7	组氨酸	4.0
丙氨酸	7.0	精氨酸	7.0
缬氨酸	5.8	脯氨酸	2.3
蛋氨酸	2.3		
异亮氨酸	4.1	总　和	127.5

石榴果皮、隔膜及根皮树皮中含鞣质平均为22％以上,可提取栲胶,既能作鞣皮工业的原料,也可作棉、麻等印染行业的重要原料。

石榴全身都是宝,可以搞综合开发利用。

2. 石榴的加工利用　以下简要介绍几种有关石榴的加工工艺及方法:

(1)石榴酒

①工艺流程

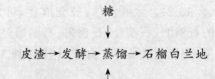

糖
↓
皮渣→发酵→蒸馏→石榴白兰地
↑

石榴→去皮→破碎→果浆→前发酵→分离→后发酵→贮存→过滤→调整→热处理→冷却→过滤→贮存→过滤→装瓶、贴标、入库

②操作要领

a.原料处理与选择。选择鲜、大、皮薄、味甜的果实,去皮破碎成浆,入发酵池,留有 1/5 空间。

b.前发酵。加一定量的糖,适量二氧化硫。加入 5%～8% 的人工酵母,搅拌均匀,进行前发酵。温度控制在 25℃～30℃,时间 8～10 天,然后分离,进行后发酵。

c.后发酵陈酿。前发酵分离的原液,含糖量在 0.5% 以下,用酒精封好该液体进行后发酵陈酿。时间 1 年以上。分离的皮渣加入适量的糖进行二次发酵。然后蒸馏到白兰地,待调酒用。

d.过滤、调整。对存放 1 年后的酒过滤,分析酒度、糖度、酸度,接着按照标准调酒,然后再进行热处理。

e.热处理。将调好的酒升温至 55℃,保持 48 小时,而后冷却,静置 7 天再过滤。

f.冷却、过滤、贮存、过滤、装瓶、杀菌入库。为增加酒的稳定性,再对过滤的酒进行冷处理。再过滤贮存,然后再过滤装瓶。在 70℃～72℃ 下保持 20 分钟杀菌,后贴封入库。

③质量标准

a.感官指标。色泽橙黄,澄清透明,无明显悬浮物和沉淀物。

具有新鲜、愉悦的石榴香及酒香,无异味,风味醇厚,酸甜适口,酒体丰满,回味绵长。具有石榴酒特有的风味。

b. 理化指标

酒度(20℃)/%   10~12

糖度/(克/100毫升)   10~16

酸度/(克/100毫升)   0.4~0.7

挥发酸/(克/100毫升)   <0.1

干浸出物/(克/100毫升)   >1.5

(2)石榴甜酒

①原料　石榴、香菜籽、芙蓉花瓣、柠檬皮、白糖、脱臭酒精。

②工艺流程

脱臭酒精、砂糖
↓

石榴→洗净→挤汁→配制→贮存→过滤→贮存→石榴甜酒

↑
柠檬皮、香菜籽、芙蓉花瓣

③操作要领

a. 原料处理。选择个大、皮薄、味甜、新鲜、无病斑的甜石榴,出汁在30%以上。洗净,挤汁。

b. 配制。将石榴汁与其他原料一起放入玻璃瓶内,封闭严密防止空气进入,置1个月。期间,应常摇晃瓶子,使原料调和均匀。

c. 过滤。1个月后,将初酒滤入深色玻璃瓶内,塞紧木塞,用蜡、胶封严。5个月后可开瓶,经调和即可饮用。

④质量标准

a. 感官指标。金黄色,澄清透明,无明显悬浮物,无沉淀。风味酸甜适口,回味绵长。酒体醇厚丰满,有独特风味。

b. 理化指标

酒度(20℃)/%	10～12
糖度(葡萄糖)/(克/100毫升)	10.0～16.0
酸度(柠檬酸)/(克/100毫升)	0.4～0.7
挥发酸/(克/100毫升)	＜0.1
干浸出物/(克/100毫升)	＞1.5

(3)石榴药酒　用酸石榴7枚,甜石榴7枚,人参、黄芪、沙参、丹参、苍耳子、羌活各60克,白酒1000毫升。将前8味中的石榴捣烂,余药切碎,共入布袋,置容器中,加入白酒,密封,浸泡7～14天后,过滤去渣即成。主要功用:益气活血、祛风除湿、解毒避瘟。每于饭前温服20毫升,可以治疗中风、头面热毒、皮肤生疮、颜面生结、眉毛脱落。

(五)综合利用

1. 石榴的药用价值　石榴根、皮、花和果含有多种营养成分和矿物质,具有很高的药用价值和营养保健价值,除鲜食外,广泛应用于医药、食品加工、美容护肤品利用。

我国古代中医药学对石榴的药用价值多有记载,石榴根、皮、花和果具有性甘、温、酸、涩、无毒的药理作用。《本草纲目》载:"石榴受少阳之气而萌于四月,盛于五月,实于盛夏,熟于深秋。丹花赤实,其味甘酸,其气温湿,具木火之象"。《名医别录》云:"石榴味甘、酸、无毒。主治咽喉燥渴。实壳味酸,疗下痢,止漏遗"。

(1)经现代中医药学研究,石榴根、皮、花、果、叶均具有药用价值

①石榴果实　性味甘、酸、温、涩、无毒,入肾、大肠经。有清热解毒、生津止渴、健胃润肺、杀虫止痢、收敛涩肠、止血等功效。甜石榴性温涩,润燥兼收敛,偏重于治疗咽喉干燥、大渴难忍、醉

酒不醒等;而酸石榴偏重于治痢疾腹泻、血崩带下、遗精、脱肛及虚寒久咳、消化不良、虫疾腹痛等症;籽粒可治消化不良。

②石榴皮 石榴皮主要含有苹果酸、鞣质、生物碱等成分。味酸、涩,性温,归大肠、肾经,收敛涩肠止泻,是中医常用的涩肠止血、止痢止泻、驱虫杀虫良药。能使肠黏膜收敛,使肠黏膜的分泌物减少,对金黄色葡萄球菌、溶血性链球菌、痢疾杆菌、绿脓杆菌、霍乱弧菌、伤寒杆菌及结核杆菌有明显抑制作用和抗病毒、驱绦虫、蛔虫等作用。可以治疗中耳炎、创伤出血、月经不调、红崩白带、牙痛、吐血、久痢、久泻、便血、脱肛、遗精、崩漏、带下、虫积腹痛以及虫牙、疥癣等症。

③根皮 根皮中含有石榴皮碱。性酸涩,温,有毒,具有涩肠、止血、驱虫的功效。对伤寒杆菌、痢疾杆菌、结核杆菌、绿脓杆菌及各种皮肤真菌均有抑制作用,驱蛔要药。主治鼻衄、中耳炎、创伤出血、月经不调、红崩白带、牙痛、吐血、久泻、久痢、便血、脱肛、滑精、崩漏、带下、肾结石、糖尿病、乳糜尿、虫积腹痛、疥癣。内服煎汤,或入散剂。外用煎水熏洗或研末调涂。配砂糖,缓急止泻;配马兜铃,消痔驱虫;配黄连,清热燥湿;配槟榔,驱蛔杀虫。

④石榴汁 对防治乳腺癌有特效。

⑤石榴花 性味酸涩而平,主要用于止血,如鼻衄、吐血、创伤出血、崩漏、白带等,并用于治肺痈、中耳炎等病。还用以泡水洗眼,有明目效能。

⑥石榴叶 有健胃理肠、治疗咽喉燥渴、止下痢漏精、止血之功能。用叶片浸水洗眼可治眼疾和皮肤病;用石榴叶制作的榴叶茶含有18种氨基酸,维生素 B_1、维生素 B_2、维生素 C、维生素 E 等含量高。有解毒、保护肝脏、防止血栓及各种出血性疾病之功效,并可降血脂、降血糖,防止肿瘤、心血管、风湿、贫血。对治疗不思饮食、睡眠不佳、高血压等有奇特疗效。

223

（2）据现代医学研究证明,石榴的药用价值更广泛,保健功能更全面　石榴汁和石榴种子油中,含有丰富的维生素 B_1、维生素 B_2 和维生素 C,以及烟酸、植物雌激素与抗氧化物质鞣化酸等。

①石榴汁　含有多种氨基酸和微量元素,有助消化、抗胃溃疡、软化血管、降血脂和血糖,降低胆固醇等多种功能。可防治冠心病、高血压,可达到健胃提神、增强食欲、益寿延年之功效。

②石榴种子油　对防治癌症和心血管病、防衰老和更年期综合症等医疗作用明显。

③石榴种子提取物——多酚（标准含量 $50\%\sim70\%$）　是一类强抗氧化剂,具有抗衰老和保护神经系统稳定情绪的作用,可以降低颈动脉内膜—中膜厚度;有助于改善关节弹力,又有对抗关节炎和运动伤害炎症的功效;能改善皮肤光滑和弹性,有助于防止因皮肤弹性流失而出现的过早皮肤皱纹形成,在许多欧洲国家,妇女将石榴籽多酚作为补充剂服用,以防止皱纹形成和帮助保持皮肤光滑有弹性;改善血液循环对于中风患者,糖尿病,关节炎,烟民,口服避孕药物妇女和患有腿部肿胀患者有良好疗效;能减轻因糖尿病而引起的视网膜病变并改善视力;有助于防止瘀伤并抑制静脉曲张形成;石榴籽多酚还是直接保护大脑细胞的抗氧化剂之一,孕妇怀孕期间多喝石榴汁可以降低胎儿大脑发育受损的概率;可以帮助改善大脑功能,抵御衰老。

据以色列科学家研究,石榴汁、石榴种子油中含有延缓衰老、预防动脉粥样硬化、降低胆固醇氧化、消除炎症和延缓癌变进程的高水平抗氧化剂,有显著的抗乳腺癌特性和消除动脉中的斑块,可预防和治疗因动脉硬化引起的心脏病。通常体内的胆固醇被氧化、沉积可导致动脉硬化引发心脏病,如果每天饮用 $50\sim100$ 毫升石榴汁,连用 2 周可将氧化过程减缓 40%,并可减少已沉积的氧化胆固醇,即使停止使用,其功效仍可持续 1 个月。研究还发现,无论是榨取的鲜果汁还是发酵后的石榴酒,其类黄酮的含量均超过红葡萄酒,类黄酮可中和人体内诱发疾病与衰老的氧自由基,而从干石榴种子里榨取的多聚不饱和油中石榴酸的含量高达80%,这是一种非常独特有效的抗氧化剂,可用以抵抗人体炎症的发生。

美国研究人员经一系列实验证明,石榴汁富含非常有效的抗癌物质——高水平的抗氧化剂,对前列腺癌的效果尤其明显,常饮用石榴汁既可防癌,又可治癌;石榴和其他暗红色水果中的色素含有比红酒及绿茶还要高浓度的抗氧化活性物质,这些物质有助于预防可能导致皮肤癌的日晒伤害。

日本医学界用石榴的果实治疗肝病、高血压、动脉硬化,都取得了良好的效果。

因此,石榴作为一种健康水果、石榴汁作为一种健康饮品已经越来越受欢迎,

但石榴是温性水果,有机盐含量颇多,多食能腐蚀牙齿的珐琅质,其汁液色素能使牙质染黑,并易生痰,甚则成热痢,故不宜过食。凡患有痰湿咳嗽、慢性气管炎和肺气肿等病,如咳嗽痰多、且痰如泡沫的患者,以及有实邪及新痢初起者忌食。另外,用石榴皮驱虫时,只能用盐类泻剂,不可用蓖麻油作泻剂,以免发生中毒症状。

2. 与石榴有关的常用医用药方

(1)风火赤眼　石榴鲜嫩叶50克,加水500毫升,煎至250毫升,药汁放冷澄清后洗眼。

(2)幼儿红眼病　取鲜石榴叶、木贼草、淡竹叶各30克,浓煎液洗眼部。

(3)鼻出血　①石榴花适量,晒干研末,吹入鼻孔,一日数次。②石榴花或石榴嫩叶,搓成小团塞入鼻孔,每日多次。③石榴皮30克,水煎服。

(4)烧烫伤　①红石榴花适量,研细末,芝麻油调,搽患处。②石榴皮适量研末,调麻油擦患处。

(5)痢疾、脱肛　白石榴花18克,水煎,饭前服。

(6)肺痈　白石榴花7朵、夏枯草10克,水煎服。

(7)消化不良、腹泻　①酸石榴1个,果肉及籽嚼烂咽下。②鲜石榴皮15克,捣烂敷于肚脐(神阙穴),12小时除去,隔2小时再敷。此方适用于单纯性小儿消化不良,也可作为腹泻、腹胀、食欲不佳的辅助治疗。③石榴皮30克,每日1剂,水煎分2次服,连服3~5剂。小儿酌减。④石榴皮、茄子根各30克,共焙黄研末,每次3克,开水冲服,早、晚各服1次。小儿酌减。③、④方也适合治疗腹泻。

(8)下痢　酸石榴果1个,连皮、籽捣烂,生姜15克,茶叶3克,水煎服。

(9)慢性腹泻、久泻不愈　①鲜石榴果1个,连皮捣碎,食盐少许,加水煎服,每日3次。②石榴皮若干,焙干后研成细末,每日早晨取一汤匙,加入适量的红糖,用米汤送服。③石榴皮15克,将石榴皮水煎后加入红糖少许,餐前服用,每日2次。④用石榴皮15克、高粱花6克,分2次煎服。⑤石榴皮15克,水煎后加红糖或白糖饮服,每日服2次,餐前服用。⑥石榴皮15克,肉豆蔻(去油)10克,水煎服。⑦鲜石榴皮30克,捣烂如泥,敷于肚脐,胶布固定,24小时换药1次,一般用药1~3次可愈。此方也适合治小儿腹泻。

(10)幼儿急性腹泻　石榴皮10克、核桃仁5克,红糖适量,水煎服。

3. 石榴茶　石榴叶经炮制,是上等茶叶,长期饮用具有降血压、降血脂功效。

(1)石榴茶的药理作用　石榴茶分榴叶茶和榴皮茶。具有调节女性内分泌、健忘失眠、治疗贫血、解毒、保肝、护胆、养胃、防止血栓、抗坏血病及各种出血性疾病,并可降血脂、降血糖、防止肝瘤、风湿,以及对综合调理、美体塑身、亚健康患者、疲劳综合征患者、脑力劳动者、饮酒者都有良好的药理作用。

（2）不同石榴茶的营养成分及功效

①石榴叶茶　石榴叶茶，以清明前后的鲜嫩石榴嫩叶为原料，运用现代制茶新工艺加工而成。富含18种氨基酸、维生素C、维生素E、维生素B、β谷甾醇、槲皮素、番石榴苷、番石榴酸、挥发油丁香油酚等。具收敛、止泻、消炎功能，对泄泻、久痢、肠炎、胃肠溃疡、湿疹、瘙痒有明显效果；并能软化血管、降血脂和血糖，降低胆固醇，类似银杏叶；同时，具有耐缺氧，迅速解除疲劳的效果。泡茶饮用，其味清香、纯厚可口、解渴生津、消炎安神。

②石榴皮茶　以鲜石榴皮或去籽晒干的石榴皮为原料，煎汤或沸水冲泡，代茶频饮。主治慢性菌痢、阿米巴痢疾，慢性结肠炎之久泻、久痢、脱肛等。

4. 护肤美容　石榴果实蕴含丰富的石榴多酚和花青素两大强效抗氧化成分，而多酚类物质能有效中和自由基，起到排毒养护和抗衰老功能，作为护肤美容的添加剂，可有效帮助肌肤排出毒素，促进细胞新陈代谢，一扫暗沉与疲惫，减退疲劳及倦怠痕迹，帮助肌肤重燃活力、恢复光泽和弹性，堪称肌肤的营养能量源。

添加有石榴成分的自然美容护肤品在爱美的俊男靓女中很流行。美国科学家认为，石榴是一种神奇的水果，石榴中含有的高水平抗氧化物质，被认为是"人类已知的最具有抗衰老作用的物质"。加入石榴成分的日用防晒护肤品，不仅有石榴的香味，还可以抵御日光辐射，预防皮肤衰老，其防晒效果可提高21%。

5. 名菜佳肴　吃鲜花不仅美容养颜，而且健康养生。如今吃花是一种时尚，是一种品位，是一种享受。花朵是植物的精华，它已经被科学家证实含有近百种营养物质，包括22种氨基酸，14种维生素和丰富的微量元素。有营养学家指出，除花卉外，没有哪一种食物能包括全部人体所需的营养成分。在欧美等发达国家，食用花卉正成为饮食时尚。在我国南北菜系中，也有很多食用花卉名菜。

石榴花可食,且具有药用价值。经常食用石榴花可抑制黑色素生成,使皮肤光洁柔润,延缓皱纹的生成,为天然美容佳品。

石榴花入菜味道清香,凉拌尤显原生味道,亦可配腊肉、火腿片等各种肉类炒,或素菜炒、海鲜炒,也可烹饪石榴花汤、煮粥、泡姜茶,味道既鲜美可口,又达到食疗的目的。

石榴败育花量很大,如果不采摘消耗树体大量营养,如果有意利用石榴花,可以在石榴花开放的当天采摘。石榴花可以随采随利用,也可采后保鲜处理、或晒干备用,延长利用期。

石榴花保鲜技术。新采摘的石榴花用食用塑料袋密封包装放在冰箱的保鲜柜中,可以保鲜存放多日,在做菜食用前,把袋拆开,用清水浸泡约 30 分钟,再漂洗后配菜。

石榴花烘干保鲜保存技术。先将石榴花除杂分类,再将石榴花浸入到主要由 50～100 克柠檬酸、50～100 克蔗糖、50～100 克啤酒酵素、50～100 克磷酸、50～100 克液氯、50～100 克天然离子活化触媒和 50～100 克腐殖胶加入到 50 升水中混合所形成的保鲜剂中 3～5 分钟。捞出后沥干水,在 20℃～50℃温度下进行烘干,烘干后的石榴花用不同规格的薄膜包装,并放入经过杀菌消毒的泡沫箱内。再将装有石榴花的泡沫箱放在 3℃～10℃的室内冷贮存,此法可以较长时间对石榴花保鲜存放。

石榴花有点苦涩味,食用时以直接利用漂洗干净的鲜花最好。也可以先在开水中焯一下,捞出浸在凉水中待用,以除去过多的苦涩味。

几种石榴花烹饪方法:

(1)凉拌石榴花　鲜石榴花 200 克,生菜 300 克。生菜切丝拌入石榴花,放入香油或橄榄油、盐少许、鸡精少许,拌匀即可食用。经常上火或胃口不佳者,可多食凉拌石榴花。

(2)石榴花炒酱肉　鲜石榴花 200 克,五花肉 500 克,韭菜少许,干辣椒少许。油热后放入五花肉翻炒,放入大酱炒至成熟时,加入石榴花,翻炒几下,放入少许盐、韭菜,即可起锅。

（3）石榴花炖猪肉　鲜石榴花100克，猪肉150克，姜末适量。锅内加猪肉和适量水，烧沸后，加入料酒、精盐、酱油、葱、姜，改为小火炖至猪肉熟，加入石榴花炖至入味，出锅即成。此菜鲜嫩爽滑，甘美可口，具有清热利湿，补中益气，养阴止血的功效。

（4）石榴花炒田螺　鲜石榴花100克，新鲜田螺400克，干辣椒适量，葱段少许。油热放入葱段、干辣椒爆香，放入新鲜田螺炒至成熟时，加入保鲜石榴花，翻炒几下，放入少许盐即可起锅。

（5）石榴花炒鸡杂　鲜石榴花100克，新鲜鸡杂500克，新鲜辣椒适量，葱段少许，姜少许。油热放入葱段、姜、新鲜辣椒爆香，放入新鲜鸡杂炒至成熟时，加入石榴花，翻炒几下，放入少许盐即可起锅。

（6）蚬肉石榴花　鲜石榴花100克，蚬肉300克，韭菜150克，咸菜脯100克，生菜叶10片左右，姜粒5克，蒜茸5克，红椒粒10克，调味料，上汤150克，蚝油10克，湿淀粉10克，生油50克，绍酒10克等。

将韭菜洗净，取100克切成1厘米长的段；咸菜脯先漂淡，再切成细粒；将生菜叶洗净。

将蚬肉和咸菜脯粒分别用沸水焯一下，沥干水。油热后先将蚬肉和咸菜脯粒爆炒，再放入韭菜煸炒至九成熟，然后放入鲜石榴花爆炒，放姜粒，蒜茸、调味料，烹酒，炒至干香用湿淀粉勾芡，倒在碟中。

再将炒好的蚬肉分别倒在生菜叶中，用焯过水的韭菜扎口后，摆放在碟里，放入蒸笼猛火蒸4分钟取出，再将用上汤加蚝油、调味料调成的蚝油芡淋面便成。

（7）石榴花鲫鱼　石榴花30克，鲫鱼2尾，大葱500克，猪板油100克，姜、盐、料酒、醋、白糖、酱油、花生油各适量。在剖洗干净的鲫鱼身两面直刀划几下，抹上酱油放入盘中待用；大葱葱白切7厘米长左右，再一剖两半，剩余的葱收好备用；猪板油切成似豆瓣的方丁。烧热锅，下入花生油至五成热时，将抹上酱油的鲫鱼放入油锅内炸呈浅黄色捞起,放入盘中待用。另取一锅洗净,锅底垫入剩下的葱和姜丝,鱼放在上面,葱白码在鱼上,猪板油丁撒在上面,加入料酒、盐、酱油、白糖、清水,要漫过鱼身,大火烧沸,降至小火焖约1小时,再用大火,放入石榴花瓣、味精,调好味收汁,加少许醋,装盘即成。色浅黄,食之味香,鱼鲜,清嫩,具有健脾利湿的功效。

(8)石榴花炖豆腐 豆腐一块,用刀切成小方块,用沸水焯一下捞出备用,锅内放入少许油烧热,用葱花、姜末爆香,注入清水,加盐、豆腐块烧10分钟,再把鲜石榴花瓣放入豆腐中略煮,出锅前撒些香菜末,滴入香油即可。

(9)石榴花炖豆腐脑 按自己喜好配料,先将豆腐脑煮沸,加进石榴花再煮沸即成味道鲜美的石榴花豆腐脑。

(10)酥炸石榴花 石榴花250克,面粉250克,植物油500克,发面50克,精盐、味精、碱水、葱丝各适量。将发面50克先用少量温水泡开,面粉250克加水搅拌成糊,静置发酵3小时左右,使用前投入少量花生油及碱水拌匀,再加入石榴花、葱丝、精盐、味精拌匀。当植物油烧至七成热时,取挂上糊的石榴花放入炸酥,即可。食之松脆可口。用于治疗反胃、便血等症。

(11)韭菜、干椒炒石榴花 先把辣椒下油锅略炒一会,等辣椒香气出来之后放入韭菜段,然后再加入鲜石榴花和盐、调味料调味即可。成菜香气宜人,口感咸香辣可口,略有一丝苦味,有排毒祛湿的功效。

(12)石榴花糯米汤 石榴花50克,陈糯米100克、将干石榴花研为粉末;陈糯米洗净,加适量水煮汤,待汤二、三沸,撒入石榴花末,再煮沸即成。此汤清香扑鼻,甘嫩爽口,具有益胃和中,止呕下气的功效,适用于反胃吐食,胃脘痞满,肠燥便结等病症。

(13)石榴鲜花粥 石榴花10克,粳米100克,白糖适量。将粳米煮至粥成时,加入石榴花、白糖后再微沸二三次即成。食之清爽可口,具有清热、凉血、止痢的功效。适用于大便出血者及妇女白带不正常者。

（14）**石榴皮药膳粥**　大米、水适量放入锅中同煮至大米烂熟，放入鲜荠菜、石榴花停火，调入适量蜂蜜，即成药膳粥。具有清肺泄热、养阴生津、健脾养胃的功效。

（15）**石榴花姜茶**　石榴花 10 克，生姜丝 12 克，红糖 25 克。把石榴花、鲜生姜丝加水煎煮取汁，加入红糖调匀即成。饮用花香，姜糖味美。具有治疗痢疾的功效。

（16）**石榴花蜜饮**　石榴化 50 克，蜂蜜适量。取水适量放入石榴花煮沸，加入适量蜂蜜即成。此饮甘甜爽口，滑嫩清香，具有清热利湿，润燥通便，健脾益胃的功效。

（17）**冰糖炖石榴花**　石榴花 50 克，冰糖适量。将洗干净的石榴花，放入碗内，加适量的冰糖和水，置于笼内蒸炖 20 分钟，取出即成。本品甘甜清香，汤汁清爽，具有清热利湿，益胃生津的功效。

十四、软籽石榴园的周年综合管理

(一)1、2 月份的管理(休眠期)

主要工作是完成冬剪任务,整修树盘和渠道,准备农药、化肥等。此外,还要搞好树体保护和清园。1 月份由于是严冬,温度是一年中最低的季节,一般不修剪,果园管理主要集中在 2 月份。

1. 涂伤口保护剂 凡伤口直径在 1 厘米以上的剪、锯口都要涂抹、涂严,如接蜡、石灰水等 ,但不要伤害枝和芽。

2. 清园 剪除病虫枝,刮翘起的老树皮,集中深埋或烧掉,消灭越冬的桃蛀螟、桃小食心虫、刺蛾、蚜虫、袋蛾、龟蜡蚧、绒蚧、木蠹蛾、茎窗蛾、干腐病、褐斑病、果腐病等害虫越冬虫态及病原。

3. 集肥 利用秸秆、蒿草掺牲畜粪便堆沤备用。

4. 树盘覆膜 2 月上旬树盘覆盖地膜,增温保墒,促进根系早活动。

5. 熬制石硫合剂 参考本书附录二熬制方法。

6. 树体修剪 若春节前的 12 月份没有修剪或修剪不彻底,安排在 2 月下旬树液流动前进行。

(二)3 月份的管理(萌芽期)

3 月份主要工作是追肥、浇水、松土保墒、喷药防病虫,以及建园、育苗等。

1. 清培土 将冬前培在树干基部的培土清掉。

2. 追肥 土壤解冻后至发芽前,结果树和弱树土壤追施尿素和有机长效肥或钙镁磷肥,5～8年生树株各施0.5千克左右。

3. 浇水 追肥后及土壤干旱时,适时适量浇水,供水量以渗透30～50厘米土层为度,提倡沟灌,尽量避免全园漫灌,以免影响土壤温度回升。

4. 果园覆草 利用麦糠、玉米秸秆、干草覆盖树盘或全园覆草厚度20厘米左右,培肥果园地力,提高持水保温能力。

5. 育苗 3月下旬育苗,育苗前用90%晶体敌百虫800倍液拌炒半熟的麦麸制成的毒饵进行土壤处理。采用薄膜覆盖育苗。

6. 病虫害防治 发芽前喷3～5波美度石硫合剂或5%柴油乳剂和5%杀螟硫磷乳油800～1000倍液,防治干腐病、茎基枯病、枝枯病、蚜虫、介壳虫类等;喷洒5%辛硫磷乳油1000倍液防治蛾类害虫等。

(三)4月份的管理
(萌芽、展叶、春梢旺盛生长期)

本月份的主要工作是病虫防治、防霜冻、花前复剪、嫁接换种、土壤管理和苗圃地管理。

1. 防霜冻和倒春寒 据气象预报,发生霜冻前1～2天果园浇水或前1天树冠喷水。霜冻发生前在石榴园内及周围按照一定密度均匀堆积秸秆或蒿草,在温度降至近0℃时点燃,只冒烟不起火熏烟防霜冻。

2. 花前复剪 剪除受冻及受病虫危害的枝条,特别是受石榴茎窗蛾和豹纹木蠹蛾危害的幼枝,剪后将枝条携出园外集中烧毁,消灭越冬幼虫。

3. 花前喷肥 沙地石榴园容易出现缺硼症,幼叶小而扭曲,叶片变厚,叶主脉变黄,新梢有枯顶现象,呈扫帚状,萌芽不正常,随后变褐枯死,花蕾发生畸形易脱落。可于4月下旬叶面喷布0.3%～0.5%硼砂溶液,促进营养生长及花芽萌芽整齐。

4. 抹芽、除萌 及时抹除剪锯口及树体基部的萌芽和萌条,以减少树体养分无谓消耗。

5. 花前环割或环剥 于4月下旬对发育旺盛而不易成花的枝干基部环割、环剥或刻伤,以提高结果能力。最好不要剥通,保留一定的营养、水分通道,防止造伤过重形成弱枝、叶黄、营养不足而落果。也可用枝条扭伤的办法代替刻、剥。刻、剥部位应选择在以后拟缩剪时的下剪处。

6. 高接换种 选用优良品种1年生健壮枝条,在发芽前后采用劈接方法对劣质大树进行嫁接换种,依据树体大小可以考虑多嫁接几个枝条,以利短时间完成改劣换优。

7. 种植绿肥,培肥园地肥力 留足树盘,在树行间不适宜间种作物情况下种植田菁、柽麻、绿豆等,播种前每667米^{2}施过磷酸钙50千克。园外种植紫穗槐,以便刈割后园内压青。

8. 病虫害防治 主要防治桃小食心虫、蚜虫、桃蛀螟、茶翅蝽、巾夜蛾、木蠹蛾、干腐病、褐斑病等。①剪虫梢、开黑光灯、设糖醋盆、性诱捕器等诱杀害虫成虫。②保护利用天敌七星瓢虫、草蛉、食蚜蝇等消灭蚜虫。③石榴园内种植诱集作物玉米、高粱等。每667米^{2}种植20~30株,诱集桃蛀螟、桃小食心虫等集中危害而消灭。④中下旬树冠下土壤喷5%辛硫磷乳油800倍液或用50%辛硫磷乳油0.5千克与50千克细沙土混合后均匀撒入树冠下,锄树盘松土耙平。⑤树冠喷洒20%氰戊菊酯乳油3 000倍液或10%氯氰菊酯乳油2 000倍液或用50%抗蚜威可湿性粉剂1 500倍液防治蚜虫。

(四)5、6月份的管理(现蕾、开花、坐果期)

5、6月份是石榴树生长的关键季节,春梢旺盛生长、现蕾、开花、坐果、花芽分化等,蚜虫、桃蛀螟、桃小食心虫等先后危害。管理主要是疏蕾疏花、辅助授粉、套袋、追肥、浇水和病虫害防治。

1. 疏蕾疏花、疏果 当花蕾膨大能用肉眼分辨出雌雄两性发育正常的筒状花和雌性败育的钟状花时即连续进行疏蕾,时间从5月上旬到6月20日前后,以疏除全树70%的钟状花为度。或只疏除簇生花序中顶生正常花以下所有蕾花,只保留顶端1个发育正常的筒状花,既可大量减少工作量,同时起到疏蕾花效果。蕾花期,疏蕾疏花同时进行。

疏果,主要在6月中下旬,幼果基部膨大色泽变青已坐稳时进行,疏除病虫果、畸形果、丛生果的侧位果,一般径粗2.5厘米左右的结果母枝,留果3~4个。

2. 辅助授粉 花期内遇阴雨等不良天气影响授粉受精,通过辅助授粉可有效提高坐果率。

(1)果园放蜂 每150~200株5~8年生树放置1箱蜂,约1.8万头蜂。蜜蜂对农用杀虫剂非常敏感,石榴园放蜂时不能喷洒农药。

(2)人工授粉

①人工点授 于晴天上午8~10时摘取花粉处于生命活动期(花冠开放的第二天,花粉粒金黄色)的败育花,直接点授在正常柱头上,每朵可授8~10朵花。

②机械喷粉 采集鲜活花粉,按水10升∶蔗糖粉0.01千克∶花粉50毫克∶硼酸10克的比例混好后用喷雾器喷粉,随配随用,效果很好。

3. 应用植物生长调节剂 于盛花期的5月20日、5月30日、6月10日、6月20日连续4次叶面喷洒5~10毫克/升赤霉素或5~20毫克/升2,4-D钠盐或0.3%的硼砂溶液,或用10~50毫克/升防落素(坐果灵)于完全花开放前涂抹花托,均可显著提高坐果率。

4. 追肥 对进入盛果期的石榴树,以及老树、弱树,适当追施速效肥补充树体养分,每株追施磷酸二铵0.5~1.0千克,并结合喷药喷施0.1~0.2%尿素液,或0.3%磷酸二氢钾液,或8 000倍叶面宝液。

5. 套袋 石榴连续开花、坐果,在果实子房膨大、色泽变青坐稳后随时套袋,套袋前喷1次杀菌剂和杀虫剂,选用白色木浆纸袋、白色无纺布袋或其他专用果袋。

6. 病虫害防治 此期的主要防治对象有干腐病、褐斑病、蚜虫、桃蛀螟、石榴茎窗蛾、木蠹蛾、茶翅蝽、袋蛾、刺蛾、巾夜蛾、龟蜡蚧、绒蚧等。①桃小食心虫上年发生严重的园地,5月下旬树盘上再施药处理1次。②每10~15天叶面喷洒1次70%甲基硫菌灵可湿性粉剂,或40%多菌灵可湿性粉剂800~1 000倍液等;杀虫药剂主要可选用90%晶体敌百虫500~1 000倍液,或20%氰戊菊酯乳油2 000倍液等。③防治桃蛀螟的关键时期:桃蛀螟5月中旬第一代幼虫出现,6月10日至7月10日钻蛀果实危害盛期,除叶面喷药防治外可采用抹药泥、塞药棉法防治,即用90%晶体敌百虫800~1 000倍液与黄土配制的软泥或药浸的药棉,逐果堵塞 开始膨大的幼果萼筒。④剪拾虫梢并烧毁深埋,摘除紧贴果面的叶片,喷杀虫杀菌剂后用专用果袋套袋保护。

(五)7、8月份的管理(果实生长期)

该期为果实生长和夏梢生长期,7月份为花芽分化高峰,高温、多雨,管理的关键措施是疏果套袋、夏季修剪、追果膨大肥、浇水、病虫害防治、劣树嫁接换种。

1. 套袋 7月上中旬继续完成果实套袋工作。

2. 疏果 疏掉病虫果、畸形果及丛生果的侧位果,并将疏掉的果带出园外深埋,消灭病、虫源。

3. 疏枝 及时疏除基部萌条及树冠内枝干背上直立枝、徒长枝、密生枝、保持冠内风光通透,疏枝时考虑树形并注意培养结果枝组,有目的地合理疏枝。

4. 促花 第一次花芽分化从6月上旬开始至7月上旬进入

高峰期,此次花芽分化是构成第二年产量的关键,此时又正值石榴开花、坐果的关键时期,石榴树体养分消耗很大,因此要注意营养补充和树体营养调节,根据树势、枝势,分别采用环割、环剥、半环剥、倒贴皮、扒皮、纵伤、断根、晾根等措施促花。这些措施主要对强旺树、强旺枝在不影响当年开花结果情况下实施。倒贴皮即将强旺枝基部树皮深及木质部取下一方块颠倒位置重新贴上;扒皮即将强旺枝基部树皮纵伤剥离迅即贴上;纵伤即在干、枝基部纵向刻伤,深及木质部;断根、晾根对强旺树局部实施。这些措施的目的均是改变树体养分的供应,促进花芽分化。

5. 追肥、浇水 此期正值果实膨大生长期,加之花芽分化,需要消耗大量的养分,根据树体及园地肥力情况,考虑适当追肥,注意氮、磷配合,适当施钾。每株土壤追施尿素、过磷酸钙各 0.25 千克,或叶面喷施 0.2%～0.3%的有机钾肥或多元微肥,特别在 8 月份叶面喷肥,既可补充树体营养,又可起到预防烈日灼伤果实和后期裂果作用。夏季高温干旱,要注意及时浇水,特别在施肥后要及时浇水,以利肥效发挥。

6. 芽接 7 月中旬前后选择 1～2 年生枝条,采用嵌芽接或芽接法进行嫁接,改劣换优。

7. 青草积肥 收集蒿草、秸秆,集中成堆,中间灌人粪尿,外封泥土,高温堆沤,为果园准备肥料。

8. 防雹防灾 7～8 月份正值雨季,经常出现冰雹、狂风骤雨等灾害性天气,吹落果实,砸坏枝条,要注意防范和灾后补救,遇涝及时排水,雹后及时喷洒杀虫杀菌剂防止病虫害发生,剪去伤残枝条,加强肥水管理,尽快恢复树势。

9. 病虫害防治 此期的主要防治对象为桃蛀螟、桃小食心虫、茶翅蝽、袋蛾、茎窗蛾、黑蝉、巾夜蛾、刺蛾、木蠹蛾、中华金带蛾、龟蜡蚧、介壳虫类、果腐病、干腐病、煤污病、褐斑病等。其主要防治办法:①继续萼筒抹药泥、塞药棉、摘叶、套果袋,继续对园内诱集作物上的害虫集中消灭。②摘拾虫果深埋,树干束麻袋片或草绳,诱虫化蛹杀之。③果园内放养鸡群,利用啄食消灭桃蛀螟、巾夜蛾,黑蝉等害虫。④剪除木蠹蛾、黑蝉、茎窗蛾危害的虫梢并烧毁。⑤药剂防病虫;选用 90%晶体敌百虫 1 000 倍液或菊酯类杀虫剂 10～15 天喷药 1 次防虫;选用 40%代森锰锌可湿性粉剂 500 倍液,40%甲基硫菌灵可湿性粉剂 800 倍液,1∶1∶100 波尔多液等喷洒叶面防病。

10. 早熟果采摘销售　8 月中下旬采收 5 月中下旬至 6 月上旬坐的果和早熟品种果上市销售。

(六)9 月份的管理(果实成熟期)

9 月下旬至 10 月上旬为果实成熟季节,管理重点是防后期裂果、除袋,促进果实着色,树体管理、病虫害防治,并做好贮藏准备。

1. 疏密摘心　清除树冠内膛夏季没来得及修剪的徒长枝、直立枝、密生枝和纤细枝,保持树冠内部风、光通透,以利冠内果实着色和减少病害的发生。对仍未停止生长但以培养树形为目的需要保留的旺梢进行轻摘心,以减少养分消耗,使枝条生长充实健壮,保证安全越冬。

2. 除袋 喷增色剂 摘叶转果　在 8 月下旬至 9 月上旬对套袋果实及时去袋,去袋时间根据品种的成熟期,掌握在成熟采收前 10～15 天进行,最有利于果实着色和含糖量提高。去袋要选择阴天或晴天下午 4 时后进行。如果是双层袋,要分期去袋,去除外袋后,间隔 3～5 天后去内袋,去袋要注意天气,谨防因高温和强烈的阳光照射造成石榴果皮灼伤,降低果品价值。

套袋影响果实着色,因此除袋之后要及时喷洒果实增色剂,促进果实着色。

摘叶转果。是促进石榴着色的辅助措施,结合除袋,摘掉并疏去遮挡直射果面阳光的叶片和小枝条。转果是使果实的背阴面见光,保证整个果实着色均匀。有些果位的果实,果梗短粗,无法转动,可通过拉、别、吊等方式,调整转动结果母枝的位置,使果实背面见光着色。

铺反光膜。也是增加石榴着色的重要措施,从9月上旬起至采果前,在石榴树下或树行内铺银色反光膜,可以明显地提高树冠内膛和中下部的光照强度,增加果实着色面积和质量。

3. 裂果预防 石榴后期易裂果,降低商品价值,预防措施:①控制浇水,使园地土壤含水量处于相对稳定状态,采收前10~15天,严格控制浇水,特别是干旱的山地、丘陵果园及平原区浇水不规律果园。②上中旬喷洒25毫克/升赤霉素液。

4. 适时分期采收 早熟品种以及一般品种早期坐的果早采收,成熟期久旱遇雨,雨后果实表面水分散失后及时采收。

5. 病虫害防治 此期的主要防治对象为桃蛀螟、桃小食心虫、茎窗蛾、刺蛾、中华金带蛾、金毛虫等及干腐病、果腐病、褐斑病等。其主要防治方法:①剪虫梢、摘拾虫果、集中深埋或烧毁,碾轧束干废麻袋片或草绳中的化蛹幼虫。②用40%代森锰锌可湿性粉剂500倍液或40%甲基硫菌灵可湿性粉剂800倍液或40%多菌灵胶悬剂500倍液加入50%晶体敌百虫1000倍液或菊酯类杀虫剂等叶面喷洒防病、虫。

6. 采收及果实贮藏 9月下旬果实陆续成熟,一般在中秋、国庆双节前要采摘销售。因此,要做好采收前工具准备,堆放场所、贮藏场所清理、消毒,消毒用25%多菌灵可湿性粉剂或40%甲基硫菌灵可湿性粉剂等均匀喷雾。

(七)10月、11月份的管理
(果实采收后至落叶后)

该期果实采收上市,采后管理重点是准备树体安全越冬、搞好贮藏、冬管施基肥、清园和病虫防治。

239

1. 果实贮藏　10月上中旬,选择晚熟耐贮藏品种进行贮藏,挑选无病虫无伤痕健康果实,用25％多菌灵或40％甲基硫菌灵可湿性粉剂或40％代森锰锌可湿性粉剂500～600倍液等浸果1分钟,捞出阴干后按计划进行适宜方式存放。贮藏过程要注意保持适宜温、湿度,适宜温度为3℃～4℃,空气相对湿度80％～90％,空气中氧的合适浓度为2％,二氧化碳的适宜浓度为12％。

2. 拉枝开角　果实采收后,在未停止生长前,对生长强旺、角度小的枝实行拉枝、坠枝,使角度开张为60°～70°,以利形成开放型树冠。

3. 采集插穗　于11月下旬至12月上旬石榴落叶后,采集无病虫、无损伤健壮1～2年生枝条进行沙藏处理,供翌年作种条。

4. 施基肥　石榴园的关键肥,黄淮地区宜在12月上中旬进行,一般采用沟施法,在行间树冠投影外缘开挖50～60厘米宽、深的条状沟,将表土及心土分放,沟挖好后填入优质腐熟有机肥和表土,肥土混匀,每667米^{2}生产1 000千克果实,年施2 000千克优质农家肥和果树专用肥20千克,其中基肥量占总施肥量的80％～90％。注意氮、磷、钾三要素的比例要适当,施肥沟分年轮换,今年株间施,明年施行间。

5. 病虫害防治　此期的主要防治对象为茎窗蛾、巾夜蛾、中华金带蛾、桃蛀螟、桃小食心虫、干腐病、果腐病、蚜虫等。采收后贮运期果腐病发生最重,蚜虫于10月份迁回石榴树上准备越冬,巾夜蛾、中华金带蛾于9月下旬至10月上中旬老熟幼虫仍有危害。喷洒多菌灵、甲基硫菌灵或代森锰锌类杀菌剂防病,喷洒菊酯类杀虫剂灭虫。

6. 清园　于落叶后及时清除树上、树下的僵果、烂果、病虫枝及虫袋、虫茧等,清扫落叶,烧毁或深埋,消灭越冬病虫源。

(八)12月份的管理(休眠期)

周年管理的关键时期,重点是土壤管理、病虫防治、冬季修剪、施肥浇水、贮藏保鲜。

1. 深翻扩穴、高培土 利用农闲时间,全园翻刨 20 厘米,或者只对树冠下翻刨,注意不要伤根,翻刨时将树冠基部萌条清除干净,此项措施结合施肥进行,有熟化土壤、消灭越冬病虫源功效,桃小食心虫、巾夜蛾等越冬虫态主要在树冠下土壤中越冬。

树盘翻过,晾晒一段时间,大冻前在石榴树根颈部堆成上小下大、50 厘米～80 厘米高的馒头形土堆,保护树体减轻冻害。

2. 病虫害防治 此期的主要防治对象有桃蛀螟、桃小食心虫、刺蛾、袋蛾、龟蜡蚧、绒蚧、木蠹蛾、茎窗蛾、干腐病、果腐病、褐斑病及冻害,其主要防治方法:①刮树皮、树干涂白:刮除翘裂的老树皮,清除病虫越冬场所,深度以不伤及树干为度,刮掉的树皮带出园外深埋或烧毁。对刮皮后的树干、主枝用涂白剂(水 40 份＋熟石灰 10 份＋食盐 0.5～1 份＋石硫合剂原液 2 份或原渣 5 份＋黏土或粗面粉 2 份制成)涂白,杀灭病虫及防冻,涂量以涂匀不下流为宜。②树体喷药:喷洒 1 次 2.5% 醚菊酯乳油 2 000 倍液或 5% 氯丙菊酯乳油 1 500 倍液或 5% 柴油乳剂等,具有防病虫防寒双重功效。③清园:彻底清除树上、树下僵果、病枝败叶及园地周围杂草,消灭病虫越冬场所,减少病虫源。

3. 适时冬灌 施肥后,土壤封冬前冬灌 1 次,可以起到抗旱、促使肥效发挥、增强树体抗寒能力、杀死土壤中病虫等多重效应,时间掌握在土壤夜冻日消,日平均气温稳定在 2℃ 以下时为宜,黄淮地区一般在 11 月下旬至 12 月上中旬。冬灌水不要大水漫灌,以当天浇水当天渗完,地表不积水为宜。

4. 冬季修剪 一般在 12 月上中旬及 2 月中下旬进行,该季节是培养、调整树体结构选配各级骨干枝、调整安排各类结果母枝、培养合理树形的主要修剪时期,夏季修剪只是辅助性人工修剪。修剪要因树而异,单干形树采用疏散分层形;双干形树采用偏疏散分层形;多干形(三干以上)树采用自然半圆形。无论何种树形,都要求主枝分布均匀、结果枝位置、数量适当、冠内风光通透,冠外结果枝适度,修剪时要主辅相宜、疏密有序,兼顾当前,考虑长远。

5. 果实贮藏管理 贮藏前期(入库至 11 月底)由于果实自身生命活动较旺盛、室外温度较高,温度以降温为主;贮藏中期(12 月份至翌年 2 月份)果实自身生命活动减弱,室外温度较低,以保温为主;贮藏后期(3 月份以后)以控温为主。在果实贮藏期间,温、湿度要适宜,并经常检查,发现烂果及时剔出,防止扩大感染。

十五、石榴盆景制作

(一)石榴盆景的效益

石榴为果树盆景栽培的上选树种,主要是由于石榴寿命长,萌芽力强,耐蟠扎,耐修剪,树干苍劲古朴,根多盘曲,树虬中细,花艳果美,花果期长达5个多月,一年四季皆可欣赏,有助于提高人们的艺术修养和思想情操,培养人们热爱生活、热爱自然的高贵品质。因此,石榴盆景有很好的社会效益。石榴盆景还有很高的经济效益,一盆好的石榴盆景,少则几千元,多则上万元,甚至几十万元,在国内很多石榴产区,石榴盆景已经形成支柱产业,并且有很好的发展前景。石榴树对二氧化硫、氯气、氟、硫化氢、铅蒸气、二氧化碳等气体均有较强的吸附作用,还能分泌杀菌素杀灭空气中的细菌。夏天,石榴能降低庭院或阳台温度,增加湿度,吸附灰尘。所以,石榴盆景也具有良好的生态效益。随着人们生活水平的提高,在解决了温饱问题之后,更加注重精神生活,家里放置几盆盆景已经成为时尚,一方面可以欣赏,一方面可以净化空气,市场发展空间很大,发展石榴盆景是阳光产业一点也不为过。

(二)石榴盆景造景艺术特点和欣赏要点

1. 造景艺术特点 石榴盆景以桩景为主,另有树石盆景。桩景盆景又因干、根造型的不同而有多种变化,如小中见大、刚柔相济、师法自然,显示出不同的艺术风格。石榴芽红(白)叶细,花艳果美,干奇根异,一年四季各个部位都可观赏。春天,新叶抽生,红艳娇嫩;入夏,繁花似锦,红如火,白如雪;秋季,果实累累,红如灯笼,白似珍珠,墨像丹玉;冬季,干枝虬然,苍劲古朴。石榴中的花石榴株矮枝细,叶、花、果均较小,制作盆景,小巧玲珑,非常适合表现盆景"小中见大"的艺术特色;果石榴则树体较大,适宜制作大型盆景。

2. 根的欣赏要点 石榴盆景可分为露根式和隐根式两类。桩干比较粗壮、雄伟、苍劲、古朴的,着力表现桩景,一般不露根。而桩干比较矮小,树龄较轻的,多以露根造型,以显其苍老奇特,古朴野趣。露根式盆景根与桩干要有机结合起来,或与象形动物的桩干结合,作为爪、腿、尾等,栩栩如生;或与非象形桩干结合,梳理成盘根错节之态,别具一格。

3. 干的欣赏要点 利用形态各异的树桩主干,是石榴盆景造型的重点。自然生长的多年生果石榴树干,多扭曲旋转,苍劲古朴,形状奇特,本身就具有很高的观赏价值和特殊的艺术效果。利用不同的制作技艺,精雕细凿,或将枯干大部分木质部去除,仅剩少量的韧皮部,看上去几乎腐朽,但仍支撑着一簇绿枝嫩叶,红花硕果;或运用环割、击打等方法刺激形成层形成分生组织和愈伤组织,包裹腐朽的木质部,粗糙中透出精细;树干突起处偶发出一枝新梢,表现出顽强之生命,铮铮之铁骨,刚劲之力量的意境神韵。

4. 花果的欣赏要点 石榴花果期长达 5 个多月。石榴花色有红、黄、白、粉红、深紫等不同颜色,花有重瓣和单瓣之分,一般品种花期 2 个月以上,而月季石榴从初夏至深秋开花不断。当春光逝去、初夏到来的时节,嫣红似火的石榴花跃上枝头,确有"浓绿万枝红一点,感人春色不须多"的诗情画意。石榴果有红、黄、白、紫、墨等皮色,或半露半隐于枝叶丛中,或悬垂于朽腐枯干边,叶绿果红或白,展现勃勃生机和顽强的生命活力;而一些花石榴品种,花果并垂,红葩挂珠,果实到翌年 2~3 月份仍挂满枝头。

石榴盆景诠释了以型载花果,以花果成型,型花果兼备,妙趣横生,极富生活情趣和自然气息。

(三)石榴盆景的品种选择

以石榴为主材制作的盆景,其用途主要是观赏。观赏除观其形外,还有对花果的观赏。赏形,各品种都可造型,既要观形,又要观果,品种就要有所选择。小盆景,一般选用株型较小的观赏类品种;以观花为主的,则选用重瓣花类品种;以观果为主的,则选用果大、形美、品质佳的鲜食品种。

(四)石榴盆景材料的人工繁殖方法

石榴盆景中的树桩主要来源:一是人工繁殖,再是野外挖掘。

1. 人工繁殖

(1)扦插繁殖   1～2年生枝扦插。获得的苗木经地植培养2～3年或更长时间,供中、小型盆栽树采用。

多年生老枝扦插。获得的植株稍经地养管护,即可上盆培养成中型盆树。

(2)种子繁殖   月季石榴、墨石榴等极矮生种可在秋季将成熟果实采下保存,春季取出种子播入苗床或花盆内培养实生苗。实生苗,成形慢,开花结果迟。

(3)嫁接繁殖   通过各种枝接法对缺枝缺根树补空增枝(根)嫁接,使桩材丰满,盆树多结果,结好果。

2. 树桩的选取和挖掘   大中型树桩靠人工增育需时过长,而野外挖掘的树桩经过大自然的雕琢,形成了千姿百态的自然美,作为桩景材料可塑性大,效果好。因此,大中型树桩多来自野外挖掘。

于3月中下旬石榴萌芽前期,在野外老龄树中,选取形态古朴,情趣浓厚,韵味无穷的有培养前途的老桩,先按构形要求进行初步剪裁,截去无用大枝,短截保留枝,主干用草绳缠裹保护。挖掘时尽量挖大挖深,将过长侧根及下部大根断掉,中、上部细小侧根尽量多留。根部多带土,如带不上土时,将根用稠泥浆浸蘸,根际间用湿锯末或苔藓填充,外包塑料薄膜保持湿度,防根脱水而影响成活。

3. 树桩处理　桩材运回后,根据造型要求和盆的大小、深浅进行二次修剪,伤口要用调合漆或清漆涂抹保护。处理后的盆树或桩材先假植到阳光好,土质肥沃疏松,排水透气良好的轻壤土中或大泥盆中。初栽石榴桩头,当新枝5厘米长时说明新根已开始生长,需满足肥水的供给。为防止盆土板结,可在盆土上覆盖农膜或碎草保墒,夏季2～3天浇水1次,雨涝时注意及时排除盆内积水,防止烂根。盆树成活新枝生长后,每月随浇水施腐熟液肥2～3次。树栽后1～2月相继萌芽成活,在预定部位萌生的新枝必须保护,其他部位萌发的无用芽留2～3对叶重摘心,以增加同化产物,促进生长。预定部位新枝生长到一定长度后再按树体构想做适当处理。初栽成活的盆树(桩)夏季烈日下易日灼伤皮,引起枝干病害,需设置荫棚遮阴防护,也可在主干上束草或涂白防止日晒。冬季应将主干埋土或四周用秸秆围起及覆盖农膜防寒,盆植的将盆移入塑料拱棚内,气温降至-5℃以下时夜间棚上加盖草苫保证安全越冬。盆树(桩)长到一定时间(主要是秋末或春季)将地植桩树起出,按造型要求再次截干,选留顶枝、侧枝,剪除枯死枝、病虫枝和多余冗枝,对留下的枝也可做必要的曲枝处理。经修坯后的盆材重新埋入土中经2～3年的精心管护,然后上盆加工制成精美盆树桩景。

(五)石榴盆景的造型设计

石榴桩景的外貌,表现了桩景的神韵,石榴盆景主要有以下几种：

(1)直干式　单主干挺拔直立或略有小的弯曲,冠内枝叶层次分明,果实分布均匀,为下大上小的宝塔形。大者风韵清秀,小者亭亭玉立(彩图15-1)。

(2)过桥式　表现河岸或溪边之树木被风刮倒,其中主干或枝条横跨河、溪而生之态,累累硕果挂于枝上,情趣横生,极具野趣(彩图15-2)。

(3)曲干式　树干多为单干呈之字形弯曲向上,曲折多变,层次分明,形若游龙,果实多挂于主干的拐弯处,姿态优美(彩图15-3)。

(4)悬崖式　主干自根颈部弯曲,倾斜于盆外,似着生于悬崖峭壁之木,果叶并垂,红绿相衬(彩图15-4)。

(5)卧干式　树干大部分卧于盆面,快到盆沿时,枝梢突然翘起。树冠下部有一长枝伸向根部,达到视觉的平衡(彩图15-5)。

(6)枯干式　树干被侵蚀腐朽成孔洞,或大部分木质部腐朽脱落,仅剩一两块老树皮及少量木质部,从树皮顶端生出新枝,生机欲尽神不枯。老态龙钟,精神焕发(彩图15-6)。

(7)象形式　在素材有几分象形的基础上,把植株加工成某种动物形象,或禽或鸟或走兽,有动有静,给人以动、植物异化的审美情趣(彩图15-7)。

(8)弯干式　利用树龄较老、10厘米以上的自然较粗的野弯桩干,经过修剪蟠扎而成,既显得苍老古朴,又具有阳刚健壮之美(彩图15-8)。

(9)双干式　一株双干或一盆两株,两棵树互相依存,相距适中。双干式的两干,一定要一大一小、一粗一细,形态有所变。寓意情同手足、扶老携幼、相敬如宾之情(彩图15-9)。

(10)丛林式　3株及以上树木合栽于一盆。多以奇数形式把大小不一、曲直不同、粗细不等的几株树木,根据立意,主次分明、巧妙搭配,栽植在长方形或椭圆形的盆钵之中,常常能获得意想不到的效果(彩图 15-10)。

(11)蟠根式　把根提出土面,或提或连或蟠扎,展示抓地而生的雄姿,千姿百态,各具特色,显得苍老质朴,顽强不屈(彩图 15-11)。

(六)石榴盆景的制作技艺

1. 制作原则

(1)胸中有树　对获得的苗木或桩材观察后,对其能制成哪种形式的盆景要心中有数,按形剪裁。

(2)主次分明　造型整枝时要先从主干开始,使侧干(枝)、枝组、细枝围绕主干合理布局。

(3)因树施技,因势造型　从野外获取的桩坯形态多样,造型前需仔细观察,运用"借假"手法,因材施技,随树造型,因势利导大胆"借假",使各部位之间协调统一,主题鲜明,产生自成情趣的艺术效果。

造型的要领是既符合石榴生长发育规律,又富有诗情画意,而且还要自下而上渐次弯曲变细,形似竹笋,禁忌头小干大、树干扁平、蜂腰、突肚、树干弯扭打结和顶部向左右偏离太远等不良形状,干宜曲之有度,根干相符,藏中有露。

2. 主干造型　石榴盆栽后,要进一步培养成风格各异的盆景时需变主干的光滑、平直和细嫩为粗拙、弯曲和苍老。采用的手法主要是:

(1)剖　将树干的观赏面(向人面)剖伤,使其结疤,以显示苍老古朴之态。

(2)剥　剥去主干部分树皮使木质部裸露,当树皮伤口愈合部位由绿色变褐色后,再对木质部做雕刻处理。

(3)雕　将主干局部雕挖成小孔洞或削伤树皮,使木质部裸露,孔洞处嵌入石块,使其愈合后形成"马眼",木质裸露后按纹理结构雕挖成如自然风化状的凹凸纹理。雕挖工艺应在春季萌芽前后生长最旺盛期进行,伤口要用3~5波美度石硫合剂或其他杀菌剂做防腐处理。

(4)折 用手折断枝干的多余部分,使主干呈枯干残枝形态。

(5)撕 人工撕伤主干侧枝,使其残而不枯残而不断。

(6)截 新获树桩主干定型后,主干顶端长到一定长度且与下部各节比例相称时,按造型设计截去主干、侧枝多余部分,如此反复多次处理。经截丁整枝处理后的石榴桩材,枝叶繁茂后以不露人工处理的痕迹为宜。

(7)弯 石榴蟠扎曲干造型工作多在树液流动后至萌芽前,选用不同粗细金属线或绳线蟠扎,使主干弯曲到需要的形状。石榴树皮较薄,蟠扎前先用牛皮纸或旧布条等将树干包裹垫衬,然后根据干的粗细和强度,选用不同规格的铁丝与干的生长方向成45°角紧贴主干缠扎。铁丝下端插入盆底或主干(背面)基部根基与粗根的交叉处。缠绕时,欲使主干左旋扭转,铁丝要按逆时针方向缠绕;欲要主干右旋扭曲,铁丝则按顺时针方向缠绕。缠绕时自下而上,自粗而细,一直到顶,间隔一致,松紧相宜,不伤树皮。铁丝缠好后开始拿弯,方法是双手用拇指和食指、中指配合,慢慢扭动多次,使韧皮部和木质部都得到一定程度的松动,达到"转骨、练干"的目的,弯枝时弯曲度应超过要求的弯度,缓一段时间后,其弯曲度正好符合设计要求。一次不能达到理想弯度时可渐次拿弯。主干过粗时,先在弯曲方向与主干垂直的弯曲部位凿一深及木质部2/3的条状槽,再用塑料条包扎,然后用铁丝或木棍等将树干弯到要求弯曲度,并吊住固定。弯枝后2~4天要浇足水,避免阳光暴晒,保护伤口半月内不受雨淋,以利愈合。粗干蟠扎后4~5年基本定型,细枝干需2~3年。定型期间视生长情况每隔1~2年及时松绑,防止铁丝等金属丝嵌入皮层,造成死枝。

3. 侧枝配置 盆栽、盆景石榴的侧枝配置直接影响结果和观赏。侧枝的分布和培养应因型而定,原则是枝不宜多,下稀上密,下宽上窄,下大上小,侧枝之间错落着生,上、下枝组互不重叠,枝组距离疏密相宜。侧枝着生位置应按干的左右为主,前后为辅的方位发展,前面着生时以斜向两侧露干为宜。各侧枝、枝组应均衡发展,位置好的弱枝要刻意保护。侧枝数量和位置因主干高矮而定,干高者多留侧枝,干矮者则应少留。侧枝经人工剪截攀拉调整成互生状态,使得盆树整体自然。缺枝位可用刻伤刺激隐芽抽枝补空,或采用切腹接、靠接等办法增枝补空。可通过缓放留枝,多摘心促使中、下部细的侧枝加粗生长,对中、上部过粗侧枝,疏除大枝组,减少枝叶量,削弱长势,以此法使上下枝组间粗细均衡。盆栽石榴无论整体树冠还是各侧枝冠形,均以整理培养成圆头形或圆弧形,才符合石榴生长习性,有利生长发育,开花结果。对主干上的侧枝、枝组的着生位置,生长方向的培养,除运用上述各种修剪技法、嫁接措施外,主要靠应用金属丝缠绕蟠扎,曲枝变向到设计要求的角度和方位。

4. 叶片处理 叶片是盆栽石榴光合作用制造有机营养的重要器官,叶的处理是盆栽石榴重要的修饰手法,主要采取以下措施:

(1)摘心 新芽抽生新枝后留2~3对叶或稍多,摘去新梢嫩叶,留下的叶腋间的腋芽萌发生长出二次枝后,再一次留2~3对叶摘去嫩梢,如此反复进行多次摘心,既增加枝干上的小枝及叶片数量,又使各侧枝、枝组上的芽获得充足有机营养,形成花芽,开花结果,达到观花赏果的艺术效果、

(2)抹芽 盆栽石榴主干、大枝及根茎部极易萌发不定芽,对没有任何造型用途的新芽应及时抹除,防止消耗盆树有限的营养,影响通风透光,诱发病害而造成树势衰弱。

5. 露根技巧 盆栽石榴作露根处理后韵味无穷,既增加了它的艺术美,又利于成花结果,从而提高了它的形态美。露根方法主要如下。

（1）松土法　将假植树坯或盆栽树根基部土，用竹签、小刀等撬松，利用浇水时水的冲力冲走表土使根渐渐露出；也可每次取掉根基一薄层表土，观察养护一段时间，树的长势基本稳定后再去掉少量表土，如此反复进行，直至达到预定露根要求。

（2）提根法　春季换盆时，在盆底加铺一层石榴新根生长所需厚度的培养土，然后将原盆树土团撬松，下部根系稍加整理，放入盆中，使原树根基适当高出盆面，再修剪高出盆面的视根，使根基裸露。采用此法逐年提高原树根基，达到预期的露根效果。也可将原树盆边用瓦片、木板、铁皮、硬塑料板等围起，盆底部也铺一定厚度的粗培养土，然后将整个石榴树提到设计高度栽好。以后随石榴生长情况，自上而下逐渐去掉盆上加高的泥土，亦可达到露根效果。

（3）套根法　将原树盆底凿穿（或预先栽入无底盆中），套入另一盛满培养土的盆上，使新根由上盆长到下盆土中。以后根据生长情况，自上而下逐渐取掉上盆泥土，使根部日渐露出，直至上盆泥土取完，根系完全移入下盆后取掉上盆，完成露根处理。

（4）压根法　石榴采用附石式盆栽时常用此法。将用作盆栽的树，挖时根尽量留长，然后按照石材特点和设计要求，用一细金属丝将根缠扎在石缝内，再在石缝中填入泥浆，最后将树和石一块植入盆中。以后根据生长情况，由上而上逐步扒开石上泥土，松开绑线，露出根部，并剪去无用细根，即可获取树与石浑然一体的附石式露根盆树。

（七）盆景的养护管理要点

1. 浇　水

（1）原则　由于盆的容积有限，盆土量少，浇水少时盆土易干燥，至盆树因缺水而生长不良或枯死，浇水过勤过多易引起枝条徒长，破坏盆树的优美形体，盆土长期潮湿，土内空气稀少，盆树根会窒息腐烂,甚至死亡,只有本着不干不浇,浇则浇透,新叶"歇响"赶快浇水和追肥之后必须浇水的原则,适时适量浇好水,才能使盆中石榴健壮生长。

(2)时间与水量　浇水量与次数因季节差异,盆体大小、质地、盆土结构等而不同。春、秋季节每周浇水1次,早、晚都可以;夏季高温蒸发量大,每隔2~3天浇水1次,早晚浇,禁忌用热水;冬季落叶休眠期每月浇水1~2次,中午浇水,忌用冷水。盆小,土少,树大时要勤浇;盆大,土多,树小时可少浇;瓦盆、木桶、沙土要多浇,瓷盆、釉缸、黏土要少浇;萌芽、膨果水要勤,蕾期、花期水要少;高温干旱要勤浇,阴雨之天不需浇。区别对待,灵活浇水。

(3)水源与方法　各种天然水、自来水经贮放接近室温后均可用来浇树。可用洒水壶、软管引水、装置喷灌设备、盆内根部预埋渗水管等方法适时浇水。

(4)盆面覆盖　在盆面土上加铺一块扎有细孔的塑料薄膜,减少盆土水的蒸发,可解决浇水少时干枯死树,浇水多时,养分淋失的矛盾。

2. 施　肥

(1)种类　盆栽石榴采用的肥料种类与大田石榴栽培相同,分为有机肥和无机肥两大类。有机肥为各种农家肥、饼肥,是迟效肥、全效肥,必须充分腐熟,多作基肥,在上盆、倒盆时掺入盆土中使用。无机肥是速效肥,指各种化肥,多作追肥土施或叶面喷施。

(2)方　法

①基肥　将腐熟后的有机肥掺配到盆土中,达到提高盆土肥力的目的,掺肥量根据有机肥种类以不超过盆土总量的 10%~20% 为宜。盆底垫蹄角片时需在蹄角上盖一层土将根隔开,超量施肥或蹄角片不隔土,极易发生肥害伤根,影响成活和生长。

②追肥　盆栽石榴生长期间需不断补施速效肥料,以满足生枝长叶、开花结果对营养物质的需要。盆土追施各种液态肥的浓

度,各种化肥 1%～2%,各种饼肥不超过 10%;追施颗粒状固态化肥,肥土比 1∶10,远离根茎撒到盆土中。土施追肥以晴天无雨,盆土稍干,施后浇水最好。

③根外追肥　盆栽石榴采用叶面喷肥形式追肥能快速供给树体营养,促使枝叶生长和开花结果。叶面追肥时浓度要低,尿素为 0.5%～1%,硼酸(砂)、硫酸锌、磷酸二氢钾等为 0.2%～0.3%,过磷酸钙、磷酸二铵、草木灰等为 1%～5% 的沉淀浸出液。叶面肥宜在上午 10 时前、下午 4 时后或阴天、无风天进行。喷后叶面保持 1 小时湿润,有利于营养迅速吸收。喷肥时要求雾化要细,叶面、叶背均匀喷到。肥料和杀虫、杀菌剂可以混合,肥料充分溶化过滤后施用。

另外,石榴盆栽后更要注意氮、磷、钾肥料的配合施用,一般比例是氮 2 份,磷 4 份,钾 3 份,春季多施氮肥,秋季多施磷肥和钾肥。幼树多施氮、磷肥,开花结果树多施磷、钾肥。盆栽石榴施肥要按照薄肥勤施的原则,每次施肥要淡要少,施肥次数要勤要多,一般情况下每隔 15 天需施(追)肥 1 次。

(3)肥害预防及挽救

①肥害症状　正常生长的盆树施肥后不久,出现局部枝干上的叶片变黄,新梢萎枯现象且逐渐危及全株,肥害首先出现在弱枝弱树上,一般规律是弱树弱枝重,壮树健枝轻。

②产生原因　肥害形成原因常因施肥方法不当引起,施用生肥(饼肥,鸡粪等)后,肥料腐烂发酵产生高温烧伤根系。或因施肥浓度过高,根毛、细根细胞内水分倒渗脱水后死亡,导致根死树亡。

③预防办法　有机肥必须充分腐熟后才能使用。追肥时肥量要小,浓度要低,本着薄肥勤施不熟不施和远离根茎靠边施肥的原则,适时适量追肥。

④抢救措施　肥害一旦出现,应立即掏出施入的干肥块或颗粒肥及部分表土,将盆放到通风地方浇透水,淋出肥液,叶面经常

喷水,肥害严重时要脱盆冲洗,剪去受害根尖,更换盆土,剪去部分枝叶并遮阴养护,待恢复生长后转入正常管理。

3. 修剪 石榴盆栽定型后,不能任其自由生长,生长期间经常运用摘心叶、除萌蘖、剪旺梢、抹荒芽和露根管护等措施,保持盆树的优美形体和神韵。

4. 促花保果 结实品种的石榴经盆栽后,由于盆土有限,营养不足,成花较困难,不易结果,为提高盆栽石榴的观花赏果效果,栽培时一定要科学合理施肥、浇水,日常管理中运用拉枝、曲枝、轻度环切、环剥、摘心控梢,叶喷或土施比久、多效唑等生长抑制剂来促使形成优质花芽,现蕾开花期注意疏蕾疏花,人工点花授粉,花期喷硼肥及适当控水等措施提高结实率,结果后适当疏果、追施肥水等办法促果肥大,提高品质。

5. 病、虫害防治 盆栽石榴病、虫害种类与露地栽植的石榴完全相同。防治方法同露地栽培。

6. 越冬防寒 石榴树喜暖怕寒,矮生种(月季石榴、墨石榴等)更不耐寒,盆栽时更要注意安全越冬,防止因低温产生小枝抽条干枯,大枝、主干冻裂冻死等现象发生。常采用的防寒措施是:越冬时期将盆栽石榴整盆埋入土中,主干束草,树冠喷布高脂膜,四周设风障;将盆树移入塑料大、中棚等低温型温室;移入窑洞、地窖等处越冬;少量盆树可直接搬至居室内管护。第二年3月上中旬逐渐移出越冬场所进行管护。

十六、石榴盆栽

盆栽石榴是容器栽培石榴的总称。凡是用盆、箱、桶、篓以及种植槽栽培石榴的都可称之为盆栽。

石榴盆树栽培与盆景培养有很多是相似、相同的,但也有不同之处。盆景主要用于观赏,管理更精细,品种选择不严格,要求树形有特点,果实消费是次要的。而盆树栽培主要考虑果实采收,兼顾观赏,要求是优良品种,树形修剪要适合多结果、结好果、利于果实生长。在管理技术方面有较多的相同点(彩图 16-1)。

(一)盆栽石榴的实用价值和发展趋势

盆栽果树在我国有悠久的历史,常见的有盆栽石榴、金橘、无花果、桃、苹果、梨、葡萄等。盆栽果树既可供人们欣赏,又可以产果供人们品尝,近年来,利用盆栽石榴,生产出高质量的商品果,已成为新的石榴发展趋势。石榴盆栽结果早,如管理得当,一般在上盆后的第二年就能结果,每盆石榴可产果 1~3 千克,多的可达数十千克。近年来,由于城市的发展,建筑设施的大量增加,可供绿化的地面大幅度减少,给植树种花美化环境带来很大困难。利用窗台、阳台、平台、路旁、庭院,以及室内一切可利用的空间,养上几盆石榴树,红似火的石榴花、灯笼似的果实、青翠的叶片,供自己欣赏、品味,还能起到净化空气,为人们创造洁净优美的生活环境和幽雅舒适的工作氛围,借以培养良好道德情操,增加生活乐趣外,健康身体,益寿延年。良好的发展空间,促进了盆栽石榴的发展,市场发展前景很好。

(二)盆栽石榴的栽培特点

盆栽石榴和大田栽培石榴及石榴盆景管理技术都要建立在石榴生物学的基础之上,这一点是共同的。但是,由于它们的栽培目的不同,立地条件各异,其栽培技术要求也有明显的差异,三者在管理技术方面应当因树制宜。

大田石榴栽培的目的是生产优质石榴,以其获得最大的经济效益,而盆栽石榴则是产果和观赏并重,盆景石榴又是观赏为主收果为辅。大田栽培主要强调管理的科学性,而盆栽、盆景除要求管理的科学性外,还要注意整形的艺术性,要求科学性和艺术性相结合,使之表现出观赏和实用的双重价值。所以,在栽培管理上,盆栽石榴比大田石榴有更高的要求。

(三)适栽品种

一般来说,所有的鲜食型石榴品种都可以盆栽,但理想的盆栽石榴品种应具备以下条件:

第一,生长势中等,节间短,适于短截,结果枝率高,坐果率高,栽培管理比较容易的品种。

第二,植株姿态匀称,花和果皮红色、果面光洁艳丽,品质优良,适合鲜食。

第三,如果盆栽量大,应早、中、晚熟品种搭配,以便延长总体上的观赏期和果品供应期。

(四)盆栽容器

盆栽石榴应用的容器多种多样,凡盆、箱、篓、桶、槽、筐等均可用来栽培石榴,对容器的一般要求是:质地要坚固些,排水透气性好些,容积稍大些,以便能容纳更多的营养土,为石榴的生长发育提供更多的养分。

(五)盆土的配制

盆土俗称营养土。要求疏松、肥沃,有良好的排水、保水、透气性能,达到浇水后不结皮,湿时不黏,干时不裂。

1. 盆土常用材料

(1)腐叶土 最好选用自然的森林腐叶土,也可用树木落叶、杂草、家禽粪便,经高温堆沤、充分腐熟的腐殖质土。

(2)泥炭土 又称草炭土,是植物体经地形变动被压入地下多年腐化形成的有机质堆积物。泥炭土多呈块状,须打碎过筛使用。

(3)园土 又称菜园土,利用经营多年、肥沃的菜园表层土。

(4)沙石类 系多孔基质,是配土的必要材料,具有极好的透气、保水、保肥、保温性能。常用的有粗沙(直径 1～1.5 毫米)、石英沙(直径 4～5 毫米碎屑)、蛭石(直径 4～5 毫米碎片)、膨胀珍珠岩(直径 4～5 毫米碎片)等。

2. 盆土的配制 生产上常用的几种配方,供参考:

配方一 泥炭土 4 份、园土 3 份、粗沙(可过筛的细炉渣)3份、骨粉 0.5 份。

配方二 腐叶土 4 份、园土(或堆肥)3 份、粗沙(可过筛的细炉渣)3 份、骨粉 0.5 份。

配方三 泥炭土(或腐叶土)6 份、珍珠岩(或蛭石)3 份、腐熟厩肥(或膨化鸡粪)1 份、骨粉 0.5 份。

配方四 园土(或堆肥)6 份、珍珠岩(或蛭石)3 份、腐熟厩肥(或膨化鸡粪)2 份、骨粉 0.5 份。

配方五 腐叶土 5 份、园土(或堆肥)2 份、粗沙(可过筛的细炉渣)2 份、膨化鸡粪 1 份、骨粉 0.5 份。

3. 盆土消毒 盆土配制时,用 0.1% 甲醛溶液均匀喷洒,每立方米盆土用药 500 毫升左右。然后用塑料薄膜密封熏蒸 24 小时,之后揭去薄膜,晾晒 3~4 天,待甲醛完全挥发后装盆。或用常用杀虫剂、杀菌剂均匀喷洒盆土,并搅拌均匀。上两法目的都是杀灭病菌、虫卵和杂草种子。

(六)定 植

盆栽石榴定植是将石榴树栽入盆中,又叫上盆。上盆时间多在苗木休眠期,与大田石榴栽植时间相同,如果是在石榴生长发育期上盆,栽好后应先放置在阴凉处,或用遮阳布遮阴,避免阳光直晒,待新芽开始生长时,再逐步撤掉遮阳布或转移到露地。

1. 定植前准备

第一,根据拟栽树的大小选择适宜的容器。选好盆栽容器后,应用常用杀菌剂对容器消毒。

第二,准备好经过消毒处理的培养土。

第三,选择适宜的盆树,新栽盆树要求健壮、无病虫。

2. 栽种方法 同露地栽种方法基本相同。嫁接苗应将嫁接口露出地表,自根苗栽到树木的原埋土痕处。栽后立即浇透定根水。浇水后补充盆土至表土低于盆沿 3~5 厘米,以便以后浇水。

3. 大树定植 为尽快成形见效,盆树一般都选用较大的树。对准备上盆的石榴树提前在大田进行有目的的培养,一般培养成单干自然圆头形。上盆前断根、挖树、运输,以及栽植方法,同前第六章"大树移栽"。移植当年,重点在恢复树势,培养树形,少结果或不结果,第二年石榴树成活稳定了,就可育成一盆外形壮观、硕果累累的大型盆栽石榴。

(七)盆栽石榴的管理

1. 树体管理

(1)树形　盆栽石榴以单干自然圆头形为主,此种树形便于管理,在庭院或居家阳台不大的空间与其他花草可以互为补充,如果多干型则易造成有限空间条件下的拥挤。在单干树形基础上可作艺术加工,如嫁接其他品种或拉、曲、圈、摘心等。在尊重树体生长发育规律基础上,人为诱导使其观赏与经济价值两者兼备。

(2)修剪　以拉枝造型为主配合必要的疏、截措施。修剪时间、方法与大田栽培相同,运用手法上更精细些,冬季修剪以造型为主,夏季修剪以抹芽除萌、摘心扭梢、拿枝整形为主,诱导树体朝着人为的理想造型发展。

2. 施肥　盆栽石榴树一般放置在庭院中或公园、农家乐庄院中,施肥比较方便,切忌滥施未经腐熟的生活垃圾,要科学施肥。

盆栽石榴树长期生长在固定的容器中,盆土中所含的肥料养分有限,必须经常给予补充,才能不断满足树体对养分的需求。适宜盆栽石榴使用的肥料主要要有以下几种。

(1)饼肥　常用的有豆饼、菜籽饼、花生饼、芝麻饼等,使用时必须充分发酵腐烂后,加水 5～10 倍作液肥施用。也可将饼肥弄成小块或粉末,少量放在盆土表面,每次浇水时养分随水渗入土中被根系吸收。在一个生长季中,未结果的盆苗,每盆需干饼肥 0.5 千克左右;结果的盆栽石榴树,视容器大小、树体大小,每盆需干饼肥 1～3 千克不等。

(2)颗粒肥料　可以利用复合颗粒花肥,除含氮、磷、钾三要素外,还含有铁、锰、铜、锌、钙、钼、镁、硫、硼等植物需要的多种微量元素,具有营养全、无臭无味、使用安全、肥效明显、易于保存等优点。市场上适合选用的颗粒状复合肥有多种,有些属于长效性的,施一次在 3 个月内持续有效,可以根据当地情况合理选择使用。

（3）根外追肥 以速效性的无机肥为主,生长期间的追肥:花前期以氮、磷肥为主;盛花末和幼果膨大期及果实膨大和着色期以磷、钾肥为主。单一无机肥的常用使用浓度:尿素 0.1% ~ 0.2%、磷酸二氢钾 0.2% ~ 0.3%;这两种肥料也可混合喷施,其混合溶液的浓度应控制在 0.2% ~ 0.3%。

3. 浇水 在石榴树生长季节应适时浇水,一般情况下,早春气温较低、石榴树生长量小、蒸发量也小,每隔 3~5 天浇 1 次水,浇水时间在上午 10 时至下午 4 时进行;当气温升至 25℃ 以上时,则需 2~3 天浇 1 次水,浇水时间在上午 10 时前、下午 4 时后进行;当夏季气温升至 30℃ 以上时,则需 1~2 天浇 1 次水,浇水时间在上午 8 时前、下午 5 时后进行。

浇水掌握原则是:不浇则已,浇则浇透,但以水不从盆底流出为度;忌不分季节每天用生活污水浇灌根部;夏季所用的水,要经过太阳下晾晒,尽量不直接用自来水或井水浇灌;施肥后必浇水;盆土既不过湿也不能过干,过湿易烂根,过干则因干旱影响树体生长。

盆栽石榴浇水是一项经常而繁重的劳动,量少时问题不大,量大时可以采用浸水或滴灌措施。

盆栽石榴盆土表面要保持酥松状态,雨后、浇水后及时松土保墒。

4. 保花保果管理 盆栽石榴由于盆土数量的限制,营养物质有限,为集中培养保留果实,以提高产量和品质,生产出高规格的石榴,采取疏花保果措施很重要,主要包括疏花、授粉、疏果等措施。由于盆栽石榴数量、环境限制,自然授粉效果一般较差,所以人工辅助授粉很重要。具体措施见第第七章"保花保果管理"。

(八)病虫害防治

盆栽石榴如果是分散在各种自然条件比较好的环境下,病虫害相对少些,特别是在庭院、阳台等通风透光条件下,如果发现害虫时,则可捕捉消灭;如果发现病害,则可将染病部分尽早剪除烧毁,抑制传播。病虫防治尽量不用或少用农药,培养无污染的石榴果实,也少污染环境。

如果盆栽的石榴树体较大不易移动、或者盆栽量较大,可能有较多的病虫发生,要经常检查,早发现早防治,防重于治。如果冬季移入塑料大棚等保护设施内,可以采用烟剂农药熏烟防治,并在春季移出大棚前喷洒3~5波美度石硫合剂,铲除越冬病菌和虫卵,减少和消灭病虫源。盆栽石榴的病虫害防治方法同大田栽培石榴。

(九)换(倒)盆和越冬管理

1. 换(倒)盆 盆栽石榴在盆内生长2~3年后,其根系密布盆内,并沿盆壁转圈生长,形成一个根球,影响生长,需要及时换(倒)盆。根据树体大小,以及培养目的,考虑由小盆换中盆,或一次性换大盆。如果换盆或倒盆,上盆前都要对盆进行消毒处理,以减少菌源。

(1)换(倒)盆时间 适宜在落叶后至萌芽前的整个休眠期进行,但以早春萌芽前进行为好。

(2)换(倒)盆方法 像上盆一样,先准备好经过消毒处理的培养土,然后将石榴植株从盆中取出,先清除植株上的旧盆土,再对植株根部进行处理:疏剪去部分老根、枯死根,剪短沿盆壁卷曲过长的须根。修根后,像上盆一样,把植株用新培养土栽植于原盆或较大的新盆中。换(倒)过盆的石榴树要加强管理,促其根系尽快恢复生长,使整个植株更新复壮。

2. 越冬管理 盆栽石榴的盆土少,根系又密集于盆中,它比大田石榴更易受到冬季严寒的侵袭而发生冻害。冬季一定要采取防冻措施防冻。

(1)移至室内越冬 冬季落叶后上大冻前移至室内越冬。城市家庭可以放在楼道内;居住在平房内的可以直接移入室内。但不能放有暖气的室内越冬,因为室温的变化很容易打破石榴的休眠,使石榴树提前萌芽,打乱其生长节律,进而影响翌年的正常生长。

(2)塑料大棚内越冬 可将经修剪、整理,并施过肥、浇透水的盆栽石榴在上大冻前移至塑料大棚内,其管理措施同第九章"保护地栽培"。

无论采用哪一种防寒方法,都必须注意以下几点:

第一,入棚前对盆栽石榴树进行冬剪,以减少冬季枝干的水分蒸发,并浇透水,入棚后经常检查,盆土干燥时及时浇水补充。

第二,棚内不同地点要放置温度计,温度要控制在 $0℃\sim-5℃$ 之间,温度过高过低都要采取相应的处理措施,增减防寒覆盖物,以免提早发芽或受冻死亡。

第三,切忌将盆栽石榴放在靠近暖气的地方,防止休眠期提早发芽。

十七、石榴庭院、阳台栽培

在我国无论城市还是乡村,自古以来庭院里都有种植石榴树的习惯,寓意吉祥富贵、子孙满堂。有诗赞曰:"烂漫一栏十八树,根株有数花无数"、"日射血珠将滴地,风翻火焰欲烧人"。石榴于西汉时引入我国后,最早即是被当作庭院树种而栽种的,如司马相如(公元前128~公元前118年)的《上林苑》记有"初修上林苑,群臣远方各献名果异树,亦有制其美名,以标奇丽,梨十株、枣七株……安石榴十株",到了唐代,石榴栽培达到了兴盛时期,官署、府邸、寺庙、庭院都有石榴种植,而且扩大到了近郊,以至出现了"榴花遍近郊"的盛况,石榴身价也倍增,"一盆榴花非十金不可得"。由此可见,庭院栽种石榴历史悠久,直到今天,石榴的庭院栽培还是我国人民的所爱。

(一)意义与特点

1. 美化庭院及居家环境 石榴树姿典雅,花红花白、花粉鲜黄,果若灯笼,枝繁叶绿,自然成景。初春绽芽吐蕊或胭脂一片,或嫩绿满眼;夏天枝繁叶茂、绿树成荫;花时花红花白,如火如荼;接着犹如灯笼般的果实悬挂枝头;到了秋天,成熟了的果实,红的如玛瑙,白的如脂玉,笑的裂开了嘴,喜迎赏果人,浓绿的叶片也渐变为金黄;石榴树枝干苍劲古朴,根多盘曲,树虬中细,迎风傲寒,催人奋进。随着时代的变迁,无论是广大农村的农家小院、还是高楼林立的大都市,在农家小院中种上三、五棵,在城市居家阳台上放上一、二盆花果并姝的石榴,既能净化空气、美化环境,又陶冶了情操,给人以美的享受。

2. 经济效益与生态效益俱佳　在我国许多适合种植石榴的农村,户均庭院面积仍较大,庭院内历来有种植果树的习惯,种植3～5棵寓意吉祥的石榴树,到盛果期平均株产30～100千克,年收益可达千元以上,在国内许多石榴产区,石榴遍植于民宅、机关、工厂的房前屋后,既可产生一定的经济效益,又可吸收空气中的有害气体,净化空气。有人对石榴主产地的人群进行过观察,发现当地患心脑血管疾病的人明显减少,是否有科学依据,还需要医务科研工作者进行研究佐证。不过从美国、以色列等许多科学家对石榴的药用价值研究表明,石榴确实有防治心脑血管疾病、抗氧化、防衰老、抗癌防癌的功效。庭院里栽植几棵石榴树,既净化了空气、美化了环境,又可以取得一定的经济效益,何乐而不为。

3. 管理简单　石榴树适应性强,易于管理,生活在大都市的人们,生活普遍都感到些许压抑,利用阳台空间种植一棵石榴树,绿的枝叶、红的花果,与主人朝夕相处,工作劳累之余,动动手,欣赏自己的劳动成果,一定会有不一样的感觉。在农村庭院里种上几棵石榴树,利用闲暇之余,施肥、浇水、修剪、防治病虫,又是一种乐趣。庭院里的小环境保证石榴不易遭受冻害,腐熟后的生活垃圾可以作为石榴树生长的肥料,减少垃圾污染。在国内石榴主产区的许多庭院的房前屋后生长的石榴树,都表现出了结果早、产量高、品质优的特点,特别是近年来发展的软籽石榴,抗寒性差,在很多地区露地栽培不能安全越冬,而栽植在庭院里,基本上可以避免冬季冻害的发生。因此,软籽石榴更适合在庭院里栽植。

(二)栽植方式

1. 点栽式　选择优良的软籽类品种,根据庭院的实际空间,合理地种植几株石榴树,一般以单干树形为宜。

2. 行栽式 如果庭院空间较大,可以在不同空间位置栽植一行至数行,错落有致。如果庭院面积较大,可以考虑栽植不同花色、不同果皮色、不同口感(风味酸甜、酸、甜)或软籽、硬籽等不同品种。品种多样,增加了庭院里的欣赏情趣。

3. 欣赏型 在庭院内点栽 3~5 株,在每株上嫁接 2~3 个不同类型的品种。这样,一株树上可开不同的花、结不同的果,观赏和食用价值都很高,更增加了庭院艺术情趣。

4. 盆栽式 一般为盆栽、盆树类型,适合都市的楼房阳台栽培,在盆栽、盆树一节里已做过详细介绍。盆栽、盆树栽培更适合一树多种花、多种果,在有限的空间,创造出更多欣赏内容。

(三)管理要点

庭院石榴的管理大的原则同大田果园石榴的栽培管理,但也有不同之处。

1. 树形 应以单干树形为好,采用自然圆头形,在此基础上,可做艺术加工,如嫁接其他品种或拉、曲、圈、摘心等,在修剪手法上以拉枝造型为主,配合必要的疏、截措施,以冬季修剪为主,夏季修剪相补充,诱导树体朝着人为的理想造型发展。

2. 保花保果 正常情况下,1 年生苗定植 3 年开始开花结果,开花后花量可以有目的的人为控制,及时疏除过多的雌性发育不完全花,即普通说的"雄花",多留雌雄发育正常的两性完全花。开花季节,及时采用人工授粉,可以有效提高坐果率。坐果量大时,要及时疏除畸形、病虫、并生果,保持合理的载果量。

3. 肥水管理 庭院、阳台栽培石榴树,切忌滥施未经腐熟的生活垃圾,切忌不分季节每天用生活污水浇灌根部或枝干淋水,不能因为肥水施用方便,忽略科学管理。肥水管理的基本原则同果园田间管理,适时适量浇水、施肥。不旱不浇,浇则浇透;施肥按基肥、追肥原则适时进行;注意适时松土,避免土壤板结。

4. 病虫害防治 庭院栽培果树病虫害防治首先要考虑不污染环境,保障人、畜安全,在实际操作中,应尽量减少使用农药,以人工和生物防治为主,抓住关键时期,合理科学用药。在冬季剪除病虫害枝条,冬春刮树皮、扫落叶,集中深埋或烧毁,减少虫源和菌源;在石榴生长期,在幼果时也可以套袋防虫;对虫体较大的害虫可人工捕捉杀灭;对因病虫危害严重的枝条,及时剪除;也可以放养天敌,在野外捕捉瓢虫等有益虫类放养到石榴树上,达到控制害虫数量的目的;对蚜虫、石榴绒蚧等小体型害虫发生时,适时喷洒阿维菌素生物制剂农药,同时混入多菌灵、甲基硫菌灵等杀菌药物,预防病害发生。病虫防治时,不要使用高致畸、高致癌、高残留的"三高"农药,尽量使用低毒低残留的生物制剂农药。

十八、生态观光石榴园建设

（一）发展生态观光石榴园的意义

1. 美化生活，增加休闲空间　观光旅游可以陶冶情操，消除现代工作上的疲劳，缓解快节奏生活的压力，又能寓教寓乐于其中，观赏自然景色，极大地丰富现代人的精神生活。

2. 发挥果石榴树的新功能　通过深度挖掘开发石榴各种功能，充分发挥其最大效能。中国是石榴资源大国，可以从石榴的绿化、观花、赏叶、食果等方面，对石榴种质资源进行多方位、多层次的开发利用。

3. 保护生态环境和人文环境　观光石榴园可以增加造林面积，绿化荒山、荒地和滩涂，增加氧气，调节区域气候，并防止水土流失，抵御自然灾害等；还可以增添旅游业的文化与生态气息，促进旅游业发展，带动相关产业的兴起及地区经济的发展。

（二）生态观光石榴园的类型

观光石榴园，是石榴园与公园的有机结合，既有别于传统石榴园的特点，又有别于现代公园的固定模式。它使传统石榴园生产得以升华，又将现代公园的内容淳朴化，回归于自然。它的出现是经济发展与人类旅游休闲品位拓展的结果。因此，观光石榴园的成功发展，直接受到地区经济发达程度、交通条件、人们的消费观念等因素的影响。从实际发展需要角度考虑，观光石榴园可划分为以下几个类型。

267

1. 都市观光果园 此类果园处于经济发达或较发达的城市近郊,因为土地资源极为紧张,力求发展精品的小规模观光果园,便于市民在假日就近休闲娱乐。但总体要求有别于市区公园,使其在市区公园休闲娱乐的基础上,更具有果园的特色,增加果树造景、布景范围和早、中、晚熟品种搭配,做到园中四季硕果累累,花香四溢,显示出浓厚的传统田园气息,以满足城市人追求新、奇、特、异的心理愿望和体验亲手采摘果实的真实感受,引起他们游览观光的兴趣。

2. 旅游观光果园 旅游观光果园,处于自然风景区、旅游景点内或附近,具有吸引游人的优势。游人在游玩之后能品尝到具有地方特色的新鲜果品,欣赏到美丽的果园生态景观,既得到休息,又为旅游业增添了一处亮丽的景点。这类观光果园依托自然风景区或旅游景点,以当地特色果树资源观赏为主,休闲为辅,大力发展果园采摘。利用现代园艺科学技术,改善传统果树生产状况,让观光旅游者在风景区游览的同时,又能享受到异地果园生产、果园风光、果园生态赋予的乐趣。

3. 休闲观光果园 休闲观光果园,处于远离大都市的城镇或近郊。这些地方的果园面积较大,可利用现有的果园加以改造融入公园的特色与功能,开辟公园化的果园,使其与经济改革中农村小城镇化建设的绿地规划相协调。在果园中重新规划布局,种花植草,增加观赏类果树的比例,并结合果树整形修剪,使其景色更加丰富多彩,果实更加丰硕亮丽,更具观赏价值。还可修建休闲、娱乐、观赏、游览设施,让果园走向公园化,以便更好地满足现代城镇人的休闲需求。

(三)生态观光石榴园的规划

1. 规划要求 典型生态果业观光园的规划,主要包括以下几个方面:分区规划,交通道路规划,栽培植被规划,绿化规划,商业服务规划,给、排水和供配电及通讯设施等规划。因各地生态观光果园差异较大,故其规划也各有差异。例如,对于农业旅游度假区之类果园,规划时还要考虑接待规划等内容。对于依托于特殊地带或植被的果园,其规划还要有保护区规划等内容。

2. 规划原则

(1)总体资源(包括人文资源与自然资源)利用相结合 因地制宜,充分发挥当地的区域优势,尽量展示石榴独特的花、果并姝景观。

(2)当前效益与长远效益相结合 用可持续发展理念和生态经济理念指导经营,提高经济效益。

(3)创造观赏价值与追求经济效益相结合 在提高经济效益的同时,注意园区环境的建设,应以体现田园景观的自然、朴素为主。

(4)综合开发与特色项目相结合 在开发农业旅游资源的同时,既突出特色,又注重整体的协调。

(5)生态优先,以植物造景为主 根据生态学原理,充分利用绿色对环境的调节功能,模拟所在区域自然植被的群落结构,打破果业植物群落的单一性。运用多种造景,体现石榴树的多样性。结合中外艺术构图原则,创造一个体现人与自然双重美的环境。

(6)尊重自然,体现以人为本 在充分考虑园区适宜开发度和负载能力的情况下,把人的行为心理和环境心理的需要,落实于规划建设中,寻求人与自然的和谐共处。

(7)展示乡土气息与营造时代气息相结合 历史传统与时代创新相结合,满足游人的多层次需求。注重对传统民间风俗活动与有时代特色的项目,特别是与石榴产业地方特色相关的旅游活动项目的开发,以及乡村环境的展示。

(8)强调对游客"参与性"活动项目的开发建设 游人在果业观光中是"看"与"被看"的主体。果业观光园的最大特色是,通过游人主体的劳动(活动)来体验和感受劳动的艰辛与快乐,使之成为园区独特的一景。

3. 规划内容　观光石榴园是一种新发展的果树种植园。它属于果园,但又不同于一般的果园。其栽培管理方式不同于传统的种植管理方式,也没有固定的模式可供参照。因此,应根据多年的实践经验,结合石榴树的生物学特性与公园的一般模式,积极实践,大胆创新,把观光果园规划好,管理好,经营好。

(1)观光石榴园的位置选择　要根据不同类型观光石榴园的特点,科学地选择园地。

①观光石榴园应临近大城市　其园址应选在城市化程度高、交通发达、通讯便利的城市近郊,或适于发展的城镇。

②多种景点　观光石榴园应依托当地风景区、名胜古迹、文化场所、疗养地、度假村等。发展富有特色的观光石榴园,使之既增加休闲观光的内容,又提高石榴园的观赏价值和经济效益。

③石榴园位置周围环境好　气候条件、土壤肥力、地下水位、地理位置等要适宜石榴树生长,不能经常有灾害性天气发生。

在选择园址的同时,除应调查建园的可行性、消费层次和消费群体外,还应研究与旅游观光有关的硬件(如高尔夫球场、网球场、酒店、果品店、游乐设施、生产设备、观光车等)与软件(导游、服务、环卫等)设施配套的信息,供管理者考虑投资的方向和额度,制定短期、中期、长期经营目标时参考。另外,由于观光石榴园所处地理位置、人文环境、风景特色、交通通讯、餐饮食宿等因素,直接影响观光石榴园的发展,因此应不断完善这些条件,逐渐吸引不同层次的消费群体和观光旅游者。

(2)不同功能区的划分　目前国内各地各类观光园,其设计创意与表现力不尽相同,而功能分区则大体类似,即遵循果业的三种内在功能联系,进行分区规划。

①提供乡村景观　利用自然或人工营造的乡村环境空间,向游人提供逗留的场所。其规模分3种:大规模的田园风景观光、

中规模的果业主题公园和小规模的乡村休闲度假地。

②提供园区景观　如凉亭、假山、鱼池等,这些在与石榴树配置交相辉映,人们在重返大自然追求真实、朴素的自然美的同时,还可以观赏美景、休闲养生、品尝佳果,自我陶醉。

③石榴文化与科普展示区

a. 石榴生物学特性、生产过程、品种培育过程图片。

b. 石榴树文化字画。有关石榴的诗、词,著名石榴画,石榴传说等。

c. 提供生活体验场所。具有乡村生活形式的娱乐活动场所,活动种类为:乡村传统庆典和文娱活动,石榴树种植、养护活动,乡村会员制俱乐部。

d. 提供产销与生活服务。主要是提供果品生产、交易的场所和乡村食宿服务。

石榴观光园的功能分区是突出主体,协调各分区。注意动态游览与静态观赏相结合,保护果业环境。

典型的果业观光园,其空间布局应环绕自然风光展开,形成核心生产区、果业观光娱乐区和外围服务区的"三区结构式":核心生产区,一般不允许游人进入;中心区为观光娱乐区,把生产与参观、采摘、野营等活动结合在一起,适当地设立服务设施;外围是商业服务区,为游人提供各种旅游服务,比如交通、餐饮、购物、娱乐等。

4. 道路规划　包括对外交通、入内交通和内部交通,及其附属用地等方面。

(1)对外交通　是指由其他地区向园区主要入口处集中的外部交通设施,通常包括公路的建造、汽车站点的设置等。

(2)入内交通　是指园区主要入口处向园区的接待中心集中的交通道路。

(3)内部交通　主要包括车行道和步行道等,可根据其宽度及其在园区中的导游作用分为以下 3 种道路:

①主要道路　主要道路以连接园区中主要区域及景点,在平面上构成园路系统的骨架。在园路规划时应尽量避免让游客走回头路,路面宽度为 4～7 米,道路坡度一般要小于 8%。

②次要道路　次要道路要伸进各景区,路面宽度为 2～4 米,地形起伏较主要道路大些,坡度大时可做平台、踏步等处理形式。

③游玩道路　游玩道路为各景区内的游玩、散步小路。它布置比较自由,形式较为多样,对于丰富园区内的景观起着很大作用。果园道路要有曲折、有亮点、有"曲径通幽"之感。可有直线型、折线型和几何曲线型。园中的主道和支道是将大石榴园、精品石榴园、奇特景观等有机地融为一体的纽带,通过它体现了整个观光石榴园的精神和品位。

5. 果树栽植规划　石榴树栽植规划是石榴观光园区的主要规划。

(1)生态果区　包括珍稀品种生活环境及其保护区、水土保持和水源涵养林区。

(2)观赏与采摘区　一般位于主游线、主景点附近,处于游览视野范围内,要求石榴树品种、形态、花色等,有特殊观赏效果。观光突出观赏效果,宜看、宜拍照。突出空间造型、总体造型、分体造型和个体造型。远看、近看、高看、低看均可成一定的景观或造型。树、花、果均可观赏,给人以美的享受。

①适宜的品种　以石榴树为主,辅以杏、李、柿等具有观赏价值的果树。品种要有特色。主要特点观光时间长。每个品种的果实在树上挂的时间要长,果形有特色、品质好、果个大或小。要突出石榴的多样性,包括成熟期、果实形状和风味、花色、树姿等。

a. 成熟期。露地成熟期北方地区从 8 月份至 10 月份,南方地区时间提前,这段时间内树上均有石榴果实。

b. 果实的多样性。果色有红、白、紫、青、黄等;籽粒色有红、白、黑等,籽核硬度有硬核、软核、半软核等。风味有甜、酸甜、微酸、酸、涩酸等。

c. 花期、花型的多样性。花期从 5 月份至 11 月份。花型有大花型和小花型,有单瓣花和重瓣花。颜色有红、白、黄、紫、金边等多种花色。

d. 树姿:开张、直立等。

②树形模式　不同高、低层次:利用不同类型石榴树极矮化砧、矮化砧和乔化砧建立层次明晰的立体式果园。

a. 一树多品种:一株树上可接嫁早、中、晚不同熟期,不同花色、不同皮色等多个品种,增加观赏性。

b. 盆景造型:石榴干形扭曲,苍劲古朴,千姿百态,自然成景,可以制作观赏盆景。

c. 栽植造型:在栽植时,可按事先设计的形状进行。

③石榴文化　关于石榴方面的文化极其丰厚。有很多传说、成语、典故等与石榴有关,可以将此与观光和采摘有机结合起来。

④艺术果品

a. 贴字或画。主要是吉祥如意的字或画,也可是儿童卡通画、十二生肖画或字等。

b. 果实变形。通过一定的模子,改变果实原有的形状,使之变成人们需要的形状,如方形等。

在观光区,树上要挂牌,说明树种、品种、来源、造型内涵等。

(3)生产果区　这是石榴观光园的核心部分,以生产为主,限制或禁止游人入内。一般在规划中,生产果区处在游览视觉阴影区,地形缓、没有潜在生态问题区域。

(四)观光石榴园的管理原则

果园管理要规范化、标准化、科技化,实现科技示范和科普教育的功能。

第一,栽植要标准,美观。

第二,注重生产艺术果品。采用套袋、铺反光膜、贴字等方法,使果面带有美丽动人的图案或喜庆吉祥的文字,增强果品的艺术观赏性。

第三,加强病虫害防治,以生物防治为主,合理使用高效低毒、低残留农药,保证果品生产无污染、无公害。

第四,土壤培肥采用生草法。

第五,观光石榴园以施有机肥为主,科学施用化肥。

十九、石榴文化欣赏

石榴自引入我国以来,就和国人的生产、生活和文化结缘。国人爱榴、寻榴、赏榴、谈榴、咏榴的高雅风尚,世代绵延。东魏(公元 534—550 年)贾思勰著的《齐民要术》中,已有关于石榴的繁殖、栽培、嫁接记载,已总结出较为丰富的管理经验。

(一)我国古代吟咏石榴的诗、词数不胜数

翻开史册,几乎各个朝代的著名诗词歌赋都曾对石榴尽情讴歌。

晋人潘岳在《安石榴赋》中赞石榴"御机疗渴,解醒止醉","榴者,天下之奇树,九州之名果","华实并丽,滋味亦殊。商秋受气,收华敛实,千房同蒂,千子如一。缤纷磊落,垂光耀质,滋味浸液,馨香流溢"。

南朝时何思澄的《南苑出美人》中"媚眼随娇合,丹唇逐笑分,风卷葡萄带,日照石榴裙。"

唐代是我国诗作最丰富的朝代,关于石榴的诗作非常多:韩愈"五月榴花照眼明,枝间时见子初成。可怜此地无车马,颠倒青苔落绛英。"温庭筠形容"海榴开似火,先解报春风"。李贺《遥俗》中有描写"飞向南城去,误落石榴裙"的诗句。元稹诗曰:"何年安石国,万里贡榴花;迢递河源道,固依汉使槎"。这首诗道出了石榴的来源。

宋代王安石赞美"浓绿万枝红一点,感人春色不须多"。从春到夏,榴花开花不断。(《阳武王安之寄石榴》)"曾有"雾縠作房珠作骨,水晶为粒玉为浆"之句赞颂它,被视为果中的珍品。

元代马祖常《赵中丞折枝石榴》"乘槎使者海西来,移得珊瑚汉苑栽;只待绿荫芳树合,蕊珠如火一时开。"用珊瑚作为石榴的美称,描写了石榴花的优美。

明代杨升庵《庭榴》形容榴花"朵朵如霞明照眼,晚凉相对更相宜"。

从以上诗词中我们看出,古人题咏石榴除以"石榴"为名外,还有以"石榴花"、"石榴果"、"石榴树"、"山石榴"、"花石榴"等为名的,最早的诗作始于汉代。

(二)石榴传播友谊

自古以来,石榴都是传播文明和友谊的使者。我国西汉时期,张骞作为汉朝的使臣多次出使西域(现伊朗、阿富汗等中亚地区),各国使节、商人也通过丝绸之路来往频繁,官方交往和商人通商将中原文化通过丝绸之路传播到了西域各国,同时也将西域的很多奇花异草带回了中原。据史书记载,原产现伊朗、阿富汗等中亚地区的石榴就是当时传入我国的。汉朝时的司马相如(公元前128—公元前118年)的《上林苑》记有"初修上林苑,群臣远方各献名果异树,亦有制其美名,以标奇丽,梨十株、枣七株……安石榴十株"。元稹《感石榴二十韵》里有"何年安石国,千里贡榴花"的名句。因此,石榴承载了东西方文明、传播友谊的重要使命毫不为过。历朝历代,石榴作为礼品、承载主人友谊相送亲友的例子数不胜数。20世纪60年代初,印尼华侨归国观光团赠送福建的一批花果苗木中,有一种无籽香石榴,定植后翌年开花结果,果大肉黄,具苹果香,味甜无籽,堪称石榴极品,现在在周边地区广泛栽植。

(三)石榴来源和张骞的故事

汉武帝时,张骞出使西域,住在安石国的宾馆里,宾馆门口有一株花红似火的小树,张骞非常喜爱,但从没见过,不知道是什么树,园丁告诉他是石榴树,张骞一有空闲就要站在石榴树旁欣赏石榴花,后来,天旱了,石榴树的花叶日渐枯萎,于是张骞就担水浇那棵石榴树。石榴树在张骞的灌浇下,叶也返绿了,花也伸展了。

张骞在安石国办完公事,准备回国。回国前的那天夜里,正在屋里画通往西域的地图。忽见一个红衣绿裙的女子推门而入,飘飘然来到跟前,施了礼说:"听说您明天就要回国了,奴愿跟您同去中原。"张骞大吃一惊,心想准是安石国哪位使女要跟他逃走,身在异国,又为汉使,怎能惹此是非,于是正颜厉色说:"夜半私入,口出乱语,请快快出去吧!"那女子见张骞撵她,怯生生地走了。

第二天,张骞回国时,安石国赠金他不要,赠银他不收,单要宾馆门口那棵石榴树。他说:"我们中原什么都有,就是没有石榴树,我想把宾馆门口那棵石榴树起回去,移植中原,也好做个纪念。"安石国国王答应了张骞的请求,就派人起出了那棵石榴树,同满朝文武百官给张骞送行。

张骞一行人在回来的路上,不幸被匈奴人拦截,当杀出重围时,却把那棵石榴树失落了。人马回到长安,汉武帝率领百官出城迎接。正在此时,忽听后边有一女子在喊:"天朝使臣,叫俺赶得好苦啊!"张骞回头看时,正是在安石国宾馆里见到的那个女子,只见她披头散发,气喘吁吁,白玉般的脸蛋上挂着两行泪水。张骞一阵惊异,忙说道:"你为何不在安石国,要千里迢迢来追我?"那女子垂泪说道:"路途被劫,奴不愿离弃天使,就一路追来,以报昔日浇灌活命之恩"。她说罢"扑"地跪下,立刻不见了。就在她跪下去的地方,出现了一棵石榴树,叶绿欲滴,花红似火。汉武帝和众百官一见无不惊奇,张骞这才明白了是怎么回事,就给武帝讲述了在安石国浇灌石榴树的前情。汉武帝一听,非常喜悦,忙命武士刨起,移植御花园中。从此,中原就有了石榴树。

(四)石榴与爱情的故事

石榴、石榴花自古以来成就了太多的爱情故事,历朝历代,多少文人墨客都以石榴、石榴花留下了脍炙人口的爱情故事和诗篇:曹植《弃妻诗》曰:石榴植前庭,绿叶摇缥青。翠鸟飞来集,拊翼以悲鸣。杨玉环与唐明皇的爱情故事人所共知,传说杨玉环因酷爱石榴花、爱吃石榴、爱穿石榴裙,传下了拜倒在石榴裙下戏谑传说。可怜她红颜薄命,身死他乡。刚刚还是繁花似锦,转眼就是曲终人散,一片狼藉。晚年的李三郎只私藏着杨玉环留下的香囊,那个善舞的女子,与她石榴裙一起,早已消失在世间。唐李元纮在《相思怨》里也写到:"望月思氛氲,朱衾懒更熏。春生翡翠帐,花点石榴裙。燕语时惊妾,莺啼转忆君。交河一万里,仍隔数重云。"而武则天在《如意娘》中有:"看朱成碧思纷纷,憔悴支离为忆君。不信比来长下泪,开箱验取石榴裙。"表达了武则天深入骨髓的深情与幽怨,也不知道是谁辜负我们历史上唯一的女皇帝,令她在情事上也如此不堪凄苦?我国南方少数民族青年男女谈情说爱喜欢对唱山歌,好多山歌都是以"石榴开花"来开头的。比如男的唱:"石榴开花叶子清,唱支山歌来表心。要是妹妹你瞧得着,明天的裙子新又新。""石榴开花叶子薄,想起妹妹睡不着。只能放在心中想,不能放在口中说。"要是女的也有意,就会以歌来应和:"石榴开花叶子清,山歌唱来给妹听。哥哥要是懂妹心,明日就换石榴裙。"

(五)石榴与多籽多福的寓意

石榴果在中国传统文化中,有着深刻的象征意义。中国人逢遇喜庆吉祥,偏好讨个"口彩"。这其中就应用了汉语的一个重要特征:汉字有许多读音相同,字义相异的现象。利用汉语言的谐音可以作为某种吉祥寓意的表达,如迎娶新娘子时要放些枣、花生、桂圆、莲子,寓意"早生贵子"。而"榴开百子",也具有相同的意思。以石榴比喻子孙满堂的故事最早见于我国历史上的北齐时,据《北齐书·魏收传》记载,文宣帝太子安德王延宗娶魏收女为妃,魏收之妻献石榴2枚,文帝问其意,魏笑曰:恭喜陛下,石榴多籽,太子新婚,此喻王室兴旺,多子多福。文帝听后大喜,重赏魏收。后人以石榴喻子孙满堂,后继有人,沿用至今。

(六)拜倒在石榴裙下的传说

古往今来,人们留下了许多关于石榴的美丽传说。古代年轻妇女最喜爱的是一种鲜艳的红色百褶长裙,这种裙子是用茜草、红花、苏木染成,因为颜色看起来像石榴花之红,所以人们把这样的裙子叫作石榴裙。穿之尽显服饰之优雅,姿容之娇丽。"拜倒在石榴裙下"源于石榴裙底一词,语出我国历史上南朝时期梁国何思澄的《南苑出美人》:"媚眼随娇合,丹唇逐笑分。风卷葡萄带,日照石榴裙,自有狂夫在,空持劳使君。"意思是红得像石榴一样的裙子,后来逐渐将男士对年轻美眉的倾慕追求引申为出色美女的脚下,比喻为"拜倒石榴裙下"。

拜倒在石榴裙下的另一种说法:传说在唐天宝年间,杨贵妃非常喜爱石榴花,唐明皇投其所好,在华清池西绣岭、王母祠等地广泛栽种石榴。每当榴花竞放之际,这位风流天子即设酒宴于"炽红火热"的石榴花丛之中。杨贵妃饮酒后,双腮绯红,唐明皇爱欣赏宠妃的妩媚醉态。因唐明皇过分宠爱杨贵妃,不理朝政,大臣们不敢指责皇上,则迁怒于杨贵妃,对她拒不施礼。杨贵妃无奈,依然爱赏榴花、爱吃石榴,特别爱穿绣满石榴花的彩裙。一天,唐明皇设宴召群臣共饮,并邀杨贵妃献舞助兴。可贵妃端起酒杯送到明皇唇边,向皇上耳语道:"这些臣子大多对臣妾侧目而视,不施礼、不恭敬,我不愿为他们献舞。"唐明皇闻之,感到宠妃受了委屈,立即下令:要求所有文官武将,见了贵妃一律施礼,拒不跪拜者,以欺君之罪严惩。众臣无奈,凡见到杨贵妃身着石榴裙走来,无不纷纷下跪施礼。于是,"跪拜在石榴裙下"的典故流传至今,成了崇拜女性的俗语。

(七)石榴的神话传说

历史上南宋时祝穆编撰的经济、文化、风俗、民情、地理类书《方舆胜览》中记载的一个故事,与《桃花源记》所载内容大致相似:福建省东山县有个榴花洞,唐朝永泰中期,樵夫兰超一日在闽县东山中狩猎,追赶一只白鹿至榴花洞,渡水入石门,入洞门走过一段狭窄不平的路段后,忽然是一块宽廓的平地,里边绿树成荫,鸟语花香,鸡犬人家,人间仙境。其间有人过来对兰超说:"我们乃避秦人乱也,留你在这里,可以吗?"兰超说:"我要回去与亲人告别后才能来。"榴花洞人就以一枝榴花相送。兰超出来后,好像在梦中一样。回家安置好后再来,竟然找不到了。

(八)石榴花神的传说

石榴在我国中原地区盛开于农历五月,是当令之花,因此它被列入农历五月的"月花",并被称之农历五月的"花中盟主",所以五月又称为"榴月"。此时天气燥热,许多疾病开始流行,在古代科技不发达情况下,人们认为瘟疫是由恶鬼邪神带来的,所以需要有能力的神来镇守。民间传说中的"鬼王"钟馗,生前性情暴烈正直,死后更誓言除尽天下妖魔鬼怪。其疾恶如仇的火样性格,恰如石榴迎火而出的刚烈性情,大家便把能驱鬼除恶的钟馗视为石榴花的花神,所以民间所绘的钟馗像,耳边往往都插着一朵艳红的石榴花,就是以钟馗火样的性格来当火样的石榴花神。

(九)石榴花的性格

石榴具有独特的品格和气质。春天,红花品种新叶红嫩,白花品种新叶如宝石般的碧绿,"万绿丛叶一点红,动人春色不须多",摘下刚抽嫩芽,制成甜茶,芳香止渴又防病;盛夏酷暑,仍花繁似锦,红的如火,白的晶莹剔透,昂首挺立在烈日中,"绿树成荫子满枝"、"一朵佳人玉钗上,只疑烧却翠云鬓",因兼花果之胜,被尊为农历五月的"花中盟主";秋天,是收获的季节,石榴果也笑开了口,露出玛瑙般的籽粒,"雾縠作房珠为骨,水晶为粒玉为浆",显示它的冰清玉洁和非同凡品的美味;冬天,万木凋零,它傲然立于严寒之中,北方地区冬天地上部分偶有冻死,但当春暖花开,基部又萌生出新枝,焕发出勃勃生机,显示出不屈不挠的强大生命力,鼓舞着人们积极向上,自强不息。

附 录

附录一 波尔多液的作用与配制方法

1. 作用 波尔多液是目前使用最广泛的保护性杀菌剂,其杀菌力强,防病范围广,对农作物、果树、蔬菜上的多种病害,如霜霉病、褐斑病、黑痘病、锈病、黑星病、轮纹病、果腐病、赤斑病病菌等有良好的杀灭作用。

2. 配制方法

(1)1%等量式 硫酸铜、生石灰和水按1∶1∶100比例备好料,其配制方法有:

①稀硫酸铜注入浓石灰水法:用4/5水溶解硫酸铜,另用1/5水溶化生石灰,然后将硫酸铜液倒入生石灰水,边倒边搅即成。

②两液同时注入法:用1/2水溶解硫酸铜,另用1/2水溶化生石灰,然后同时将两液注入第三容器,边倒边搅即成。

③各用1/5水稀释硫酸铜和生石灰,两液混合后,再加3/5水稀释,搅拌方法同前。

上述3种配制方法以第一种方法最好。

(2)非等量式 根据防治对象有目的地配制,用水数量根据施用作物的种类而异,一般在大田作物上用水100～150份,果树上200份,蔬菜上240份。

3. 注意事项

①选料要精,配料量要准,在混合时要等石灰乳凉后,再将硫酸铜液慢慢倒入石灰乳中,以保证产品质量。

②波尔多液为天蓝色带有胶状悬浊的药液,呈碱性反应。注

意不能与酸性农药混用，以免降低药效。

　　③药液要随配随用，久置易发生沉淀，会降低药效。残效期一般为 10～15 天。

附录二 石硫合剂的作用与熬制方法

1. 作用 石硫合剂是常用的杀菌、杀螨、杀虫剂。适用于多种农作物和果树上的病、虫、螨害防治。

2. 熬制方法

(1)配方与选料 生石灰1份、硫磺粉1~2份、水10份。生石灰要求为纯净的白色块状灰,硫磺以粉状为宜。

(2)熬制步骤

①把硫磺粉先用少量水调成糊状的硫磺浆,搅拌越匀越好。

②把生石灰放入铁锅中,用少量水将其溶解开(水过多漫过石灰块时石灰溶解反而更慢),调成糊状,倒入铁锅中并加足水量,然后用火加热。

③在石灰乳接近沸腾时,把事先调好的硫磺浆自锅边缓缓倒入锅中,边倒边搅拌,并记下水位线。在加热过程中防止溅出的液体烫伤眼睛。

④然后强火煮沸40~60分钟,待药液熬至红褐色、捞出的灰渣呈黄绿色时停火,其间用沸水补足蒸发的水量至水位线。补足水量应在撤火15分钟前进行。

⑤冷却过滤出灰渣,得到红褐色透明的石硫合剂原液,测量并记录原液的浓度值。土法熬制的原液浓度一般为15~28波美度。熬制好后如暂不用装入带釉的缸或坛中密封保存,也可以使用塑料桶运输和短时间保存。

3. 注意事项

①桃、李、梅、梨等蔷薇科植物和紫荆、合欢等豆科植物对石硫合剂敏感,应慎用。可采取降低浓度或选用安全时期用药以免发生药害。

②本药最好随配随用,长期贮存易产生沉淀,挥发出硫化氢气体,从而降低药效。必须贮存时应在石硫合剂液体表面用一层

煤油密封。

③要随配随用,配制石硫合剂的水温应低于 30℃,热水会降低药效。气温高于 38℃ 或低于 4℃ 均不能使用。气温高,药效好。气温达到 32℃ 以上时慎用,稀释倍数应加大至 1 000 倍以上。

④石硫合剂呈强碱性,注意不能与酸性农药混用。忌与波尔多液、铜制剂、机械乳油剂、松脂合剂等农药混用。与波尔多液前后间隔使用时,必须有充足的间隔期。先喷石硫合剂的,间隔 10～15 天后才能喷波尔多液。先喷波尔多液的,则要间隔 20 天后才可喷洒石硫合剂。

4. 使用方法

(1)使用对象 使用浓度要根据植物种类、病虫害对象、气候条件、使用时期不同而定,浓度过大或温度过高易发生药害。树木、花卉休眠期(早春或冬季)喷雾浓度一般掌握在 3～5 波美度,生长季节使用浓度为 0.1～0.5 波美度。

(2)常用方法 ①喷雾法。②涂干法。在休眠期树木修剪后,使用石硫合剂原液涂刷树干和主枝。③伤口处理剂。石硫合剂原液涂抹剪锯伤口,可减少病菌的侵染,防止腐烂病、溃疡病的发生。

(3)使用浓度 使用前必须用波美比重计测量好原液度数,根据所需浓度,计算出加水量加水稀释。

石硫合剂稀释可由下列公式计算:

重量稀释倍数＝原液浓度－需用浓度/需用浓度

溶量稀释倍数＝原液浓度×(145－需用浓度)/需用浓度×(145－原液浓度)

石硫合剂稀释还可直接用查表法,见附表。

附表　石硫合剂稀释倍数表（按容量计算）

原液浓度	使用浓度（稀释倍数）																	
	0.1	0.2	0.3	0.4	0.5	0.6	0.7	0.8	0.9	1.0	1.5	2.0	2.5	3.0	3.5	4.0	4.5	5.0
10	106	53	31.7	25.8	20.4	16.8	14.2	12.4	10.8	9.7	6.1	4.32	3.23	2.51	1.96	1.62	1.31	1.08
13	142	70	46.5	35.6	27.4	22.7	19.3	16.7	14.7	13.2	8.5	6.1	4.62	3.66	2.98	2.47	2.07	1.76
15	166	82	56	40.7	32.5	26.8	22.7	20	17.4	15.6	10.1	7.6	5.6	4.46	3.66	3.07	2.6	2.24
17	191	95	64	47	37.3	30.9	26.3	22.9	20.2	18.1	11.7	8.5	6.6	5.3	4.37	3.68	3.14	2.72
20	231	114	77	57	45.1	37.5	31.9	27.8	24.6	22	14.4	10.5	8.1	6.6	5.5	4.65	3.99	3.49
22	248	128	86	64	51	42	35.8	31.2	27.6	24.7	16.2	11.8	9.2	7.5	6.2	5.3	4.58	4.03
25	300	150	101	77	59	49.1	42	36.5	32.3	29	18.9	13.9	10.9	8.9	7.4	6.4	5.5	4.84
26	315	157	106	78	62	52	44	38.4	33.9	30.4	19.9	14.7	11.5	9.3	7.8	6.7	5.8	5.1
27	330	165	110	82	65	54	46.1	40.2	35.6	31.9	20.9	15.4	12.1	9.8	8.3	7.1	6.1	5.42
28	345	172	116	86	68	57	48.4	42.1	37.2	33.3	21.9	16.2	12.7	10.3	8.7	7.4	6.5	5.7
29	361	179	120	89	71	59	50	44.1	38.9	34.8	23	16.9	13.3	10.8	9.1	7.8	6.8	6
30	377	188	126	93	74	62	53	46	40.7	36.5	24	17.7	13.9	11.3	9.5	8.2	7.1	6.3
31	393	196	131	97	77	64	55	48	42.5	38.1	25.1	18.5	14.5	11.9	9.9	8.6	7.5	6.6
32	409	204	137	101	81	67	57	50	44.2	39.7	26.2	19.3	15.2	12.4	10.5	9.0	7.8	7
33	426	212	142	106	84	70	60	52	46.1	41.4	27.3	20.2	15.8	12.9	10.9	9.4	8.2	7.3
34	442	221	148	110	87	73	62	54	48.6	43.7	28.4	21	16.5	13.5	11.4	9.8	8.6	7.6

附录三　石榴苗木培育技术规程

（LY/T 1893—2010）

前　言

本标准由河南省林业厅提出。

本标准由国家林业局归口。

本标准负责起草单位：河南省开封市农林科学研究院。

本标准参加起草单位：河南省周口市林业科学研究所、河南省焦作市林业工作站、河南省焦作市农林科学研究院、河南省漯河市郾城区林业工作站、河南省平顶山市农业科学院、河南省商丘市国营民权林场、河南省周口市林业监测站、河南省辉县市林业技术推广站、河南省三门峡市林业工作站。

本标准主要起草人：冯玉增、侯新民、王庚申、梁玉英、马　骥、王立新、李广宇、胡清坡、石立忠、梁　建、王坤宇、李　冰、张艳霞、李建新、张玉君。

1　范围

本标准规定了石榴苗木培育技术、苗木出圃和质量分级、苗木检验、包装、标志、运输。

本标准适用于石榴育苗技术。

2　规范性引用文件

下列文件中的条款通过本标准的引用而成为本标准的条款。凡是注日期的引用文件，其随后所有的修改单（不包括勘误的内容）或修订版均不适用于本标准，然而鼓励根据本标准达成协议的各方研究是否可使用这些文件的最新版本。凡是不注日期的引用文件，其最新版本适用于本标准。

GB 6000　主要造林树种苗木质量分级

GB/T 6001　育苗技术规程

3　术语和定义

下列术语和定义适用于本标准。

3.1

苗高　seedlingheight

地面至苗木顶端已充分木质化部分的长度。

3.2

地径　caliper

地面以上 5 厘米处的主干直径。

3.3

侧根长度　lateral root length

从侧根基部至侧根断根处的长度。

3.4

1 年生苗　one-year old seedling

扦插当年生长达到出圃要求的苗木。

3.5

2 年生苗　two-year old seedling

扦插翌年落叶后出圃的苗木。

4　苗木培育技术

4.1　苗圃地选择

选择地势平坦、排灌良好、交通方便、无风沙危害、无危险性病虫、pH 值 7.5～8.5、土层深厚肥沃的壤土、沙壤土或轻黏土地块育苗。

4.2　苗圃地整理

4.2.1　施基肥

在耕地前撒施充分腐熟的农家肥,每 667 米^2 不少于 5 米^3,复合肥 50 千克 。

4.2.2　耕翻土地

秋末冬初浇足越冬水,深耕圃地 50 厘米以上,深耕后敞垄冻垡,翌年早春耙耱。春季育苗前再耕翻土地 20 厘米以上,随耕随耙,达到土粒细碎。

4.3 土壤处理

春季耕地前,撒施毒土、毒饵及杀菌剂,进行土壤处理。土壤处理常用药剂按 GB/T 6001 执行。

4.4 作业设计

4.4.1 床作

在气候湿润多雨或水源充分、灌溉条件好、地下水位高的苗圃宜采用床作。床面宽 120 厘米,高 20 厘米,步道宽 30 厘米。

4.4.2 畦作

在气候干旱或水源不足、灌溉条件差的苗圃宜采用畦作。一般畦宽 1.2~1.4 米,畦埂底宽 30 厘米。

4.4.3 铺膜

苗床、苗畦整理要在扦插前完成,达到土粒细碎、表面平整、上虚下实,整理好后铺盖农用地膜。温暖高湿的南方地区,床作可不覆盖农用地膜。

4.5 良种选择

选择适合当地气候特点的优良品种育苗。

4.6 扦插育苗

4.6.1 种条选用

选择树势健壮的良种母树上发育充实、无病虫害的 1 年生枝条。

4.6.2 采条时间

北方寒冷地区宜在落叶后上大冻前采条;冬季温暖地区可随采随插。

4.6.3 插穗剪截与分级

种条采集后,宜及时剪截,剪截时插穗上部留平剪口,下部留斜剪口。注意不损伤插穗,不伤芽。插穗径粗以 0.75~1.25 厘米为宜,长度以 12~15 厘米为宜。剪截后按粗度、种条部位分级捆扎,系上标签。

4.6.4 插穗处理

插穗剪截捆扎后及时沙藏或窖藏。

4.6.5 扦插时间

各地根据春季气温回升情况,掌握在当地石榴树芽萌动时扦插为宜。

4.6.6 扦插密度

育苗株行距以 20 厘米×30 厘米、20 厘米×40 厘米或 20 厘米×50 厘米为宜。

4.6.7 扦插技术

用 ABT 6 号、7 号制剂或吲哚丁酸(IBA),按不同产品的使用浓度、方法浸插穗。

在已铺好地膜的畦面上,用扦插器按株行距打孔(孔径稍大于插穗,深度稍小于穗长),再扦入插穗。插穗露出地表 1 厘米左右。插后圃地立即浇足水。

4.7 苗木生长期管理

4.7.1 浇水

在出苗前保持圃地土壤湿润,适当控制灌溉,提高地温;苗木生长期要少量多次,每次灌溉要浇透浇匀,保持地面湿润,防止土壤板结;苗木生长后期,要适当控制灌溉,防止苗木徒长。土壤上冻前浇封冻水 1 次。

4.7.2 排水

雨季及时排水。

4.7.3 除草

掌握除早、除小的原则,做到圃地无杂草。

4.7.4 松土

松土结合除草进行,并在每次降雨或灌溉后中耕松土。松土要逐次加深,全面松到,不伤苗,不压苗。

4.7.5 追肥

在苗木速生期的 6 月下旬至 8 月中旬采用少量多次的方法,

结合浇水撒施或沟施速效氮肥,期间叶面喷洒 0.2％磷酸二氢钾液 1～2 次。8月下旬后停止施肥。

4.7.6　抹芽与定干

发芽后,选留 2～3 个壮芽保留,其余抹除。当苗高达 20 厘米以上,生长稳定后,每株选留 1 个壮芽,其余剪除。

4.7.7　病虫害防治

病害防治见附录 A;虫害防治见附录 B。

5　苗木出圃和质量分级

5.1　起苗

5.1.1　起苗时间

冬季苗木易受冻害地区,应于落叶后土壤封冻前起苗假植。冬季温暖苗木不易发生冻害地区可于春季栽植前起苗。

5.1.2　起苗方法

起苗前 2～3 天苗圃地浇一次透水。在起苗过程中,注意不要撕裂侧根和苗干。

5.2　苗木质量分级

5.2.1　苗木质量标准

见表1。

表 1

苗　龄	等　级	苗　高(厘米)	地　径(厘米)	侧根条数	侧根长度(厘米)
1 年生	一　级	≥85	≥0.8	≥6	≥20
	二　级	65～84	0.6～0.79	4～5	15～19
	三　级	50～64	0.4～0.59	2～3	<15
2 年生	一　级	≥100	≥1.0	≥10	≥25
	二　级	85～99	0.8～0.99	8～9	20～24
	三　级	60～84	0.6～0.79	6～7	<20

5.2.2　苗木分级

起苗后,即进行选苗,剔除病苗、损伤苗、等外苗,按苗木质量标准将苗木分级捆扎,每捆 50 株。

5.3　假植

　　秋季起苗,供翌年春建园栽植的苗木可选地势高、背风、排水良好的地方假植越冬。方法是挖深 50 厘米、宽 30 厘米的假植沟,苗木梢南根北排放在沟里,覆土至苗高的 2/3,厚度 8～10 厘米。假植苗木掌握疏摆、深埋、培碎土、踏实不透风,埋好后浇 1 次水。假植期要防止苗株风干失水、霉烂。在多风和寒冷地区的假植场地,要设置风障。春季起苗后或包装运往造林地后不能及时栽植的要临时假植。

6　苗木检验

6.1　检验方法

6.1.1　抽样

　　采取随机抽样的方法,先抽样捆,再在每个样捆内抽取样株,每捆抽取样株 10 株。样捆与样株数量按表 2 执行。

表 2

同级苗木捆数	抽样捆数	抽样株数
＜10	2～3	20～30
11～20	3～5	30～50
21～100	5～8	50～80
101～200	8～12	80～120
＞201	按 5% 抽取	样捆数×10

6.1.2　检验规则

6.1.2.1

　　检验地点限在原苗圃地或收购地点进行。

6.1.2.2

　　地径用游标卡尺测量,如测量的部位出现膨大或干形不圆,则测量其上部起始正常处,读数精确到 0.01 厘米。

6.1.2.3

　　苗高、侧根长度用直尺测量,读数精确到 1 厘米。

6.1.2.4

直接统计长度在 10 厘米以上的侧根条数。

6.1.2.5

有无检疫性病虫通过检疫证书确认。

6.1.2.6

机械损伤或残苗用目测法鉴别。

6.1.2.7

苗木检验工作应在背阴避风处进行,防止根系风干失水。

6.2　判定规则

按原等级每株有 1 项以上质量指标劣于标准者,定为不合格株。不合格苗总数超过抽样总数的 5%,降低一级。如对所定等级有争议,可对苗木整理后复检,所定等级为最终等级。

6.3　检验证书

检验结束后,填写苗木检验证书,格式按 GB 6000 执行。

7　包装、标志、运输

7.1　包装

苗木起运前,先在成捆苗木根部蘸泥浆或保湿剂,再用塑料袋或草包、麻袋包裹根部。

7.2　标志

每捆苗木上要挂标签,注明品种、等级、数量、苗龄、产地、出圃日期、执行标准。

标志上的字迹应清晰、完整、准确。

标签须系挂牢固。

7.3　运输

苗木包装后,要及时运输,运输时要用蓬布等物遮盖,防晒、防冻、防风干失水。

苗木要分级、分品种装运。

向外地调运的苗木,应经过检疫并附检疫证书。

附录 A

（资料性附录）

石榴苗木主要病害防治技术

病害名称	危害症状	防治方法
石榴干腐病	枝干上病斑形状不规则，初皮层变为深褐色，表皮失水干裂，粗糙不平，呈块状翘起，易剥离，病症深达木质部，也变为褐色，幼株或枝条干枯死亡	①避免重茬育苗；②选繁抗病品种；③清洁园地；④苗木生长中后期喷洒1：1：160波尔多液或40%多菌灵胶悬剂500倍液、50%甲基硫菌灵可湿性粉剂1000倍液等，15天1次，防治2~3次
茎基枯病	多发生在苗期或幼树期，主茎基部产生圆形病斑，树皮翘裂，树皮表面分布点状突起孢子堆，病斑处木质部变黑干枯，导致整株死亡	①不采带病枝条育苗；②避免重茬育苗；③种条扦插前用75%五氯酚钠500倍液浸条杀菌；④生长中后期喷洒50%肿·锌·福美双可湿性粉剂或50%甲基硫菌灵可湿性粉剂800倍液、1：1：200波尔多液等
褐斑病	危害叶片和果实。叶片染病为黑褐色圆形、方形、多角形不规则的1~2毫米块斑，重则8、9月份即大量落叶	①避免重茬育苗；②对苗圃周围的石榴园冬春季彻底清除落叶病果，消灭侵染源；③苗木生长中后期喷洒40%多菌灵胶悬剂500倍液或50%肿·锌·福美双可湿性粉剂1000倍液、80%代森锌可湿性粉剂600倍液等。10~15天1次，连防2~3次
叶枯病	叶片病斑圆形，直径8~10毫米，褐色至茶褐色。早期落叶	①避免重茬育苗；②对苗圃地周围石榴园冬春季彻底清除枯枝落叶，消灭侵染源；③发病初期及时喷洒50%异菌脲可湿性粉剂800倍液或75%百菌清可湿性粉剂1000倍液、30%碱式硫酸铜悬浮剂400倍液等

附录 B

（资料性附录）

石榴苗木主要虫害防治技术

病害名称	危害特点	防治方法
石榴巾夜蛾	1年发生4～5代，以蛹在土中越冬，越冬代幼虫5月中下旬，二代幼虫6月下旬至7月中旬，三代幼虫8月中下旬，四代幼虫8月下旬至9月中旬发生。幼虫啃食嫩梢和叶片，致生长点停止生长，重者吃光叶片	①幼虫期苗圃地放养鸡、鸭等啄食消灭；②冬、春季邻近石榴园清园并耕翻园地消灭越冬蛹；③在各代卵孵化盛期和低龄幼虫期喷洒90％晶体敌百虫或50％辛硫磷乳油1 000～1200倍液、2.5％溴氰菊酯乳油2 000倍液等
刺蛾类	包括黄刺蛾、丽绿刺蛾、青刺蛾等，年发生代数不同。一般6月下旬至8月下旬危害盛期，幼虫啃食嫩芽和叶	①冬、春季清除园内枯枝落叶，并剪除越冬茧；②各虫各代卵孵化盛期和低龄幼虫期喷洒80％敌敌畏乳油或50％马拉硫磷乳油、50％杀螟硫磷乳油1 000～1200倍液、10％联苯菊酯乳油4 000倍液等
蚜虫	1年发生20～30代，4～5月份及10月份危害石榴苗木重。群集幼芽、嫩叶吸食汁液危害，致嫩芽、叶卷曲，排泄物玷污叶面，易引发煤污病	①保护和利用天敌瓢虫、食蚜蝇等，控制其危害。②4月中旬至5月下旬防治的关键期喷洒40％辛硫磷乳油1 000倍液或90％晶体敌百虫1 200倍液、10％吡虫啉可湿性粉剂2 000倍液、20％甲氰菊酯乳油或10％乙氰菊酯乳油3 000倍液等
介壳虫类	包括榴绒粉蚧、枣龟蜡蚧、吹绵蚧等，年发生代数不同，6月下旬至8月下旬危害重。以成、若虫吸食幼芽、叶、嫩枝汁液，排泄物玷污枝叶易诱发煤污病，致叶早落	①保护利用天敌瓢虫、寄生蜂类，控制其发生；②于各代若虫发生高峰期喷洒25％噻嗪酮可湿性粉剂1500～2000倍液或5％顺式氰戊菊酯乳油1 500倍液、20％甲氰菊酯乳油3 000倍液等

续附表

病害名称	危害特点	防治方法
石榴茎窗蛾	1年发生1代,7月上旬开始钻蛀危害至翌年5月下旬。幼虫蛀害枝条,致当年生新梢枯死,若蛀入苗干基部,致苗枯死	①7月初隔2~3天检查1次,发现枯萎新梢及时剪除;②在卵孵化盛期的7月上旬喷洒90%晶体敌百虫1 000倍液或20%氰戊菊酯乳油2 000倍液、20%溴氰菊酯乳油3 000倍液等

附录四　石榴果品质量等级

（DB 41/T 488—2006）

前　言

为了规范河南省石榴果品的质量等级,应用近年来河南省石榴研究、生产的最新成果,制定了本标准。

本标准按照 GB/T 1.1—2000《标准化工作导则 标准的结构和编写规则》编写。

本标准由河南省林业厅提出。

本标准由河南省林业标准化技术委员会归口。

本标准主要起草单位:开封市农林科学研究所 周口市林业科学研究所 焦作市林业科学研究所

本标准参加起草单位:荥阳市林业局 郑州市林场

本标准主要起草人:冯玉增　侯新民　王凤寅　姚清志　梁玉英　王坤宇　余慧荣

本标准参加起草人:马　春　韦艳丰　崔俊昌　吕英梅　徐玉成

1　范围

本标准规定了石榴果品的术语和定义、质量等级要求、检验方法、检验规则及包装、标志、运输和贮存方法。

本标准适用于河南省石榴主栽品种(见附录 A)的果品质量等级。

2　规范性引用文件

下列文件中的条款通过本标准的引用而成为本标准的条款。凡是注日期的引用文件,其随后所有的修改单(不包括勘误的内容）或修订版均不适用于本标准，然而，鼓励根据本标准达成协议的各方研究是否可使用这些文件的最新版本。凡是不注日期的引用文件，其最新版本适用于本标准。

GB 18406.2—2001　农产品安全质量 无公害水果安全要求

GB 8855　新鲜水果和蔬菜的取样方法

GB/T 5009.8　食品中蔗糖的测定方法

GB/T 12456　食品中总酸的测定方法

GB/T 6195　水果、蔬菜 维生素 C 含量测定方法

GB/T 12295　水果、蔬菜制品 可溶性固形物含量的测定方法

3　术语和定义

下列术语和定义适用于本标准。

3.1

石榴果品 megranate fruit

指可鲜食的石榴果实。

3.2

出籽率 the percentae of seed in all fruit

籽粒占果重的百分率

3.3

可溶性固形物 soluble solids

果实籽粒汁液中所含能溶于水的糖类、有机酸、维生素、可溶性蛋白、色素和矿物质。

4　要求

4.1　感官指标

石榴果品要求成熟适度、果形丰满、果面光洁，果面具有该品种的正常色泽，无裂果，无畸形，无残伤，无明显病虫害，无腐烂。籽粒具有该品种的正常色泽和固有风味，无异味。

4.2　理化指标

理化指标应符合表 1 的规定。

附　录

表 1　理化指标

项　目	指　标
百粒重　克	≥34.0
出籽率　％	≥55.0
总糖(可食部分,以蔗糖计)　％	≥10.0
总酸(可食部分)　％	≤0.6
维生素C(可食部分)　毫克/100克	≥7.0
可溶性固形物　％	≥14.0

4.3　安全指标

安全指标应符合 GB 18406.2—2001 的规定。

4.4　质量等级指标

分为特级、一级、二级、三级。质量分级指标见表 2。

表 2　石榴质量分级指标

等级	果重(克)	果形	果面	口感	萼片	残伤
特级	本品种平均果重的130％以上	丰满	光洁;90％以上果面呈现本品种成熟色泽	好	完整	无
一级	本品种平均果重的110％以上	丰满	光洁;70％以上果面呈现本品种成熟色泽	好	完整	无
二级	本品种平均果重的90％～110％	丰满	光洁,有点状果锈;50％以上果面呈现本品种成熟色泽	良好	不完整	无
三级	本品种平均果重的70％以上	丰满	有块状果锈;30％以上果面呈现本品种成熟色泽	一般	不完整	无

5 检验方法

5.1 抽样

按 GB/T 8855 规定执行。

同一产地、同一品种、同一栽培管理方式,同期成熟采收的石榴为一个检验批次。市场抽样以同一产地、同一品种的石榴作为一个检验批次。

以一个检验批次为一个抽样批次。抽取的样品必须具有代表性,应在全批货物的不同部位随机抽样,样品的检验结果适用于整个检验批次。

5.2 感官指标

石榴的成熟度、果形、果面光洁度、色泽、残伤、病虫害、腐烂等感官要求,在自然光下,用目测法鉴别。口感用口尝办法鉴定,异味用鼻嗅的方法鉴别。

每批受检样品抽样检验时,对有缺陷的样品做记录,不合格率以 ω 计,数值以%表示,按公式(1)计算:

$$\omega = n/N \times 100 \qquad\qquad (1)$$

式中:

ω——不合格率,单位为百分率(%);

n——有缺陷的个数,单位为个;

N——检验样本的总个数,单位为个。

计算结果精确到小数点后一位。

5.3 理化指标

5.3.1 百粒重的测定

随机称取样石榴 5~7 个,逐个剖开,将籽粒取出称重,计算 100 粒的重量。

5.3.2 出籽率的测定

随机称取样石榴 5~7 个,逐个剖开,将籽粒取出称重,计算粒重占果重的百分率。

5.3.3　总糖的测定

按 GB/T 5009.8 中的方法进行。

5.3.4　总酸的测定

按 GB/T 12456 中的方法进行。

5.3.5　维生素 C 的测定

按 GB/T 6195 中的方法进行。

5.3.6　可溶性固形物的测定

按 GB/T 12295 中的方法进行。

5.4　安全指标的测定

按 GB 18406.2—2001 规定执行。

5.5　等级确定

对样石榴进行单果称重,用目测法观察样石榴的形状、着色程度和有无病虫果、畸形、残伤、萼片是否完整、果面是否光洁,品尝口感,并对样石榴查点数量,归等分级。

6　检验规则

6.1　检验分类

6.1.1　型式检验

型式检验是对产品进行全面考核,即对标准规定的全部要求进行检验。有下列情形之一时需进行型式检验:

　　a) 前后两次抽样检验结果差异较大;

　　b) 生产环境发生较大变化;

　　c) 国家质量监督机构或主管部门提出型式检验要求。

6.1.2　交收检验

每批产品交收前,生产单位都应进行交收检验。交收检验内容包括:包装、标志、感官要求。

检验合格并附合格证,产品方可交收。

6.2　判定规则

6.2.1　感官指标

在整批样品总不合格率不超过 5% 的前提下,其中任意单个包装件不合格率不得超过 10％,否则即判定样品不合格。

6.2.2 理化指标

有一个项目不合格时,允许加倍抽样复检,如仍有不合格,即判定该样品不合格,允许降低等级。

6.2.3 安全指标

有一个项目不合格,即判定该样品不合格。

6.2.4 等级确定

按本标准 4.4 要求,对样品逐果检验。单个包装件不合格率不得超过 10％,否则即判定该样品不合格,允许降低等级。

7 包装、标志、贮存和运输

7.1 包装

包装容器选用坚固耐用的筐篓或纸箱,要求容器内外均无刺伤果实的尖突物,并有合适的通气孔。内包装材料应新鲜洁净,无异味,且不会对果实造成伤害。包装内不得混有杂物。所有包装材料均须清洁卫生无污染。同一包装内果实质量等级指标应一致。

7.2 标志

果品石榴的销售和运输包装均应标明产品名称、数量、等级、产地(标注到县)、生产单位及详细地址、包装日期、执行标准代号。

标志上的字迹应清晰、完整、准确。

7.3 贮存

贮存要求:采用气调冷藏保鲜库贮存,或采用室内堆藏、井窖贮藏、袋装沟藏、土窖洞贮藏。

仓库要求:库房无异味;不得与有害、有毒物品混合存放;不得使用有损石榴果品质量的保鲜试剂和材料。

7.4 运输

待运时应批次分明、堆码整齐、环境清洁、通风良好,严禁暴晒雨淋,注意防热防冻,缩短待运时间。贮存和装卸时轻搬轻放。运输工具必须清洁卫生,无异味,不得与有毒物质混装混运。

附录五　石榴栽培技术规程

（LY/T 1702—2007）

前　言

本标准由国家林业局提出。

本标准起草单位：河南省林业技术推广站、开封市农林科学研究所、河南农业大学林学园艺学院、河南省郑州市林业工作站、河南省平顶山市林业技术推广站。

本标准起草人：孔维鹤、菅根柱、张玉洁、冯玉增、冯建灿、钟显、黄广春、韩德波、汪泽军。

1　范围

本标准规定了果品石榴生产的园地选择与规划、栽植、土肥水管理、整形修剪、花果管理、病虫害防治和果实采收等技术。

本标准适用于果品石榴的生产。

2　规范性引用文件

下列文件中的条款通过本标准的引用而成为本标准的条款。凡是注日期的引用文件，其随后所有的修改单（不包括勘误的内容）或修订版均不适用于本标准，然而，鼓励根据本标准达成协议的各方研究是否可使用这些文件的最新版本。凡是不注日期的引用文件，其最新版本适用于本标准。

GB/T 18407.2—2001　农产品安全质量 无公害水果产地环境要求

GB 3095　环境空气质量标准

GB 5084　农田灌溉水质标准

GB 15618　土壤环境质量标准

GB/T 4285　农药安全使用标准

GB/T 8321(所有部分)　农药合理使用准则

NY/T 496—2002　肥料合理使用准则　通则

3　术语和定义

下列术语和定义适用于本标准。

3.1　钟状花

退化花,花冠小,子房瘦小、萼筒呈喇叭形。

3.2　果花

其花冠、萼筒较大,近似于圆筒形。

4　园地选择与规划

4.1　园地选择

石榴园地环境条件应符合 GB/T 18407.2—2001 的规定,环境空气质量应符合 GB 3095 的规定,土壤质量应符合 GB 15618 的规定。

园地应选择在排灌方便、地势平坦的肥沃地块,土壤质地以沙壤土或壤土为宜,pH 值 5.5～8.2。在北方适宜地区的山区和丘陵区应选择土层厚度 50 厘米以上、背风向阳的台地或缓坡建园。

4.2　园地规划

建园前应做好生产区、园区道路、排灌系统等规划设计。

5　品种选择

选择适宜当地的优良品种。

6　建园

6.1　整地

栽植前全面整地,深度为 30～40 厘米,山区坡地、丘陵区建成反坡梯田或鱼鳞坑。整地后按栽植密度定点挖穴,穴的规格不小于 50 厘米×50 厘米×50 厘米。每穴施腐熟的农家肥 3～5 千克,肥料与表土拌匀后施于穴底。

6.2　苗木质量与假植、运输

苗高应≥80厘米,地径≥0.8厘米,苗木健壮,根系完整,无病虫害。

调入、调出苗木或出圃后不能立即栽植的应进行假植,方法是选择背风向阳处挖深50厘米、宽30厘米的假植沟,苗木斜放在沟里,填土厚30～50厘米。

苗木在运输中要注意遮阴保温保湿,防止苗木失水、冻害。

6.3　栽植时间

以11月中旬至12月份及翌年春季为适宜栽植时期,冬季严寒干燥的地方春季土壤解冻后栽植为宜。

6.4　栽植密度

应根据土壤肥力条件选择适宜的栽植密度,如土壤肥力较差或期望早期丰产的应选择较大的密度,一般栽植密度为2米×3米、2米×4米或3米×4米。

6.5　栽植方法

栽植深度为15～20厘米,栽植时要确保根系舒展并与土壤紧密结合,栽后需浇透定根水;在干旱山区栽植后应在树盘上覆盖农膜或栽后高于地面3～5厘米处截干。

7　土肥水管理

7.1　土壤管理

春季发芽前松土保墒,进入生长季节要及时中耕除草,果实采收后要翻耕休园。

7.2　施肥

7.2.1　施肥原则

按照NY/T 496—2002规定的标准执行。

7.2.2　允许使用的肥料种类

有机肥料:包括堆肥、沤肥、厩肥、沼气肥、绿肥、作物秸秆肥、草炭肥、饼肥、腐殖酸类肥、人畜废弃物加工而成的肥料等。

无机肥料:包括氮肥、磷肥、钾肥、硫肥、钙肥、镁肥及复合

(混)肥等。

微生物肥料:包括微生物制剂和微生物处理肥料等。

7.2.3 施肥方法和数量

7.2.3.1 基肥

果实采收后采取冠下辐射沟、冠外环状沟或行间沟的方式施入基肥,每 667 米^2 施有机肥 2 000～3 000 千克或果树复合肥 150～200 千克。

7.2.3.2 追肥

花前肥,石榴开花前,依土壤肥力状况和树体情况每株施速效氮肥 0.25～0.5 千克或果树专用复合肥 0.5～1.0 千克;果实膨大期,每株施速效复合肥 0.5～1.0 千克或磷酸二铵 0.25～0.5 千克。或在二次追肥期叶面喷施 0.1%～0.2% 的尿素液、0.1%～0.3% 的磷酸二氢钾。

7.3 水分管理

灌溉水的质量应符合 GB 5084 的规定。

萌芽前、花前期、果实膨大期、休眠期干旱时及时浇水。果实成熟前 15～20 天禁止浇水,以防裂果。

8 树体管理

8.1 幼树管理

8.1.1 定干、定形

定干是在栽植当年春季从苗高 60 厘米处剪断。3～4 年成形,单干采用疏散分层形,双干采用偏疏散分层形,三干采用自然半圆形。

8.1.2 防冻害

采用落叶后树干上喷涂石硫合剂、草把绑干、基部培土 30～50 厘米、1～2 年幼树埋干等方法。

8.2 结果树整形修剪

8.2.1 夏剪

在 6～8 月份进行,以除萌、长枝摘心、扭梢,疏除过密枝为主。

8.2.2　冬剪

以疏除过密枝、病虫枝和多余枝条、培养树形为主。

9　花果管理

9.1　人工辅助授粉

上午 8～10 时摘下当天散粉的钟状花，对准果花的柱头涂抹。也可以采用果园放蜂、喷花粉进行人工辅助授粉。

9.2　疏花疏果

及时疏除钟状花，疏花量不超过全树钟状花的 60%。并生果保留 1 个。

9.3　果实套袋

生理落果后用专用果袋套袋保护，果实成熟前 20～25 天去袋。

10　病虫害防治

10.1　石榴主要病虫害

10.1.1　主要病害

包括危害石榴花果、干枝的干腐病，危害果实、叶片的褐斑病及危害果实的果腐病、煤污病等。

10.1.2　主要害虫

包括危害石榴果实的桃蛀螟、桃小食心虫，危害叶、花、果的石榴巾夜蛾、中华金带蛾、黄刺蛾、大袋蛾、榴绒粉蚧等介壳虫类，以及蛀干害虫石榴茎窗蛾、豹纹木蠹蛾、黑蝉等。

10.2　防治方法

10.2.1　生物措施

包括根据当地实际选用适宜本地的抗病虫优良品种；在果园中每 667 米² 种植 20～30 株玉米、高粱、向日葵等，诱害虫集中危害而消灭；利用长盾金小蜂、食蚜瓢虫、草蛉、赤眼蜂等防治害虫；生长季节于晚上利用黑光灯或放置糖醋液诱杀蛾类成虫等措施。

10.2.2 人工措施

包括冬春季清除树上、树下干僵果,摘除虫袋,刮树皮、石灰水涂干,消灭越冬害虫及虫蛹;冬春季将树冠下 10 厘米厚土层过筛,捡拾在土中越冬的害虫,集中消灭;或树基培土、树盘覆盖农用薄膜;生长季节及时捡拾枯萎新梢、病虫果、死虫体等,及时剪除,携出园外集中销毁;果实套袋等。

10.2.3 化学防治

使用化学农药时,按 GB/T 4285 、GB/T 8321(所有部分)规定执行;禁止使用的农药见附录 A;常用农药见附录 B。采果前20～25 天停止使用农药。主要病虫害防治技术见附录 C。

11 植物生长调节剂类物质的使用

禁止使用对环境造成污染和对人体健康有危害的比久、萘乙酸、2,4-D 等植物生长调节剂。

12 果实采收

根据果实成熟期不一致的特点和天气变化情况,实行适时、分批采收。做到雨天不采,雨前抢收;剪断果柄,不损枝条;采收时轻拿轻放,防止碰摔,避免果裂。

附录 A

(规范性附录)

石榴生产中禁止使用的农药

包括六六六、滴滴涕、毒杀芬、二溴氯丙烷、杀虫脒、甲拌磷、甲胺磷、甲基对硫磷、对硫磷、久效磷、磷胺、甲基异柳磷、特丁硫磷、甲基硫环磷、治螟磷、内吸磷、克百威、涕灭威、灭线磷、硫环磷、蝇毒磷、地虫硫磷、氯唑磷、苯线磷、水胺硫磷、氧化乐果、灭多威、福美肿等砷制剂,以及国家规定无公害果品生产禁止使用的其他农药。

附录 B

（规范性附录）

石榴生产中常用化学药剂

微生物源杀虫、杀菌剂,如 B. t. 乳剂、白僵菌、阿维菌素、中生菌素、多抗霉素和嘧啶核苷类抗菌素等;植物源杀虫剂,如烟碱、苦参碱、印楝素、除虫菊、鱼藤、茴蒿素和松脂合剂等;昆虫生长调节剂,如灭幼脲、除虫脲、氟虫脲、性诱剂等;矿物源杀虫和杀菌剂,如波尔多液、石硫合剂、机油乳油、柴油乳油、腐必清等;低毒低残留化学农药,如菌毒清、代森锰锌类、氟硅唑、甲基硫菌灵、多菌灵、百菌清等。

附录 C

（规范性附录）

石榴主要病虫害防治技术

物候期	主要防治对象	主要防治技术
萌芽前期	桃蛀螟、蚜虫、介壳虫、蛴螬、干腐病等及冻害	1. 清树盘、清培土。 2. 寒流来时熏烟防倒春寒。 3. 育苗前用 1%阿维菌素乳油 800 倍液拌炒半熟的麦麸制成的毒饵进行土壤处理
萌芽、显蕾初花期	桃小食心虫、桃蛀螟、茶翅蝽、蚜虫、巾夜蛾、木蠹蛾、干腐病、褐斑病等	1. 剪虫梢,开黑光灯、设糖醋液盆、性诱捕器等诱杀害虫。 2. 利用天敌七星瓢虫、草蛉、食蚜蝇、赤眼蜂等消灭蚜虫。 3. 园内种植玉米、高粱、向日葵等,诱杀桃蛀螟、桃小食心虫等害虫,每 667 米^2 种植 20～30 株。 4. 害虫出土前,树冠下土壤喷 20%氰戊菊酯乳油 800 倍液或用 50%氰戊菊酯乳油 0.5 千克与 50 千克细沙土混合后均匀撒入树冠下,锄松树盘土。 5. 用 50%抗蚜威可湿性粉剂 1 500 倍液防治蚜虫

续附录

物候期	主要防治对象	主要防治技术
盛花、初果期	桃蛀螟、桃小食心虫、木蠹蛾、茎窗蛾、茶翅蝽、袋蛾、绒蚧、干腐病、褐斑病等	1. 桃蛀螟第一代幼虫发生时,叶喷20%氰戊菊酯乳油2 000倍液;防病用40%多菌灵胶悬剂500倍液或40%代森锰锌可湿性粉剂1 000倍液。 2. 桃小食心虫上年发生严重的园地,树盘上再施药处理1次。 3. 剪、拾虫梢并烧毁或深埋。 4. 萼筒抹药泥、塞药棉。用阿维菌素1 000倍液与黄土配制的软泥或药浸的药棉,逐果堵塞开始膨大的幼果萼筒;摘除紧贴果面的叶片。 5. 喷杀虫剂和杀菌剂后用专用果袋套袋保护
幼果期	桃蛀螟、桃小食心虫、茶翅蝽、袋蛾、巾夜蛾、刺蛾、黑蝉、木蠹蛾、茎窗蛾、龟蜡蚧、绒蚧、干腐病、果腐病、煤污病、褐斑病等	1. 继续萼筒抹药泥、塞药棉、摘叶、套果袋。继续对园内诱集作物上的害虫集中消灭。 2. 喷洒200倍倍量式波尔多液或40%多菌灵胶悬剂400倍液加入桃小灵乳油2 000倍液或2.5%高效氯氟氰菊酯乳油3 000倍液。 3. 桃蛀螟发生期用菊酯类杀虫剂1 000倍液10~15天施药1次。 4. 摘虫果深埋,树干束麻袋片或草绳,诱虫化蛹收集杀之。 5. 剪除木蠹蛾、茎窗蛾危害的虫梢,烧毁
果实生长期	桃蛀螟、桃小食心虫、茶翅蝽、袋蛾、巾夜蛾、刺蛾、木蠹蛾、茎窗蛾、中华金带蛾、黑蝉、龟蜡蚧、绒蚧、干腐病、果腐病、煤污病、褐斑病等	1. 剪除木蠹蛾、茎窗蛾、黑蝉危害虫梢烧毁或者深埋。 2. 摘除桃蛀螟、桃小食心虫危害的虫果,碾轧或深埋,消灭果内害虫。刮枝干上干裂翘皮集中烧毁,碾杀束干麻袋片或草绳内虫蛹。 3. 喷洒40%代森锰锌可湿性粉剂500倍液或40%甲基硫菌灵可湿性粉剂800倍液或20%氰戊菊酯乳油2 000倍液

续附录

物候期	主要防治对象	主要防治技术
采前期	桃蛀螟、桃小食心虫、刺蛾、巾夜蛾、木蠹蛾、茎窗蛾、中华金带蛾、干腐病、果腐病、煤污病、褐斑病等	1. 剪虫梢,摘拾虫果,集中深埋或烧毁,碾轧束干麻袋片或草绳中的化蛹幼虫。 2. 喷布 40%多菌灵可湿性粉剂 500 倍液或 40%甲基硫菌灵 800 倍液或 1%阿维菌素乳油 1 000倍液
成熟采收期	桃蛀螟、桃小食心虫、木蠹蛾、茎窗蛾、巾夜蛾、刺蛾、中华金带蛾、干腐病、果腐病、褐斑病等	1. 剪虫梢,摘拾虫果,集中深埋、烧毁或碾轧。 2. 贮藏果用 40%代森锰锌可湿性粉剂 500 倍液或 40%甲基硫菌灵 800 倍液或 40%多菌灵胶悬剂 500 倍液加入除虫菊 1 000 倍液浸果杀菌、杀虫处理,晾干水分后装箱(袋)入库,贮藏待售。即时上市果品不用杀虫剂处理
落叶前期	桃蛀螟、桃小食心虫、木蠹蛾、茎窗蛾、巾夜蛾、中华金带蛾、干腐病等	1. 摘拾树上、地下虫果、病果,清扫堆果场地及园内秸秆、杂草,集中深埋或烧毁。 2. 剪除有虫枝梢,烧毁
落叶、休眠期	桃蛀螟、桃小食心虫、刺蛾、袋蛾、木蠹蛾、茎窗蛾、龟蜡蚧、绒蚧、干腐病、果腐病、褐斑病、冻害等	1. 清扫落叶杂草,刮、刷枝干翘皮,剪除病枝虫枝、摘虫茧、虫袋,摘除并捡拾地面树上干僵虫果、病果,集中烧毁或深埋处理。 2. 冬耕园地,低温冻死或鸟食土中越冬害虫、病菌。 3. 冬季来临前树盘覆草,初春树盘覆地膜。 4. 落叶后全树及时喷 3~5 波美度石硫合剂。 5. 初春全树喷施 5%轻柴油乳剂